physics

物理学
通俗
演义

高鹏 著

U0156698

清华大学出版社
北京

图书在版编目（CIP）数据

物理学通俗演义 / 高鹏著. — 北京：清华大学出版社，2023.7
ISBN 978-7-302-63828-5

Ⅰ.①物…　Ⅱ.①高…　Ⅲ.①物理学史—中国　Ⅳ.①O4-092

中国国家版本馆CIP数据核字（2023）第102712号

责任编辑：刘　杨
封面设计：意匠文化·丁奔亮
责任校对：欧　洋
责任印制：杨　艳

出版发行：清华大学出版社
　　　　　网　　　址：http://www.tup.com.cn, http://www.wqbook.com
　　　　　地　　　址：北京清华大学学研大厦A座　　　　邮　　编：100084
　　　　　社 总 机：010-83470000　　　　　　　　　邮　　购：010-62786544
　　　　　投稿与读者服务：010-62776969, c-service@tup.tsinghua.edu.cn
　　　　　质量反馈：010-62772015, zhiliang@tup.tsinghua.edu.cn
印 装 者：北京嘉实印刷有限公司
经　　销：全国新华书店
开　　本：185mm×260mm　　　印　　张：19.75　　　字　　数：357千字
版　　次：2023年7月第1版　　　　　　　　　　　　印　　次：2023年7月第1次印刷
定　　价：79.00元

产品编号：093118-01

前　言 ──○

　　本书是一部以章回小说形式演绎的物理学史通俗读物，是一部以激发读者兴趣为目的的物理学史科普读物。本书介绍了物理学的来龙去脉，介绍了人类探索世界的历史，本书中，没有公式定理，只有科学发现的传奇故事。

　　物理学史就是人类认识世界的历史，好奇心是人类认识世界的驱动力，我们生来就对这个世界充满了好奇，渴望了解这个世界的运行规律，所以，我们要学习物理、掌握物理。念书的时候，如果只是给你一堆没有来由的公式、定理、习题，你的好奇心可能就在"书山题海"中渐渐地被埋没了。实际上，没有哪个公式是从天上掉下来的，一个个枯燥的公式背后，都有一段段生动有趣、激动人心的探索故事。人类几千年来对世界的认识过程，就像一个不断探索迷宫的过程，如果我们能跟着科学家们一起探索世界，了解科学家们探索世界的过程，我们的好奇心不但不会被埋没，还会产生自己也要像科学家们一样去探索世界的动力，这时候，我们就会认真对待学到的每一个公式，我们不但对公式有了兴趣，还有了感情。

　　科学精神对每一个人来说，都是一笔宝贵的精神财富。通读物理学史，可以让我们更好地领悟科学精神。科学探索的过程，科学发现的过程，科学进化的过程，从来都不是一帆风顺的，科学家们也会犯错误，科学家们也会起争论，科学家们也会遇到挫折和困扰，他们如何面对问题，如何走出困境，如何观察思考，如何质疑权威，如何探索求真，如何创新创造，如何做出科学发现，这些不是空洞的说教就能让人领会的。我们只有通过一个个科学家的故事、一个个科学发现的故事去感悟，感悟科学家的思维方式，感悟科学家的研究方法，感悟科学家的坚韧毅力，感悟科学家的勤奋努力，感悟科学家的爱国情怀，感悟科学家为人类做贡献的道德情操，才能最终感悟到真正的科学精神，将其变为自己的精神内核。

　　对于青少年来说，本书也能对物理学习起到很好的辅助作用。初学物理的学生，如果对物理学一无所知，那就像在黑暗中一步步摸索，不知前路几何，一片茫然；而当你对物理学史有了一个全面的了解，面对书本知识就不会产生陌生的恐慌感。本书涵盖了力学、光学、电磁学、热学（热力学与统计力学）、量子力学、狭义相对论、广义相对论、原子物理、核物理、粒子物理以及天体物理等物理学中大部分学科分支，可以让读者在轻松的阅读中领略物理学的全貌。正所谓站得高，看得远，学习物理就像打仗一样，如果有了一个战略全局的把握，在打每一场战役的时候就会胸有成竹，挥洒自如。

希望本书能够激发广大读者尤其是青少年对科学的热情，也希望本书能成为青少年在通往物理学习道路上的垫脚石，这正是我的初衷所在。

由于本人能力所限，疏漏和不足之处在所难免，敬请读者朋友批评指正。

高　鹏

2023 年 7 月

目　录

引　子 ————————————————————○

　　话说 138 亿年前，在茫茫的虚无中，既没有时间，也没有空间，这是一种什么状态，我们不得而知，也许只能用一个玄奥的字眼来表示——"无"。

　　突然间，一个奇异的甚至奇怪的点出现了，正所谓"无中生有"，没有人知道它是如何出现的。这个点的密度大到不可想象、温度高到难以估量、体积小到几乎为零，一瞬间，它就开始急剧膨胀，大爆炸发生了！宇宙诞生了！

　　如果你看过元素周期表的话，就会知道，最简单的原子是氢原子，然后是氦原子。大爆炸后约 10 亿年，宇宙中充满了由氢原子和氦原子组成的星际气体。经过漫长岁月的演化，出现了巨大的星际分子云。星际分子云内一些密度比较大的区域会把周围物质吸引过去，这些物质旋转着向中心聚集，核心的温度、压力、密度持续增高，当核心温度达到 1000 万摄氏度时，氢聚变成氦的热核反应就会被点燃，一颗耀眼的恒星自此诞生。

　　恒星自诞生之日起，其中心就进行着熊熊的核聚变反应，恒星也因此看起来光芒万丈、不可一世。但是随着时间的推移，反应终有进行完的那一天，到那时候，恒星就不得不面对死亡。恒星的寿命和它的质量有关，质量越大，寿命越短。像太阳这么大的恒星寿命可达 100 亿年，但是如果一个恒星的质量是太阳的 15 倍，那么它的寿命就只有 1000 万年。

　　大质量恒星的死亡方式相当壮烈，它们会以剧烈的爆炸终结其一生，这就是超新星爆发。这是宇宙中最剧烈的核爆炸，巨大的能量会在一瞬间聚变出宇宙中所有的元素。超新星爆发把星体中的大部分物质抛散，喷出的星尘在宇宙中飘荡，为生命的诞生提供了原料，我们的星球和我们的身体都由这些星尘提供的元素组成。我们可以自豪地说，人类，是星星的后裔。

　　随着恒星的不断形成和死亡，宇宙的年龄来到了 90 亿岁，这时候的宇宙已经膨胀得无边无际，在一个不起眼的角落里，一个不大不小的恒星诞生了，这就是太阳。数亿年后，地球也形成了。

　　形成之初，地球没有任何保护，每天遭受到陨石的强烈轰击，地球表面被一层岩浆构成的海洋覆盖，形同火海。那时候地球没有地壳，只有岩浆肆虐，你可能无法想象那是多么骇人的景象。不过随着时间的推移，几亿年后，岩浆海逐渐冷却凝固，地球表面形成了薄薄的、活动的原始地壳。原始地壳经过不断的岩浆喷出、混合、变形，从某些地方开始固结硬化，终于在25亿年前形成了稳定的陆地基底。

陆地出现了，海洋也开始形成。原始地球是没有水的，最初的水可能来自火山的作用。长期而密集的火山作用，不仅使地壳增厚，也促使地球内部的结晶水释放出来，逐渐形成了原始海洋。频繁的火山活动和气体释放，使原始大气也开始形成。

尽管条件十分恶劣，但顽强的生命开始诞生了，太古宙（距今约40亿年至25亿年）是原始生命出现及生物演化的初级阶段，当时只有数量不多的原核生物（如细菌和低等蓝藻）出现在海洋之中。到了元古宙（距今25亿年至5.42亿年），大陆板块构造活跃，氧气开始进入大气圈，真核细胞生物出现。

元古宙再往后就到了显生宙，时间范围是5.42亿年前直到现在。这期间，最壮观的事件当属生物的进化与灭绝，从寒武纪生命大爆发，到二叠纪晚期生物大灭绝，再从侏罗纪恐龙统治世界，再到白垩纪末期恐龙大灭绝。生命在地球上的进化可谓几经波折，其间经历的风风雨雨，真是一言难尽。正可谓：

百亿年星辰演化，十亿载物种迭更。

你方唱罢我登场，问地球谁主浮沉？

却说自从6500万年前恐龙灭绝以后，地球上开始出现新的主人——哺乳动物。马、象、猪、鹿、牛、羊、犬、熊，我们熟悉的动物都在这一时期出现，动物种类终于开始"现代化"了。在距今2000万年以前，古猿出现了。200万年以前，人类的祖先猿人出现了，并迅速向人类演化，自此，宇宙中一个崭新的文明终于拉开了序幕。

人类和其他动物最大的区别，就在于人有善于思考的大脑和灵巧的双手，正所谓"心灵手巧"。经过大量的观察、思考与实践，人们逐渐领悟到一些基本的物理原理，并将其运用到生产实践中。比如，利用摩擦生热的原理发明了钻木取火，从而告别了茹毛饮血的时代；利用受力面积越小、压强越大的原理，发明了石斧、石刀、石镞等锋利的石器，从而开始加工更复杂的器具；利用势能和动能相互转化的原理，发明了弓箭，从而使捕获猎物更加容易，等等。

物理学，就这样在人类认识世界和改造世界的过程中，蹒跚起步了。

第一回

九攻九防　鲁班墨子大对战
强弓劲弩　精巧机械创典范

　　力学，是物理学中发展最早的一个分支，因为它和人类的生产生活有密切的联系。人们很早就在生产劳动中发明了斜面、撬棍、辘轳等简单机械，以移动或吊起重物。随着劳动经验的积累，聪明的人就会发明更复杂的机械。要想发明各种机械，必须对机械各部分在运转过程中的受力情况有一个基本的认识，我国古代就不乏这样的机械大师。

　　话说 2400 多年前的一个晚上，在中原大地的蒙蒙夜色中，一群黑衣人正在急匆匆地赶路。这些人身上背着各种工具，清一色黑衣黑裤，脚着麻鞋，他们足有 300 人之多，队形齐整，一看就训练有素。却说这是些什么人呢？原来他们都是墨子的弟子，正在赶往宋国的路上，而墨子（约前 468—前 376）本人，则正在赶往楚国的路上。

墨子

　　这时候正是战国初期，当时周王室的权力已经完全衰落，诸侯国之间互相征伐，大吃小，强侵弱，战争频繁，百姓苦不堪言。于是出现了一大批反对不义战争的人，这其中以墨子名气最大。墨子是鲁国人，他生活俭朴，同情劳动人民，反对人与人之间的身份歧视，反对非正义的战争。他的学说深得下层人民的赞同，在他周围聚集了一大批志同道合的人，形成了一个有影响力的学派——墨家。墨家热爱劳动，喜欢探究各种自然现象的成因，喜欢研究制造各种机械工具，可以称得上是能文能武，名动天下。

　　这次，墨子这么急匆匆地赶往楚国，要去干什么呢？原来，楚国新得了一位能工巧匠，名叫公输班，就是大家熟知的鲁班（前 507—前 444）。鲁班号称木匠鼻祖，心灵手巧，异于常人，据说木工用的曲尺、刨子等各种工具都是他发明的。这一次，楚国请鲁班帮助设计一种攻城武器，鲁班也不负所托，发明了一种强大的攻城器械——云梯。云梯发明以后，楚王大喜，下令工匠们日夜赶制，准备攻打邻国宋国，一试云梯身手。

墨子最反对这种恃强凌弱、没有任何缘由的非正义战争，当他听到这个消息后，马上启程前往楚国，力图阻止战争，并派弟子们前往宋国帮助守城，以防万一。墨子日夜兼程，走了 10 天 10 夜，终于到了楚国都城郢。

墨子先去拜访鲁班。墨子和鲁班是同乡，都是鲁国人，两人名气都很大，所以鲁班不敢怠慢，把他请了进来。寒暄已毕，鲁班问墨子所来何事，墨子说："大哥，我想请你去杀一个人。"

鲁班一听，脸色沉了下来。

墨子继续说："这个人骂了我几句，我想杀了他。事成之后，我给你黄金千两作为酬谢。"

鲁班不高兴了，斥责道："你把我鲁班看成什么人了？我不是那种见利忘义的小人，你给我多少钱我也不会去干这种不仁不义之事，你请回吧！"

墨子不但没有生气，反而呵呵笑道："我就知道你鲁班不是这种人！你连一个无辜的人都不愿意杀，可是，你造了云梯帮助楚国攻打宋国，宋国得死多少无辜的老百姓啊，你这么做就仁义吗？"

鲁班一听，哑口无言，同时也知道了墨子的来意，他讷讷地说："现在已经晚了，这件事我已经做不了主了。"

墨子说："没关系，明天你带我去见楚王，我亲自劝阻楚王出兵。"

鲁班答应了。

第二天，鲁班带着墨子来见楚王。墨子对楚王说："大王，我有个朋友家里特别富裕，广厦万间，可他却准备把隔壁邻居的茅草屋占为己有，你说这是个什么人呢？"

楚王笑了："这人有神经病吧！八成是偷窃成瘾了。"

墨子也笑了："大王，楚国方圆五千里，比宋国大十倍，土地之肥沃、物产之丰富更是宋国没法比的，你却偏偏要攻打宋国，这和我那个朋友有什么两样呢？"

楚王明白墨子的用意了，他说："这是两码事，你别劝了，我的云梯无人能敌，宋国我是打定了！"

墨子一看楚王不为所动，便说道："谁说云梯天下无敌，我就能破解它！"

"什么？你能破解？"楚王半信半疑，"鲁班就在这里，你们俩来个攻防演练，我倒要看看你怎么破！"

于是两人就比画起来。鲁班说："你看我这云梯下面是一辆巨大的运兵车，为巨木所制，蒙有牛皮。梯子分两段，下段和运兵车牢牢钉在一起，上段可调节长度和角度，前面有钩子，能牢牢勾住城墙，它推不动，砍不断，你怎么破？"

　　墨子呵呵笑道："我发明的藉车（投石车），可以抛射大石头和炭火筒。你这云梯是木头做的，恐怕这两样就够你受了吧？我发明的连弩之车，一次可放箭六十，你的人能抵挡得了吗？即使你的云梯能靠近城墙，我把油泼下去，再把火把扔下去，你怎么办？我还发明了一种转射机，安在城墙上，不管你藏在哪里，都能射得到。我还发明了一种护墙，用木头制成，十尺见方，你的梯子架在哪里，我的护墙就架在哪里，就像给你的梯子加了个盖子一样，正好把你的人挡住上不来，还能从护墙的射孔中放箭，扔火把。你的云梯十分笨重，一旦勾住城墙，想换个地方基本不可能了，就等着化为灰烬吧！"

　　鲁班听了，目瞪口呆，额头冒出一层冷汗。他强作镇定地说："先不说你这些东西管不管用，我的攻城手段可多着呢。我还发明了一种掘地的工具，能快速挖地道，直接从城墙底下挖地道攻进去，城墙这么长，你能知道我会从哪儿冒出来吗？防不胜防！"

　　墨子又笑了，说："我和弟子们发明了一种地听器，你还不知道吧？我们会在城内各个方向凿开地洞，在里边埋一个容积四十斗的大坛子，坛口绷上牛皮，派人伏瓮而听，就能辨别出城外挖坑道的方位。接下来，就是守株待兔了！"

　　就这样，鲁班一连提出九种攻城手段，都被墨子一一化解，鲁班只好甘拜下风，就此认输。但是鲁班最后对墨子说："其实我还有办法对付你，但我不告诉你！"

　　墨子早已猜透鲁班的言外之意，他说道："我的三百弟子已经到了宋国，他们早已得我真传，你杀了我也没有用！"

　　楚王一看鲁班确实不是墨子的对手，只好放弃了攻打宋国的计划。

　　却说墨子为什么这么厉害呢？这与墨家勤于钻研物理知识是分不开的。墨家对力学、光学、声学都有研究。力学在机械中应用极广，墨家对杠杆、滑轮、斜面的原理都有研究，墨子发明的连弩之车、转射机、藉车（投石车）等，都有非常精巧的机械构造。在光学方面，墨子最先提出光沿直线传播的论断，并由此解释了小孔成像的原理（见图1-1），他还研究了平面镜、凹面镜、

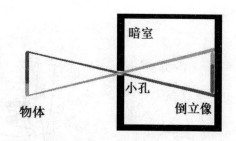

　　图1-1　墨子的小孔成像实验（在小黑屋的墙壁上凿一个小孔，让一个人站在墙外，屋里小孔对面的墙上便出现了这个人倒立的像。这是因为物体上每一点都在向四面八方发出光线，其中只有一小束能通过小孔落在对面墙上形成一个小光斑，物体上所有点进入小孔的小光斑组合起来就形成了一个倒立的像）

凸面镜的成像规律。墨子发明的地听器，利用了声音在固体中传播的空穴效应，就是说，声音在固体中传播时，若遇有空穴，就会产生混响，并将声音放大。后来，"虚能纳声"成为古人的一种常识，人们把皮革缝成空心枕头，或者用瓷器烧成空心瓷枕，枕着这些枕头在地上睡觉，就可听到几里乃至几十里外的军马声，因此这也成为军队防范敌人的重要手段。

其实，战国时期出现墨子和鲁班这种大师级的人物并非偶然，中国自古以来就不乏能工巧匠，到战国时期已经积累了大量知识与经验，在墨子和鲁班之前，劳动人民在生产实践中就已经掌握了大量机械知识。比如，精巧的弩机的出现，就是古代力学机械应用的典范。弩机各个部件的完美配合，将古人对于机械构造的理解和设计展现得淋漓尽致，其设计理念领先世界1500年，可以和近代的来复枪机相媲美。我们汉语中所说的"机械"这两个字，其中"机"字就来源于弩机。

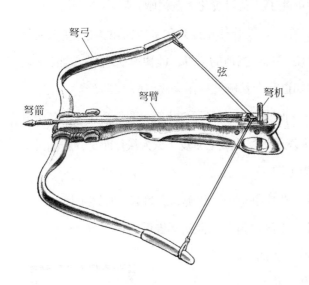

弩是在弓的基础上发展起来的。弓全凭人的臂力拉弦，不易瞄准，难以持久张弦。而弩则可以通过弩机这样一套机械装置，先把弦扣住，再把箭放在弩臂上的箭槽内，然后从容瞄准，伺机扣动扳机发射，就像打枪一样。在中国，弩的出现不晚于商周时期，春秋时期已经成为一种常见的兵器。《孙子兵法》中就多次提到弩，并将弩列为重要的作战物资。到战国时期，弩更是广泛地应用于军事之中，墨子发明的连弩之车和转射机，都是在弩的基础上改进的。目前，在湖南、江苏、河南、河北、山东和四川等地发掘的战国墓中都有青铜弩机实物出土。

弩机由机身、望山、悬刀和钩心等几个部分组成（见图1-2），望山、悬

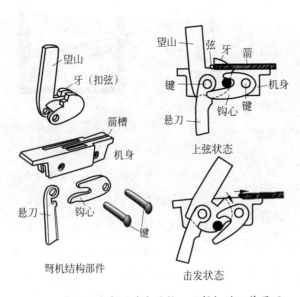

图1-2 秦汉时期弩的基本结构以及弩机的工作原理

6

刀和钩心插入机身之内，以"键"相连于机身之上，组装在一起。望山高高直立，可以据此利用"三点一线"原理，调整弩的瞄向，有的还带有刻度，可以根据射程调整俯仰角度，类似于现代步枪的表尺。望山前连有对称两齿（称为牙），牙用以扣弦，箭尾顶在牙的两齿之间的弦上。悬刀类似于现代步枪的扳机，扣动悬刀即可触发机关，发射弩箭。

　　弓和弩有强大的杀伤力，是因为拉弓的时候弓体发生了弹性形变，具有了弹性势能，发箭的时候，由于弓体要复原，弹性势能就会转化成箭的动能，使箭发射出去。显然，弓体积蓄的弹性势能越大，箭得到的动能就越大，威力也就越大。弹性势能跟弓体的劲度系数和拉伸程度有关，劲度系数越大，弹性势能就越大。另外，在弹性限度内，拉伸程度越大，弹性势能就越大。劲度系数大的弓就是我们常说的硬弓，中国古人以石、斗、斤、两为单位来计量弓的软硬，称之为"弓力"，弓力越大，其实就是劲度系数越大。人力能拉开一石弓就是上等射手，而弩可以用脚踏上弓或者利用杠杆原理上弓，因此弩的弓力要大得多，普通的弩都是三石弓力。通过脚踏上弩的强弩，射程可达 400 米，远超弓箭的射程。汉代出现的床弩，更是需要几人乃至几十人推动绞车张弩，发射的箭像长矛一样，射程可达 600 米，威力巨大。

　　可以说，到战国的时候，中国工匠们对于物理的认识与应用都达到了当时世界的顶尖水平，战国时期成书的《考工记》，就是这些技术的集大成之作。《考工记》记载了各种手工业知识，比如铸造青铜器时如何根据用途选择不同的铜锡配比，制造车轮时如何能让车轮阻力小、转得快，制作箭时如何控制其重心使箭在空中飞得又稳又准，等等。虽然《考工记》只注重经验总结与知识归纳，而忽视对其中原理的探究，但这是科学发展的必经之路，没学会走就想跑是不可能的，2400 多年前的古人能取得这样的成就，已经足以让人肃然起敬了。正是：

　　　　　　　科学发展无捷径，点滴积累不可缺。

　　　　　　　经验总结是前提，原理探究方成学。

第二回

浮力定律　阿基米德辨金冠
铜镜聚光　火烧战船靠太阳

比墨子晚一两百年，欧亚大陆另一端的古希腊也出现了一位对物理颇有研究的学者——阿基米德（前287—前212）。阿基米德出生在叙拉古，这座城市在现在意大利西西里岛的东海岸，是一座海滨城市，当时属于古希腊的殖民地。

阿基米德

公元前4世纪，与希腊毗邻的马其顿王国征服了希腊，随后，在亚历山大大帝的率领下，先后征服了埃及、巴比伦、波斯，兵锋直至印度，征服领土约500万平方公里，建立了马其顿帝国。这个庞大的帝国提倡科学，网罗人才，大量兴建图书馆和科学机构，促进了各大文明古国间的科学与文化交流。

亚历山大征服埃及后，在尼罗河口建立了一座新的城市——亚历山大里亚城。这座城市中有规模宏大的博物馆和图书馆，学者云集、人才荟萃，很快成为重要的经济与文化中心。阿基米德10多岁时，就被父亲送到亚历山大里亚接受教育，他的青少年时期就是在这里度过的。阿基米德师从当时许多著名的学者，学到了丰富的知识。后来通过不断钻研，他自己也成为顶尖的学者，对数学和物理颇有研究。

回到叙拉古以后，阿基米德因为博学多才而受到人们的尊敬，国王也将其奉为座上宾，有什么难题都找他来解决。

这一天，国王又把阿基米德找来了。阿基米德一进门，就看到桌子上放着一顶金灿灿的王冠，周围坐着一帮愁眉苦脸的大臣，盯着王冠发呆。

行过礼后，阿基米德问道："尊敬的国王，您又遇到难题了吗？"

国王点点头，指着金冠说："阿基米德，你是城里最有学问的人，你看看这个王冠是不是纯金的，有没有掺银子进去？"

"这——"阿基米德走上前来，拿起王冠仔细观察起来。实际上，金银合金的颜色随银含量的增加会渐渐由金黄色变为银白色，当银含量达到 20% ～ 40% 时，会发出绿色光泽；当银含量大于 68% 时，就完全变成银白色。阿基米德对于金银合金的颜色并没有研究，即使有研究，如果掺了少量银子，用肉眼恐怕也很难分辨出来，他一时难以断定。

这时，旁边一位大臣告诉了他事情的来龙去脉。原来，国王委托金匠打好了这顶王冠，拿来让大臣们欣赏，结果有人怀疑里边掺了银子，但金匠坚称没有。拿秤一称，与国王交给金匠的金块一样重，分毫不差，这下大臣们都没了主意，只好请阿基米德来帮忙鉴定。

阿基米德当时没能辨别出来，只好告退。回家后，他无时无刻不在琢磨这个问题，简直到了走火入魔的程度，一连几天苦思冥想，但还是没找到好办法。

这一天，阿基米德想泡个澡，放松一下紧张的大脑。他在澡盆里灌了满满一盆水，然后舒舒服服地躺了进去，澡盆里的水从边沿上溢了出来，流了一地，阿基米德赶紧站起来，再一看，水位已经下降了一截，这时，他的脑海中灵光一闪："如果我把一块和我体重一样的金块放到澡盆里，能溢出来多少水呢？肯定没有这么多！"想到这里，阿基米德恍然大悟，他兴奋地从浴盆中跳出来，胡乱扯过一条浴巾裹在身上，径直向王宫跑去。阿基米德一边跑，一边还激动地大喊："找到了！找到了！"

原来，阿基米德意识到，相同重量的两个物体，由于密度不同，体积就不一样。黄金的密度比白银大很多，如果王冠里掺了银，要想做得一样重，体积就必然会变大，但是由于王冠形状不规则，没法计算体积。现在好了，他找到了一种绝佳的测量体积的方法，只要把物体放在水里，看它排开水的体积就可以了！

到了王宫，阿基米德让国王找来一个与王冠一样重的金块，然后比较这个金块和王冠排开水的体积，结果发现，王冠排开的水比金块要多一些，王冠果然掺了假！事实摆在面前，金匠不得不承认，他确实往里边掺了白银。真相终于大白，国王盛赞了阿基米德，这个故事也流传开来，千百年来为人们津津乐道。

有人做过计算，假设国王给金匠的黄金是 1000 克，金匠在其中掺了 10% 的白银，也就是说，王冠由 900 克黄金和 100 克白银组成，那么体积会增大 4.3 立方厘米。如果王冠的直径是 20 厘米，需要放到一个直径大于 20 厘米的桶里，那么，王冠和金块的水位只相差 0.1 毫米左右。显然，靠水位上升肯定是看不出来区别的，那怎么办呢？

如今看来，阿基米德很可能是靠溢流法来测量水的体积的，这也是最接近这个"洗澡验金"的传说的一种方法。也就是说，需要在水桶上开一个小孔，加一个水嘴，让水面和小孔齐平，物体放进去后，水会从小孔里顺着水嘴溢流出来，将溢流的水用一根细管接着，就容易对比两种物体排出水的体积了。

　　还有人猜测阿基米德可能用了另一种方法，这一方法用到了阿基米德在《论浮体》一书中提出的一条定律——浮力定律。阿基米德通过大量试验发现，浸在水中的物体受到的浮力等于物体排开水的重量（即被物体排开的水所受到的重力），这一定律就是浮力定律，也被称为阿基米德原理。根据这条原理，如果把王冠和金块都浸入水中，由于王冠体积稍大一点点，所以王冠排开的水多，受的浮力就要大一些。这样，用一个杠杆天平，两端分别吊上王冠和金块，由于二者一样重，所以天平保持水平；然后，拿来两个水桶，把两端都浸没到水中，王冠一端受的浮力大，金块一端受的浮力小，平衡被打破，王冠一端会翘起来，真假立辨（见图2-1）。如果还按前面的假设，天平两端受到的浮力差相当于两端物体质量相差4.3克，这个差别用精确的杠杆天平是可以测出来的。

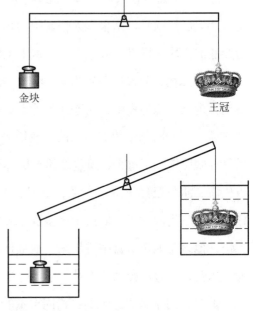

金块　　　　　　　　王冠

图2-1　利用杠杆天平和浮力原理鉴定王冠示意图

　　阿基米德不但发现了浮力的秘密，而且对机械力学也颇有研究，如杠杆、滑轮等。很早以前人们就使用撬棍撬石头等重物，阿基米德通过仔细观察与研究，总结出了杠杆原理，即：动力 × 动力臂 = 阻力 × 阻力臂（见图2-2）。也就是说，只要动力臂足够长，即使用很小的力气也能轻易撬起重物，所以，杠杆就成了"力的倍增器"。因此，阿基米德曾豪气地说："给我一个支点，我可以撬动地球！"当然，这是一句夸张的玩笑话，杠杆、滑轮等机械可以省力，却不能节省功或者节省能量，因为这是违反能量守恒定律的。一个物体受到力的作用，并在力的方向上移动了一段距离，我们就说这个力对物体做了功，功等于力与其作用距离的乘积（$W=Fs$）。做功是力的空间积累*。因此，省力是以增加力的作用距离为代价的，用的力气越小，要做同样的功，就需要作用越大的距离。比如，你想把一

---

　　* 注：相应地，力的时间积累叫作冲量。冲量等于力与其作用时间的乘积。利用冲量可以解释缓冲作用，在冲量一定的情况下，力的作用时间越长，力就越小。

个质量 10 公斤的物体提升 1 米,如果你设计的杠杆能省一半的力,那你就要把杆杆往下压 2 米才行;如果你想用 1/10 的力达到目的,力的作用距离就要达到 10 米才行。读者可以算一算,假使真的有一个杠杆可以承载地球,阿基米德如果要把地球撬动 1 毫米,他压着杠杆的手需要下压多大的距离? 那是一个大得让人不可想象的天文数字!

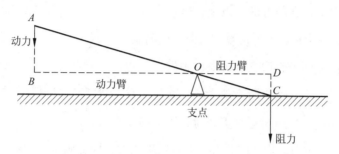

图 2-2　杆杆的原理(图中 *OB* 是动力臂,*OD* 是阻力臂,如果要把重物撬到水平位置,动力的作用距离为 *AB*,重物的上升距离为 *CD*)

阿基米德所处的年代,正是罗马人崛起的时代。罗马人在征服了意大利半岛以后,把目光对准了西西里岛,他们发动了攻打叙拉古的战争。

叙拉古是一个建在海岸边的城邦,面朝陆地,背靠大海。当时,西西里岛的其他地方已被罗马占领,只剩下叙拉古一座孤城在顽强抵抗,主要靠坚固的城墙固守。城里的军民们依靠阿基米德发明的投石机等武器,打退了罗马军团的多次进攻,令罗马人无可奈何,恼火不已。

这一天,罗马军队又来攻城了,地面部队攻势猛烈,叙拉古几乎所有的兵力都被牵制在城墙上,手忙脚乱。到了中午时分,传令兵闯进王宫,气喘吁吁地喊道:"报——海面上发现了罗马人的舰队!"

"啊?"国王大惊失色,大臣们也面面相觑,罗马人要海陆两面夹攻,可是现在实在是没有兵力可调了。这可怎么办? 大家慌张起来。

众人习惯性地把目光转向了阿基米德。阿基米德沉思片刻,一拍大腿:"有了!"他启禀道:"大王,请您赶紧通知全城的妇女,让她们带着家里的镜子到海边城墙集合,我自有妙计。"

国王也来不及问原因了,赶紧派人通知下去。不一会儿,妇女们带着铜镜来到了城墙上,炎炎烈日下,阿基米德指挥她们按方位站好,拿镜子照射海上的战船。阿基米德让大家把镜子对准同一艘船的船帆,并尽量使光点重叠在一起,虽然人们不知道阿基米德葫芦里卖的是什么药,但所有人都相信他不是在胡闹。过了一会儿,神奇的事情发生了,罗马战船竟然着火了! 罗马人大惊失色,以为叙拉古有神灵庇佑,就匆忙撤退了。城上的人们欢呼起来，大家抬起阿基米德，把他一次次抛向空中，尽情享受这胜利的喜悦。

罗马人的战船为什么着火了呢？原来，阿基米德让妇女们手持铜镜按方位站好，把光点都集中到一点上，实际上产生了一个类似凹面镜的聚焦效果。凹面镜能把太阳光反射汇聚在前方的一点上，这一点称为焦点（见图2-3），热量在焦点处汇聚，可以产生高温，点燃易燃物。凹面镜能聚光取火的现象，中国古人也发现了。西周时期，人们发明了"阳燧"，这是一种呈球面内凹的青铜镜。当用它对着阳光时，阳光被聚焦到焦点上，可以点燃引火物，因此有"阳燧以铜为之，向日则生火"的记载。

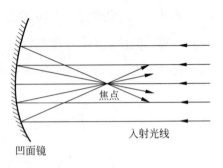

图 2-3 入射的太阳光被凹面镜反射后在焦点处汇聚

阿基米德火烧战船的故事流传很广，它向人们展现了科学的力量，但遗憾的是，这个故事是被夸大了的。首先，罗马战船不会在海面上一动不动，想将这么多镜子聚焦在一点上几乎不可能；其次，想达到大家都把光汇聚到一点的效果，必须看清楚光点，人的目力有限，能看清的距离不过几百米，这么短的距离，罗马战船很快就能划到城下，镜子聚焦引火需要一定时间，还没等起火船就到了，罗马人一放箭，镜子阵就破了。

为了验证这个传说的真实性，2010年，美国一档科学电视节目《流言终结者》真的组织了500人，每人拿一面半人高的大镜子，一起照射120米外的一艘木船上的船帆。现代镜子的反光度比铜镜强得多，但测量显示船帆温度最高只达到93摄氏度，始终没能起火。后来把船开到30米处再次照射，温度也只达到138摄氏度，照了一个小时，还是不能起火。事实证明，这只是一个美丽的传说。正是：

> 神奇故事流传广，一朝试验辨伪真。
>
> 读书多问为什么，切莫人云我亦云。

公元前212年，新兴的罗马军团终于攻破了叙拉古的城池，阿基米德被罗马士兵杀死在海滩上。可以说阿基米德之死标志着一个时代的结束。随着罗马帝国的兴起，罗马人征服了希腊，把欧洲历史翻到了新的一页。从此，古希腊文明消亡了，阿基米德和其他古希腊学者如亚里士多德等人的著作全部失传，直到1300多年后才被人重新发掘整理出来，此是后话不提。

第三回

齿轮传动　马钧重造指南车
丈天量地　张遂实测子午线

话说在三国时代，魏国有一个人，名叫马钧（生卒年不详），在魏明帝时期（226—239）担任五品官员给事中。给事中这个官虽然不大，但是每天都要上朝，参见皇帝，议论政事。上朝可是一件大事，为了避免迟到，官员们通常都起得很早，早早到大殿外的朝房等候，然后一起上朝。

由于来得早，大家聚在朝房里免不得三三两两闲聊几句。这一天，在朝房中，散骑常侍高堂隆和骁骑将军秦朗聊起了古代的传说。秦朗说："高大人，我听说古代黄帝战蚩尤的时候，那蚩尤能呼风唤雨，布下迷雾，使黄帝迷失方向。结果黄帝发明了一架指南车，车上有个木头人，伸手指向前方，不管把车子朝哪边推，这个木人的手永远指向南方。靠这个指南车，黄帝识别了方向，走出迷雾，把蚩尤打得大败。你听说过这个故事吗？"

高堂隆用手捋捋胡子："秦大人说得不错，这场战役史称涿鹿之战，在《山海经》里就有记载。"

秦朗问道："你说这指南车真有那么神奇吗？"

高堂隆说："我不信！这传说真真假假，后人添油加醋颇多。现在都没有指南车，那时候怎么可能有？"

他们的对话被马钧听到了，他走过来对二人说道："你们可别小瞧古人的智慧，这指南车黄帝那时候有没有我不知道，但一百多年前张衡就制造过指南车，你们没听说过吗？"

秦朗问："哪个张衡？"

马钧说："就是发明了浑天仪和地动仪的张衡（78—139）啊！他发明的浑天仪，可以演示天象运转，日月星辰如何绕着地球转动看得清清楚楚；他发明的地动仪，以精铜铸成，

13

形似酒樽，外面八个方位有八条龙，嘴里含着铜丸，一旦哪个方位有地震，铜丸就会掉下来，掉到下面的蟾蜍口中，其机关精巧，千里之外有地震都能测出来。"

高堂隆说："这张衡发明的浑天仪和地动仪我倒是知道，我在星象官那里还见过这两样东西，可是指南车却没见过，恐怕不是真的吧？"

马钧说："天下机巧，同出一理，我相信是真的。我们只是没仔细研究罢了，如果想做，肯定能做出来！"

二人撇嘴道："说得轻巧，有本事你做一个出来给我们瞧瞧！"

马钧的好胜心也上来了："这有何难？做就做！"

这时，上朝时间到了，朝臣们鱼贯而入。议完政事，皇帝问："众卿可还有他事？"

高堂隆和秦朗对视一眼，不约而同地走出朝列，禀道："皇上，马钧说他可以造出传说中的指南车。此物失传已久，如能在我朝重现，可谓幸事。"

魏明帝一听，大感兴趣，他问马钧："马爱卿，你真能造出指南车？"

马钧禀道："微臣可以一试。"

"好！"魏明帝十分高兴，他下令皇宫监造处全力配合马钧，尽快造出指南车。

马钧领命而去。高堂隆和秦朗都认为马钧在吹牛，这两人等着看他的笑话呢。

马钧日夜构思，设计图样，开始在皇宫监造处做指南车。这皇宫监造处可是会集了天下的能工巧匠，马钧设计的零件都能完美地做出来，经过反复试验，不久以后，指南车竟然真的做成了。

指南车造成这一天，皇帝和群臣都来观摩。只见这指南车由两个轮子的车架做底盘，车架中间有一堆复杂的齿轮，上面立着一个木头人，手臂前伸。马钧先根据方位把木头人的手臂转向南方，然后开始推着小车行走。果不其然，无论马钧朝哪个方向转弯，在这套齿轮传动系统和离合装置的控制下，木头人的手臂始终指向南方。众人一片赞叹，就连高堂隆和秦朗也佩服得五体投地。魏明帝重赏了马钧，这件事也传遍天下。

话说这马钧是何许人也？他怎么这么神奇，说造就把指南车造出来了呢？原来他可不是一般人，他是当时闻名天下的机械制造大师，有"天下之名巧"的美誉。

马钧年幼时家境贫寒，读书不多，还有口吃的毛病，不善言谈。但是他善于思索，勤于动手，注重实践，尤其喜欢钻研机械。大家知道，我们的祖先很早就发明了丝绸，所谓绫罗绸缎，绫是丝绸的一种。马钧年轻时，看到当时的织绫机非常笨拙，有 50 个乃至 60 个脚踏板，使用起来非常不便，劳动效率很低。这还已经是经过改进的产品了，最早的时候织绫机竟有 120 个踏板，织一匹绫得好几个月。马钧经过仔细研究，将织绫机简化到统一用 12 个踏板，使生产效率一下子提高了 5 倍，而且改进以后可以织出各种奇巧的花纹。这一发明很快传播到全国各地，让马钧声名远扬，同时也为以后织布机的改进打下了基础。

马钧在洛阳的时候，发现农民们灌溉土地很不方便，当时有一种提水机叫作"翻车"，可以利用齿轮原理汲水，但是比较粗笨，不太好用。当时城郊有一大块坡地非常适合种菜，老百姓很想把这块地开辟成菜园，可惜因地势太高，无法引水浇地，所以一直空着。马钧得知后，经过钻研，发明了一种新式翻车，这就是后来的"龙骨水车"，可以连续不断地把水从河里运到岸上乃至山坡上，而且特别省力，连孩子们都能蹬得动，效率比原来的翻车提高了上百倍。这一发明对农业发展大有裨益，直到近代，很多乡村中还使用龙骨水车灌溉土地。

马钧还有很多发明，如他把诸葛亮发明的诸葛连弩进行了改进，发射效率提高了 5 倍。当时的投石车一次只能投掷一块石头，而他发明的轮转式抛石机，可连续不断地发射几十块石头，令敌人防不胜防。正是：

> 鲁班墨翟战国出，张衡马钧东汉传。
> 机械大师代代有，古人智慧叹非凡。

话说中国古代的科技成果层出不穷，难以尽述，如天文观测记录详尽，冶金技术世界领先，名窑瓷器世上独有，建筑技术独具特色，纺织技术闻名于世，水利建设工程浩大，航海技术领先世界。这其中，既有科学家们的聪明才智，也有能工巧匠和劳动人民的集体智慧。科技的进步与数学的发展是密不可分的，成书于东汉时期的《九章算术》是中国古代最重要的数学专著，其中所使用的筹算后来发展成为珠算，到宋代已经成熟的算盘成为当时世界上最先进的计算器。

正因为有先进的算筹作为计算工具，南朝祖冲之（429—500）才将"圆周率"精确计算到小数点后第 7 位，指出圆周率在 3.1415926 和 3.1415927 之间，并提出其密率 $\frac{355}{113}$，领先世界其他国家约 1000 年。他在天文观测与推算方面也颇有建树，创制了先进的《大明历》。在《大明历》中，祖冲之区分了回归年和恒星年，将岁差引进历法，并提出了用圭表测量正午太阳影长以定冬至时刻的方法，这使得《大明历》的精度大大提高。他推算出一个回归年为 365.24281481 日，与现在的推算值仅差 46 秒，一直到南宋的《统天历》，才有了更精确的数据。

编制历法是我国自古以来的传统。唐朝张遂（僧人，法名一行，683—727）是著名的天文学家，在唐玄宗时期受诏主修历法，编制《大衍历》。一行十分清楚，历史上的优良历法，无一不是经过长期、艰苦的天文观测，取得精确数据之后制定的。所以一行刚一受任，第一件事便是请太史局组织全体观测人员，全力以赴重新测定二十八宿距度、昏旦中星、昼夜刻漏，特别是要直接测出日、月以及金木水火土五星运行的黄道度数，逐日上报基本数据。这还不够，一行意识到仅靠京城一地的观测还不足以制定出适用于全国的精确历法，因为中国幅员太辽阔了，各地的北极星出地高度都是因地而异的，必须在全国范围内观测。所谓北极星出地高度，就是仰望北极星时，视线与地平线的夹角，这一仰角是随地理纬度变化的，纬度越高，仰角越大。为了便捷、有效地测得各地的北极仰角，一行自己动手设计了一种测量工具，它的名字叫"复矩"（见图3-1）。通过复矩可以准确测出各地点的北极仰角，实际上也就测出了当地的纬度。

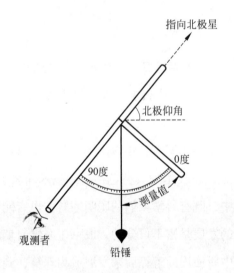

图 3-1　复矩原理图（利用两个角与同一个角相加等于 90 度，则这两个角相等的原理，可测量北极仰角）

复矩设计并制造完成之后，开元十二年（724），一行组织了世界上第一次大规模的子午线实地测量。所谓子午线，就是地球的经线，为地球表面连接南极和北极的半圆弧（见图3-2）。任意两根子午线的长度都是相等的，指示当地的南北方向，且在南极和北极相交。大唐帝国空前辽阔的疆域，为这次测量提供了极其有利的地理条件。一行和太史局的专家们经过反复研究，最终，他们选择了南到北纬 18 度（今越南境内）、北到北纬

51 度（今蒙古境内）的 13 处观测点，组织了一个庞大的观测队伍，利用复矩测出各地点的北极仰角（纬度），并实地丈量不同观测点的地面水平直线距离。经过 1 年的艰苦工作，观测队伍出色地完成了工作。此外，各个观测点还分别在夏至、冬至、春分、秋分的中午观测了日影长度，以便全国各地根据日影长度差简便估算两地间距离。

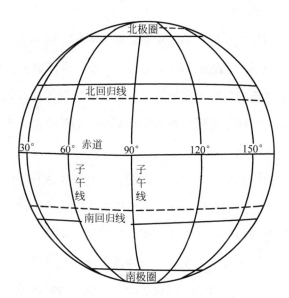

图 3-2　子午线示意图（连接南极和北极的半圆弧是经线，指向东西方向与经线垂直的圆圈是纬线，经线就是子午线）

最终观测资料全部汇总到了一行手中，面对繁杂的数据，一行夜以继日地计算分析，常常是孤灯伴影到天明。经过详细分析，他发现从滑州白马到上蔡武津之间的四个地点应该在同一经度上，数据可以利用，经过计算，他终于得到了结果："大率五百二十六里二百七十步而北极差一度半，三百五十一里八十步而差一度。"

现在来看，一行选的白马到武津之间的 4 个地点均在东经 114.3 度左右，基本处于同一条子午线上。一行测得白马到武津之间纬度相差 1.5 度，子午线弧长是 526 里 270 步，于是推算出纬度相差 1 度的子午线弧长是 351 里 80 步，根据换算，大约为现代的 129 公里，与现代测量的标准值 111.2 公里还有一定误差，但是在 1300 多年前，这已经是很了不起的成就了。这次大地测量使古人更精确地认识了地球，为精确绘制地图提供了基础。

除了测量子午线，一行还改进了张衡的浑天仪，发明了水运浑天仪。他带领太史局的专家和工匠们研制了两年，于 725 年制造完成。这是一具依靠水力运转的仪器，除了表现日月星宿的运动，还能自动报时，通过齿轮带动，每刻（古人将一天分为 12 时辰，100 刻）

击鼓一次，就像一架自鸣钟一样。后来宋代进行了改进，研制的水运仪象台更是规模宏大，结构复杂，是世界上最早的天文钟。

一行的这些工作，都是为了修订历法做准备，随后几年里，一行呕心沥血地修订历法，终于在 727 年编制完成了当时世界上最先进的《大衍历》。而一行也因为劳累过度，一病不起，于同年去世，终年 45 岁。

从世界范围来看，国外最早的子午线实测是在 814 年，由阿拉伯人进行，时间比一行的测量晚了 90 年，但是获得的数据精确度较高。另外，据传在公元前 3 世纪，古希腊的埃拉托色尼曾利用两个地点的日影角度推算子午线长度，但他选择的两地并不在同一条子午线上，而且有一个更大的缺陷是两地距离没有实测，而是根据商旅往来时日估算，并不严谨。

作为世界上唯一未曾中断的古文明，中国的科技发展体现在生产生活的方方面面。中国的榫卯式木结构建筑在世界上独树一帜，反映出古人对建筑结构力学有深刻的认识。斗拱是中国古代建筑上特有的构件，在立柱和横梁交接处，从柱顶上一层层探出呈弓形的承重结构叫拱，拱与拱之间垫的方形木块叫斗，两者合称斗拱，其作用在于将屋顶的重量集中到立柱上。斗拱技术精巧，艺术华丽，代表了中国古典建筑的风格。建于辽代的应县木塔，结构精巧，气势恢宏，高 67.3 米，是中国现存最高的木结构建筑。木塔的结构非常科学，共用了 54 种斗拱形式，卯榫结合，刚柔相济，具有非常好的减震作用，历经千年而不倒，堪称世界建筑史上的奇迹。

中国古代有很多浩大的工程，体现了国家的整体科技实力。隋朝的南北大运河至今仍是世界上最长的人工运河。唐朝的城市布局和建筑风格规模宏大、气魄雄浑，长安城是当时世界上最大的城市。隋唐时期，中国造的海船是世界上最大的，在当时的世界上可以说是无与伦比的。据阿拉伯人记载，由于中国海船太过巨大，在印度南端港口所纳的过口税是其他船只的百倍到千倍。中国海船巨大，是因为掌握了先进的制造技术，中国是世界上最早发明舵和水密隔舱的国家，这些技术后来都通过阿拉伯人传到了欧洲。

中国古代科技成果林林总总，覆盖了各行各业，但要说最辉煌的科技成就，莫过于人人皆知的四大发明了。这四大发明可以说是人类近代文明的奠基石。为什么这么说呢？欲知详情，且听下回分解。

第四回

四大发明　创古代科技辉煌
东学西渐　助欧洲文艺复兴

公元 751 年 7 月，在中亚的怛罗斯城外（今哈萨克斯坦东南部），出现了一支军队，这支军队盔甲森森、刀枪如林，虽然刚刚经过 3 个月的高原长途跋涉，士兵们神色略显疲惫，但仍然目光坚毅，士气高昂。

守城的阿拉伯士兵虽然身经百战，并且已经提前得到了消息，以逸待劳，但这支军队的阵势还是让他们心头发紧，这就是传说中的大唐军队？

没错，这是大唐安西节度使高仙芝（?—756）率领的两万唐军与一万葛逻禄部仆从军组成的联军。他们翻山越岭，行军千里，来到怛罗斯，就是要与阿拉伯军队一决雌雄。

这时候的阿拉伯帝国属于阿拔斯王朝，中国史称黑衣大食，这是阿拉伯历史上最辉煌的时期，当时刚刚建立了横跨亚欧非三大洲的大帝国，势头正盛。公元 750 年前后，阿拉伯的势力已经扩张到中亚高原，和唐朝在西域的势力发生交错，如此一来，当时世界的这两大帝国一决高下已经不可避免。

战争的导火索是高仙芝率领的唐军在前一年攻陷了中亚地区的石国，大肆抢掠，石国国王被处斩。这一举动招致了西域各国的普遍不满，唐朝在西域的威望大大下降，逃走的石国王子趁机联络大食，希望大食为他报仇。此举正符合大食的扩张计划，大食一口答应下来。阿拉伯人与其附属国组成了一支 15 万人的联军，准备前往攻打唐朝的安西四镇。

高仙芝得知消息后，决定先发制人，于是率军长途跋涉，翻越人迹罕至的葱岭（帕米尔高原），孤军深入，来到了大食国境的怛罗斯城下，抢先发起了攻击。

在震天动地的战鼓声中，唐军的攻城开始了，漫天箭雨射得城里的守军抬不起头。怛罗斯城的守备力量有限，一番猛攻下来，怛罗斯城中的大食军队损失惨重，急忙向集结在锡尔河流域的大食军队主力求援。

在接到求援信息后，阿拔斯王朝的 15 万大食联军火速赶往怛罗斯。7 月 18 日，四万前锋在主将穆斯塔法的率领下赶到了怛罗斯，在怛罗斯河西岸驻扎，距离唐军只有 15 里左右。

面对敌军的增援，高仙芝留下葛逻禄部仆从军继续围攻怛罗斯城，自己亲率两万唐军前往怛罗斯河西岸迎敌。随着高仙芝的到来，两大帝国的首次正面交锋开始了。

阿拉伯步兵的制式武器是长矛和盾，骑兵装备的是"大食宝刀"，即阿拉伯弯刀，还有弓箭，但没有弩。

高仙芝所部两万唐军中，10000 骑兵，使用马槊，6000 步兵，使用陌刀，还有 4000 弩箭手。马槊是骑兵专用的冲击性武器，就像加长加重的长矛，既可借马力冲锋刺杀，也可挥舞劈砍。陌刀是一种双刃长刀，专门砍马砍人，是步兵对付骑兵的专用武器。弩是唐军最厉害的压制性武器，按射程分为 4 种，伏远弩射程 300 步，擘张弩射程 230 步，角弓弩射程 200 步，单弓弩射程 160 步，这 4 种弩可以依据敌军进攻的态势，采用编队的方式进行有效的攻击。

两军对垒，大食兵力占有绝对优势，横扫四方的大食军队并不把唐军放在眼里，狂热的大食骑兵挥舞着阿拉伯弯刀，率先发起了冲锋。但是这一次，他们遇到的对手却与以往不同，弩箭射程之远、穿透力之大超出了他们的想象。一排排的骑兵倒在阵前，但就是冲不到唐军身前，100 步的距离成了一条死亡地带。

靠着人海战术，大食骑兵在付出了惨重的代价之后，终于越过了这道死亡地带。大食骑兵看到，唐军弓弩手后撤了，出现在阵前的是一队步兵。大食骑兵亮出了手中的弯刀，准备大肆砍杀。在他们以往的作战经验中，步兵绝不是骑兵的对手。但是这一次，他们又错了。这群步兵主动迎了上来，大食人还没来得及反应，战马的腿就被唐军手中怪异的大刀齐刷刷地砍断，在一片人仰马翻中，大食骑兵损失惨重。

渐渐地，大食骑兵有些抵挡不住了，他们的冲锋势头开始减弱，有些惧怕这些陌刀手了。高仙芝看到敌人的阵形已乱，一声令下，一万骑兵催动战马，挺着马槊从左右两翼向大食人包抄过去。眨眼之间，唐军骑兵就冲进了大食军中，他们手中的马槊就像一道闪电，所挡者无不被洞穿。马槊太长了，大食人不到 1 米长的弯刀根本无法抵挡。

大食人终于撤退了，这是他们见过的最恐怖的军队。在远离故土，深入敌境的作战中，唐军首战告捷！

此后的 3 天里，大食援军不断赶到，唐军和大食军每天都会展开一次战斗，但每一次大食人都会付出惨重的代价撤退。他们开始想别的办法了。

第 5 天，葛逻禄部仆从军一万人马赶来助战，高仙芝没有多想，准备今天趁着兵力大增一举解决战斗。没多久，大食人又开始了进攻，唐军开始接战。突然，唐军内部乱了起来。原来大食人花重金买通了葛逻禄部仆从军，激战中的唐军遭到葛逻禄人的反戈一击。唐军因此阵型大乱，大食军趁机冲杀上来，与葛逻禄人联手夹击唐军。唐军四面受敌，军心动摇，终因寡不敌众，大败而归。

此役，唐军损失惨重，高仙芝仅率数千骑逃回西域，两万人马覆没大半，其中阵亡和被俘者几近各半。大食虽然取胜，但也是惨胜，几天来竟折损七万余人，无力追击。

怛罗斯之战后，两大帝国都认识到了对方的厉害，唐军无法大规模劳师远征，大食也知道进攻大唐无异于自讨苦吃。从此，两大帝国以葱岭为界，再无战事发生。

这一场只持续了几天的小战役看似无足轻重，但实际上，从某种角度来说，这是一场改变了整个世界的战役！我们都知道，中国在汉朝就出现了造纸术，纸张对我们的祖先来说再平常不过了，可是，在别人眼里，这可是当时世界的高科技。当时阿拉伯人、欧洲人都不会造纸，他们使用的莎草纸和羊皮纸，不是难以保存，就是价格昂贵，根本无法普及。怛罗斯之役后，被阿拉伯联军俘虏的唐军中有随军的工匠，从这些俘虏身上，阿拉伯人终于学会了中国的造纸术。怛罗斯战役数年后，阿拉伯人的第一个造纸作坊出现在撒马尔罕（今乌兹别克斯坦），随后，巴格达也出现了造纸作坊和纸张经销商，以后逐渐扩展到大马士革、开罗，最后到达西班牙（这些地方当时都属于阿拉伯帝国的势力范围）。

为什么说怛罗斯之战改变了世界呢？这是因为，阿拉伯人学会造纸术以后，一些有识之士开始传抄古代的典籍，以前可望而不可即、动辄需使用上百张羊皮的昂贵典籍终于可以“飞入寻常百姓家”了。开始只是一些零星的传抄，到了公元 830 年，在国王的支持下，阿拔斯王朝在巴格达建了一座“智慧宫”，也就是图书馆，广泛收集各种图书，不惜重金发掘希腊、波斯、印度等国的古籍珍本，翻译出来供学者们研究。当时对名家的译稿，按等重的黄金付酬。重赏之下，各地的孤本都汇集到了巴格达，这场前后延续长达 100 多年的翻译工作形成了一场大运动，史称“阿拉伯百年翻译运动”。在欧洲早已失传的古希腊文献都被翻译成了阿拉伯语，还有很多波斯文和印度梵文著作。这些著作如果不是被阿拉伯人翻译保存下来，可能就在某个无人知晓的角落里腐烂掉了，再也不会在世上出现了。

到了 12—13 世纪，出现了第二次大规模翻译运动，这一次，翻译的主角由阿拉伯人变成了欧洲人。欧洲的多次十字军东征，将诸多阿拉伯典籍掳至西方。另外，随着基督徒1085年攻陷西班牙托莱多和1091年占领意大利西西里，阿拉伯人留下的文献唾手可得，于是，欧洲人以托莱多和西西里为中心，将阿拉伯文版的古希腊哲学、科学典籍以及阿拉伯学者的重要学术著作，统统翻译成拉丁文或希伯来文、西班牙文。今天西班牙语的词汇有8%源自阿拉伯语。这一次的翻译运动诞生了一大批杰出的学者，极大地丰富了中世纪欧洲的学术思想，并最终引发了欧洲的文艺复兴和近代科学的兴起。

各位读者，你说这欧洲人费不费劲，为什么古希腊的著作还要从阿拉伯语翻译回来呢？说出来你也许不信，当时的欧洲人竟然不知道有古希腊的存在。为什么会这样呢？原来，在西方，古希腊文明在公元前146年被古罗马征服后即告中断，这是第一次文明倒退。而在公元476年，随着西罗马帝国的灭亡，又出现了第二次文明大倒退，欧洲进入了漫长而黑暗的中世纪。公元4世纪，基督教被宣布为罗马帝国国教，公元529年，东罗马帝国皇帝查士丁尼下令取缔了全部非基督教的学校，从此，古希腊哲学在西方失去了最后的存身之所，古希腊不再为人所知。中世纪的欧洲，文化落后，思想愚昧，瘟疫蔓延，是历史上所谓的"黑暗时代"。就像恩格斯所指出的，在欧洲，中世纪是从粗野的原始状态发展而来的，它把古代文明、哲学、政治和法律一扫而光，宗教、神学在文化活动的整个领域中建立了至高无上的权威，这就使欧洲的文化和科技失去了连续性，发生断层和倒退。

都说失而复得的东西最为珍贵，正是因为有了第二次翻译运动，欧洲人才发现原来他们的祖先也曾有过辉煌的文明，他们终于找到了未来的发展方向，于是兴起了轰轰烈烈的文艺复兴运动，要恢复其古代的辉煌，抵制教会的专制统治。所谓文艺复兴，主要是复兴古希腊和古罗马文化。这一运动发端于14世纪的意大利，古希腊人的著作被人们奉为学习和模仿的经典，以后扩展到西欧各国，于16世纪达到顶峰，带来了科学与艺术的大革命，揭开了近代欧洲科学史的序幕。

纸张只是中国古代四大发明之一，另外三项发明——指南针、印刷术、火药，也像纸张一样，样样都对世界文明产生过重大影响。这四大发明，可以说是人类古代文明的精华。

先说说印刷术。雕版印刷是印章与石刻结合的产物，最早出现于隋代，唐代开始大规模使用。世界现存最早的雕版印刷品，是我国唐代咸通九年（868年）刻印的《金刚经》。到了北宋庆历年间（1041—1048），杭州书肆刻工毕昇（？—约1051）发明了活字印刷术，创造了印刷的3个基本步骤：制造活字、排版、印刷。活字印刷术也是通过阿拉伯人传到欧洲的。15世纪，欧洲出现了活字印刷，正是印刷术的出现，使得科学文化得以普及，否则光靠手抄，书本只能在少数人手中流传。欧洲的文艺复兴运动于16世纪达到顶峰，与印刷术的出现密不可分。纸张和印刷术，是欧洲文明复兴的基础。

火药起源于中国古代的炼丹术，至晚于9世纪，炼丹家们发明了火药。构成黑火药的主要原料是硝石、硫黄、木炭，这些都是炼丹的常用材料。大约到了唐末，火药被用于战场上的火攻。到了北宋时期，人们发明了"霹雳炮""震天雷"等燃爆型火药武器。南宋时期发明了"喷火枪""突火枪""飞火枪"等火器。13世纪，蒙古军队西征时把火药技术带到了阿拉伯，阿拉伯人在14世纪初将火药传到了欧洲。火药武器对西欧新兴阶级摧毁阻碍社会发展的骑士阶层起了决定性作用，是欧洲封建社会的"催命符"。

指南针是中国古代劳动人民在长期的实践中对磁石磁性认识的结果。最早在《山海经》中，就有关于磁石的记载。人们在发现了磁石的吸铁性能后，又发现了磁石的指南性能。古人最早发明的指南针名叫作司南，现已失传。有学者根据《论衡·是应》"司南之杓，投之于地，其柢指南"的记载，认为它的形状像个勺子，有人说它在铜盘上使用，有人说它在水银池中使用，但是现代复制的司南用起来并不灵敏，所以司南到底是什么样还有争议。到了唐宋年间，人们发明了比较灵敏的漂浮在水中的指南鱼。真正的指南针出现在北宋，沈括（1031—1095）在《梦溪笔谈》中明确记载了指南针的制造方法。

沈括写道："方家以磁石磨针锋，则能指南，然常微偏东，不全南也。"这里，沈括提到，只要将一根钢针在磁石上摩擦，钢针就能磁化，这是最早的人工磁化记载，这样的指南针简单易得，效果还好，容易普及。沈括还指出，指南针既能漂浮在水里用，也能悬挂在蚕丝上用，还能放在指甲盖上或碗边上用。事实上沈括指出的方法已经归纳了现代指南针装置的两大体系——水针和旱针。

却说这小小的磁针为什么能指南呢？原来，磁体有两极：南极和北极。而人类居住的地球是个天然大磁体，它的两个磁极分别接近于地球的南北两极。磁体有个特点：同性相斥，异性相吸。因此，在地磁力的作用下，小磁针就被吸到指向南北方向上了。磁针的磁极和地球的磁极并没有接触，它们却能互相吸引，这表明磁体的周围存在一种看不见的东西，人们把它叫作"磁场"。地球磁场（见图4-1）的存在就是磁针能够指示南北的原因。

宋朝时，人们已经开始在海船上使用指南针，通过观测北极星和指南针配合导航。据宋代《诸蕃志》记载：北宋海船已开到阿拉伯，阿拉伯商人乘船来中国做生意，学会了制造指南针。12世纪末，阿拉伯人将指南针用于航海，13世纪初传往欧洲。在指南针出现之前，欧洲的船只能在岛屿众多的地中海中沿着海岸航行，航行者靠着岸上的灯塔识别自己的位置，没有人敢冒险到望不见陆地的洋面上去。指南针的出现，使远洋航行成为可能。另外，欧洲船只原来只用桨来控制方向，后来在采用了中国发明的舵以后，才真正能进行远洋航行。指南针和舵在欧洲的引进和使用，为 15 世纪哥伦布（1451—1506）等人的大航海创造了条件。

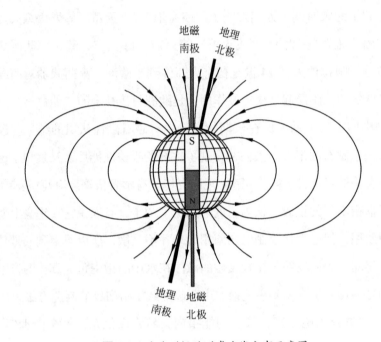

图 4-1 地球磁场的磁感应线分布示意图

1861 年，马克思（1818—1883）在著作中指出："火药、指南针、印刷术——这是预告资产阶级革命到来的三个伟大发明。火药把骑士阶层炸得粉碎，指南针打开了世界市场并建立了殖民地，而印刷术则变成了新教的工具，总的来说，变成了科学复兴的手段，变成对精神发展创造必要前提的强大杠杆。"

正是：

纸张挽救古文明，印刷传播新文化。

火药炸碎旧阶层，罗盘开创大航海。

欧洲跨过中世纪，四大发明功劳大。

人类历史翻新篇，从此科学大爆炸。

第五回

天体运行　哥白尼勇提日心说
星空无限　布鲁诺坦然受火刑

俗话说，三十年河东，三十年河西。中国在创造出四大发明的巅峰之后，科技发展变缓；而欧洲在经历了中世纪的谷底之后，经过文艺复兴，科技开始井喷式发展，从而拉开了近代科学革命的序幕。

读者还记得张衡和一行发明的浑天仪吧，他们把地球置于宇宙的中心，来观察推算日月星辰的运转，这是人类再自然不过的一种想法了，毕竟我们感觉不到自己的运动，而太阳每天东升西落，看上去在绕着地球转。在中世纪的欧洲，人们也持同样的观点。当时基督教控制着整个欧洲，他们最开始宣扬天地是一个四方盒状结构，但后来实在无法服众，才勉强接受了罗马帝国的天文学家托勒密（约90—168）主张的地心说。托勒密写了一本书——《天文学大成》，汇集了西方古代的天文学成果。这本书可不简单，就像通过浑天仪能观察星宿运转一样，托勒密在书中把当时人们观察到的太阳系里的天体安排得明明白白，他能计算出太阳、月亮和金、木、水、火、土等大行星的运动轨迹，以及日食和月食的出现。

托勒密还给出了一个所谓地球不动的证据。他认为，如果地球在运动，地球上的人就会飞散到空中，甚至地球本身也将因转动而土崩瓦解，分裂为碎片。

托勒密这套系统（地心说或托勒密体系）看起来挺不错，但是，它还不太精细。随着天文观测的发展，后人不断完善这套系统，到最后，在这套系统里，只有太阳和月亮的运动比较有规律，其他行星的运转则相当复杂。人们在天空中画出80多个大大小小的轮子，每个轮子代表一个圆周运动，这些交错运行的轮子构成了太阳系的运转方式。

其实不少人已经开始认识到，地心系统太复杂了，但是，由于地心说符合基督教教义，得到了教会的认可，所以没人敢提出异议，否则就会受到残酷的惩罚。因此，地心说在天文学中占统治地位达 1300 年之久。

哥白尼

1496 年，此时正是文艺复兴的黄金时代，意大利的博洛尼亚大学迎来了一位 23 岁的波兰学生——哥白尼（1473—1543）。当时意大利汇集了大量的由阿拉伯文献翻译过来的古希腊文献，还有很多阿拉伯学者的文献，对于从小就对天文学感兴趣的哥白尼来说，这里简直就是一座天文学宝库，他如饥似渴地学习着各学派的知识。由于阿拉伯不受欧洲教会影响，在哥白尼之前的两三百年间，一些阿拉伯学者对托勒密体系提出过质疑，试图改良这个系统，这些学说很可能对哥白尼造成了一定影响。

哥白尼断断续续地在意大利北部居住和学习了 10 年，然后回到了波兰。在波兰，他在一所教堂里担任神甫，但业余时间仍然继续他的天文观测。他自己盖了一座没有屋顶的塔楼，安装了视差仪、象限仪和星盘等天文仪器，开展研究。哥白尼通过长期的天文观测，发现很多事实与托勒密体系得出的结论并不相符。另外，哥白尼认为，大自然应该是简洁的，不应该如此复杂，天体运行的规律应该用简单的几何或数学关系表示出来。这些都使哥白尼开始对托勒密体系产生怀疑，于是他开始探索新的理论。

经过 10 多年的研究，在 1520 年前后，哥白尼的研究有了初步结果。他发现，如果把各大行星看作绕日运行，那么太阳系的模型要简单得多。事实上，他已经完成了日心说的初步构思，并把这些想法透露给一些朋友。朋友们又把他的想法透露给另外的朋友们，这样，哥白尼的新理论慢慢地流传开了。

哥白尼还在继续完善他的理论，又过了十几年，他终于完成了一部巨著的初稿——《天体运行论》。在这部著作中，哥白尼描述了他心目中的宇宙结构（见图 5-1）：太阳位于宇宙的中心，水星、金星、地球、火星、木星、土星围绕太阳旋转。地球是球形的，它在绕着自己的轴自转，并绕着太阳公转。月亮是地球的卫星，它绕着地球旋转。

现在我们知道，哥白尼实际上已经大体描绘了太阳系的真实图景。这个图景可不是嘴上说说就可以了，哥白尼必须要按照新模型计算各个天体的运行轨道，解释为什么在地球上观察到的天象是我们看到的那样的，这需要大量的天文观测资料和丰富的数学知识。

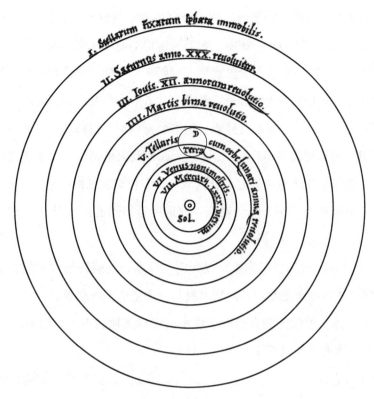

图 5-1　《天体运行论》中的日心说插图（当时只有水、金、地、火、木、土 6 个行星，最外层是恒星天）

即使在现在看来，《天体运行论》也是一部严谨的天文学专著，如图 5-2 给出了一个例子，这是书中对当时最新观测到的三次木星冲日进行几何论证时用到的图形。

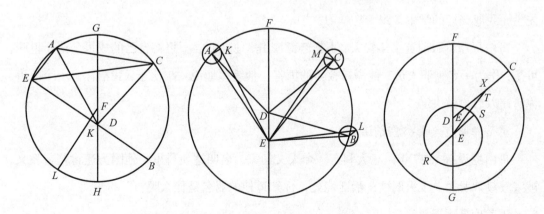

图 5-2　《天体运行论》中解释木星冲日所用的几何图形

还有一个问题哥白尼必须解决，那就是地球既有自转又有公转，为什么人不会飞散到空中。哥白尼解释说，地球上的东西之所以没有因为地球旋转而分散，也没被抛到后面，那是因为地球的运动已分给了那些物体，它们稳定地随地球一起运动，犹如一个整体，所以人感觉不到地动，就像我们坐在船里感觉不到船在动一样。哥白尼这个解释在当时也算说得过去，事实上，真正解决这个问题，要靠100多年后的牛顿了，此是后话不提。

虽然书稿写完了，但由于害怕受到教会迫害，哥白尼一直将其束之高阁，不敢出版。

1539年5月，哥白尼已经66岁了。这一天，他的家里来了一位不速之客，这是一个27岁的年轻人，他风尘仆仆地从奥地利赶到波兰，专程来求见哥白尼。

哥白尼看这个年轻人气宇不凡，就把他迎进屋里，问道："小伙子，你从哪里来？所来何事啊？"

年轻人答道："尊敬的哥白尼先生，我叫雷蒂库斯，是威腾堡大学的数学教授。我对您的日心说心仪已久，这次是专门来向您求教的，还望您不吝赐教。"

哥白尼心里一惊，他没想到自己的学说都流传到奥地利去了，他不动声色地说："雷蒂库斯先生，你找错人了，我不知道有什么日心说。"

雷蒂库斯激动地说："哥白尼先生，您就别隐瞒了，天文学界早就流传说您的日心说能优美地描述天上的行星运动。其实，大家早就对托勒密那复杂的地心系统感到头疼了，但是苦于没有更好的新理论，所以很多人都期盼着您的新理论赶快发表，好一睹为快呢！"

哥白尼沉默了。

雷蒂库斯继续说："哥白尼先生，跟您说实话吧，我已经辞职了，我这次来之前就下定决心，一定要帮您把您的新理论发扬光大，传播给世人，让人们知道这个世界的真相！先生，我愿当您的学生，跟着您学习！"

哥白尼望着眼前这个年轻人，不禁心潮澎湃，他又何尝不想将自己的成果公诸于世呢，可是，作为一名神职人员，他深知教会的厉害。他缓缓地说："小伙子，我给你讲一个故事，你听完以后再做决定。"

雷蒂库斯点点头："您请讲。"

哥白尼说："1327年，意大利有一个天文学家，名叫达斯科里，他因为违背基督教义，被宗教裁判所送上了火刑柱，活活烧死，你知道他的罪名是什么吗？"

雷蒂库斯摇摇头。

哥白尼沉重地说："因为他宣扬地球呈球状，在另一个半球上也有人类生活。这就是他的罪名。"

这回轮到雷蒂库斯沉默了。

"你还愿意跟我学吗？"哥白尼问道。

雷蒂库斯重重地点了点头，坚定地说："为了真理，我愿意！"

哥白尼的眼眶湿润了，他的大手重重地拍在了雷蒂库斯肩头："小伙子，好样的！"他拉起雷蒂库斯的手："跟我来。"

哥白尼带雷蒂库斯来到他的书房，雷蒂库斯看到桌子上有厚厚一摞手稿，哥白尼说："这就是我毕生的心血，现在，我把它传给你，由你来传播给世人吧！"

雷蒂库斯欣喜地问："您同意收我做您的学生了？"

哥白尼微笑着点点头。

雷蒂库斯兴奋地鞠了一躬："老师，我一定不会让您失望的！"

在接下来的两年中，雷蒂库斯就住在哥白尼家里，协助他修订《天体运行论》书稿。1541年9月，书稿整理完毕。雷蒂库斯辞别了老师，带着书稿回到奥地利，开始联系出版商。他费尽周折，终于找到一家出版商愿意出版，但出版商深知这本书惊世骇俗，也怕承担责任，就偷偷地在书的前面加了一篇名为《给保罗三世教皇陛下的献词》的所谓序言。1543年3月，《天体运行论》终于排印完成，正式出版了。当书出版以后，雷蒂库斯才发现出版商这一勾当，虽然他进行了一番理论，但木已成舟，无法挽回了。

1542年12月初，哥白尼不幸患脑溢血，半身瘫痪，卧床不起。1543年5月24日，哥白尼在弥留之际，终于见到了刚刚出版的新书，这是他毕生的心血啊，多亏了雷蒂库斯这个小伙子，才使得他的生命通过这本书得以延续。他伸出颤抖的手指，缓缓抚摸着崭新的封皮，脸上挂着一丝微笑，慢慢停止了呼吸。

5年后，意大利的一个小镇上，诞生了一个男孩——乔尔丹诺·布鲁诺（1548—1600）。由于家境贫寒，布鲁诺17岁时进入修道院做了一名僧侣，在这里，他读了很多书，逐渐开始反对经院哲学家们所宣传的教义。布鲁诺对哥白尼的日心说极为推崇，而且比哥白尼走得更远。比如，哥白尼认为太阳是宇宙的中心，含糊地回避了宇宙的有限和无限问题，而布鲁诺则坚定地认为宇宙是无限的，他出版了一本书，书名叫《论无限、宇宙与众世界》，书中指出宇宙中包含无数个同我们一样的世界，每个世界里都有太阳和行星。当然，这本书不可能像哥白尼的《天体运行论》一样有严谨的科学论证，这只是布鲁诺的一种哲学观点。

布鲁诺到处宣扬他这大胆的观点，引起了教会的极大恐慌。教会认为他的观点使地球在宇宙中处于无足轻重的地位，威胁到了上帝的权威，于是开始通缉他，布鲁诺被迫流亡异国。他先后到过瑞士、法国、英国、德国，每到一处，都会宣扬他的学说。

1592 年，布鲁诺被骗回意大利的威尼斯后遭逮捕，然后被送到罗马宗教裁判所，关进了监狱。布鲁诺被关了整整 8 年，这期间，宗教裁判官们费尽心机，不断逼迫他放弃自己的观点，但无论是金钱高官的利诱，还是惨无人道的拷打，都不能使布鲁诺屈服。裁判官们终于绝望了，将布鲁诺判处火刑。

1600 年 2 月 17 日，行刑的日子到了，罗马鲜花广场的街道上站满了围观的人，布鲁诺被绑在广场中央的火刑柱上。在受刑前，裁判官们还期望他被火刑吓住，当众屈服，对他说："只要忏悔，就可免刑。"布鲁诺毫不畏惧，他说："你们在宣判的时候，内心比我听到判决时还要恐惧。"刽子手们害怕他继续说下去，立刻堵上了他的嘴，在熊熊大火中，布鲁诺被当众烧死在广场上。这布鲁诺真是一条汉子，有诗赞曰：

肉体可以被毁灭，内心却比金更铮。
宁死不屈守真理，烈火当中得永生。

布鲁诺虽然死了，但他的英勇就义反而激发了人们对他的敬佩之心，更多的人为了真理站出来，教会已经阻挡不住科学发展的脚步了。

第六回

十年一日　布拉赫发现超新星
天空立法　开普勒首创三定律

　　1572 年 11 月 11 日夜，这是一个晴朗的夜晚，满天繁星闪闪发亮，调皮地朝地上的人们眨着眼睛。一个年轻人像往常一样，正在院子里通过自己制作的天文仪器观察星空。这个年轻人叫第谷·布拉赫（1546—1601），丹麦人，别看他只有 26 岁，但进行天文观测已经 10 年了，对满天星辰了如指掌。

　　突然，他心里一个激灵，简直不敢相信自己的眼睛。他使劲揉了揉眼，又向星空望去，没错，自己没看错，天上出现了一颗新的星星！这颗新星如此之亮，他以前从未见过这么亮的星。当天，他在日记中记载道："太阳落山以后，按照习惯，我正观察晴空里的繁星。忽然间，我注意到一颗新的异常的星，光亮超过别的星，正在我头顶闪耀。自从孩提时代以来，我便认识天上所有的星星，我知道在这片天空里不会有这颗星……"

　　随后一段时间，第谷发现这颗新星每晚都如期而至，甚至在白天也能看到。他专门制造了一台新的天文仪器来观测这颗新星。利用这台仪器，他可以精确地测量每颗星星之间的夹角（见图 6-1）。经过一段时间的观测，他确信这个明亮的天体既不是彗星也不是行星，而是一颗无可置疑的恒星。

　　第谷持续观测了一年多，直到 1574 年年初新星消失。第谷把他的观察记录进行了详细的分析，整理成一部著作发表，名为《一颗从未出现过的新星》，简称《论新星》。

　　第谷详细记录了这颗新星的位置及其颜色和亮度变化。该

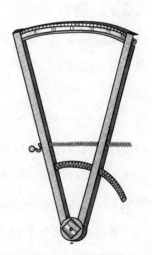

图 6-1　第谷自己设计的观测仪器（用来测量恒星之间的夹角）

星最初呈明亮的白色，然后变为蓝色，再变为红色，最后变为铅灰色。到 1574 年 2 月，肉眼已经基本看不到这颗星了。那时候还没有望远镜，所以他也就没法继续观察了。通过这些记录，我们现在知道那时出现的这颗新星实际上是一次超新星爆发，这颗超新星的遗迹现在还可以通过天文望远镜观察到，那里距离地球约 12000 万光年，是一片暗淡的星云，直径已达 20 光年，这颗星被命名为"第谷超新星"。

第谷超新星是欧洲人首次发现的超新星，这颗超新星在中国明朝的文献中也有记载，"有客星出于阁道旁，其大如盏，光芒烛地"，而且发现的时间比第谷早 3 天，但没有像第谷那样进行持续的精确观测。事实上，中国很早就有"客星"的记载，"客星"即新出现的星星，其中很多都是超新星爆发。最有名的一次当属 1054 年，我国北宋司天监的天象官们记载了一次"客星"事件，"宋至和元年五月己丑，客星出天关东南可数寸，岁余稍没"。这次超新星爆发的遗迹就是现在的蟹状星云。

《论新星》的发表让第谷名声大振，也让人们对于星空有了新的认识。当时欧洲人把太阳系以外的星空叫作恒星天，无论是托勒密还是哥白尼，都认为只有太阳系内的天体是运动的，而恒星天就像一个静止的星空背景一样，是万古不变的。而第谷发现的这颗"从无到有"的超新星就位于恒星天，这一结论让人们开始怀疑恒星天"万古不变"的教条，从而推动了天文学的发展。

当第谷的赫赫声名传到了丹麦国王腓特烈二世耳中，他为自己国家出了一个有名的天文学家而感到非常高兴，于是特意召见了第谷，要他建立丹麦第一个天文台。这对第谷来说真是天降喜事，有了国王的支持，他就能大干一番了。1576 年，他选中了丹麦海岸线上一个与世隔绝的小岛——汶岛，在这个小岛上建立了丹麦皇家天文观测台，包括 4 个观象台、1 个图书馆、1 个实验室和 1 个印刷厂，汶岛也因此被当地人称为"观天堡"。在这里，第谷不仅安装了当时最精良的天文仪器，他还自己设计制作了一些大型观测仪器，第谷设计的仪器可以直接测得处于任意位置上的两个天体之间的角距离，极为便利。为了进一步获得精确读数，第谷又在窥管上引入附加的照准器，大大提高了观测精度。在第谷的努力下，汶岛成为当时欧洲最先进的天文台所在地。

在汶岛，第谷辛勤工作了 21 年，他除了研究太阳系的天体运动，还测量了 700 多颗恒星的位置，留下了大量观测记录。遗憾的是，1597 年，因为丹麦新国王不愿意继续支持他的工作，处处掣肘之下第谷被迫离开汶岛，移居哥本哈根。为了继续他的天文观测事业，他给奥地利国王鲁道夫二世写了一封信，并将自己的新书——一本介绍了 20 多种新型天文观测仪器的著作附上，以寻求资助。鲁道夫二世对占星术和天文学颇感兴趣，他早已听闻第谷的大名，遂决定资助第谷，于是邀请他到布拉格来，并赐予他城郊一处小山上的城堡作为天文观测基地。第谷欣然受命，于 1599 年 6 月举家迁往布拉格。

迁居后不久，有一天，第谷收到一个包裹，打开一看，里边有一封信和一本书，书名叫《神秘的宇宙》，作者名叫约翰尼斯·开普勒（1571—1630）。开普勒？第谷脑海中搜索着这个名字，好像听说过。想起来了！第谷一拍大腿，这不是那个神奇的占星师吗？第谷想起来，开普勒几年前预言了欧洲的大寒冬，还有农民起义和奥斯曼帝国的入侵，这些预言竟然全部应验了，被人们传得神乎其神。第谷打开信一看，正是开普勒写来的，开普勒在信中表达了对第谷的仰慕之情，并请第谷对自己的著作予以指正。

约翰尼斯·开普勒

一个占星师能写出什么东西呢？第谷心中不以为意，不过他还是打开了书翻看，毕竟，这个书名还挺吸引人的。这一看不要紧，他拿起来就放不下了，开普勒的脑洞太清奇了，竟然把太阳系用谁都想不到的方法描绘出来，令第谷大呼过瘾。

却说这开普勒在《神秘的宇宙》中写了什么呢？原来，在这本书中，开普勒用一套正多面体和球体勾画了一个太阳系模型。在数学上可以证明，仅存在 5 种正多面体，即正四面体、正六面体（正方体）、正八面体、正十二面体和正二十面体。而开普勒发现，太阳系的行星轨道就在这些一个套一个的正多面体的内切球面或外接球面上，这个几何结构勾勒出了一个极其神秘的宇宙模型，即自然界存在某种数学秩序，等待人们去发掘。虽然这个模型现在看来并不正确，但是它充分反映了开普勒强大的数学知识储备和抽象思维能力。实际上，第谷虽然拥有大量的观测数据，但他的数学分析能力较差，没法总结出其中的规律，所以当他看到这个模型后，被其中的数学思想折服了，他觉得开普勒正好拥有自己所缺乏的能力，如果把自己这些观测数据给他，他会不会发现宇宙的规律呢？第谷为这个想法兴奋不已，他已经迫不及待地想见到开普勒了，于是马上提笔写了一封热情洋溢的邀请信，邀请开普勒到布拉格来与他一起工作。

话说这开普勒出生在德国一个破落的贵族家庭，幼年家贫，5 岁时得了天花，虽然好不容易捡回一条命，但视力受损，一只手还半残。开普勒从小勤奋好学，尽管中途由于家贫一度辍学，但他后来还是坚持完成了学业，并成为学校里最优秀的毕业生。1594 年，开普勒被聘为格拉茨一所新教教会学校的数学教师，在这里，一个偶然的机会让开普勒走上了天文学研究的道路——当地政府委托他编制年历和预言书。

这是一项极其烦琐的工作，但开普勒没有应付差事，他认真地查阅了大量天文学资料。也不知道他哪儿来的本事，竟然在预言书里准确地预言了接下来发生的几件大事，从而名声大噪，被冠以占星学家的名号。其实，开普勒对占星术并不感兴趣。但是通过这件事，他对天文学产生了兴趣。他仔细研究了托勒密和哥白尼的学说，认为哥白尼的学说更有说服力。但他并满足于此，他认为宇宙还有更深层次的规律，他有深厚的数学功底，他希望用数学来解释这个神秘的宇宙。

当接到第谷的邀请信时，开普勒正处于人生的低谷时期。当时，他的两个孩子刚刚因为患脑膜炎而夭折，而他也因为宗教信仰问题受到教会的排挤，活得比较压抑。所以当他接到第谷的来信后，生活就像被一道光芒照亮，又有了新的方向，他立刻收拾行装，举家迁往布拉格。

1600 年 2 月 3 日，就在布鲁诺殉难的前十几天，开普勒经过长途跋涉，终于来到了第谷的城堡，两个为了共同的梦想而走到一起的人，热烈地拥抱在一起。

翌年 10 月，55 岁的第谷因病去世，在去世前，他请求国王指定 30 岁的开普勒接替他的职位，鲁道夫二世同意了他的请求。就这样，开普勒继任为鲁道夫二世的御用数学家，虽然他的薪水只有第谷的一半，且常常被拖欠，但他并不以为意。对他来说，只要能维持生活就行了，他真正在意的是第谷留下的繁浩的资料，他要从中找出宇宙的规律，实现自己毕生的梦想，同时也告慰逝去的第谷。

第谷对火星进行了长期、细致的观测，留下了非常精确的观测资料，开普勒首先就从火星入手。他发现，以前所有人对火星轨道的解释都存在一点偏差，虽然这个偏差极小，但是他了解第谷，按照第谷的观测精度，这个偏差绝不是误差，这就说明以前的模型都不精确。他反反复复尝试了几十种方案，始终无法得到准确的结果。直到有一天，他灵光一闪，为什么人们想当然地认为火星绕日的轨道是一个正圆呢？为什么人们想当然地认为火星绕日运行的速度是不变的呢？他终于找到了打开宇宙之门的钥匙。

1609 年，经过近 8 年的努力，开普勒终于弄清楚了火星的运动规律，他出版了一部专著——《以对火星运动的评论表达的新天文学或天体物理学》(此书被简称为《新天文学》或《论火星的运动》)。在这本书中，他总结出了火星的运动规律，后来又推广到其他行星以及它们的卫星，现在我们称之为行星运动的第一定律和第二定律 (见图 6-2)。

第一定律 (轨道定律)：行星绕日的轨道是一个椭圆，太阳位于椭圆的一个焦点上。

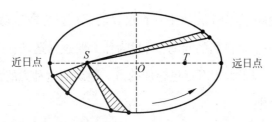

近日点　　　　　　　　　　　　　　　远日点

图 6-2　开普勒三定律图示（S、T 为椭圆的两个焦点，太阳位于 S 点；O 点到远日点或近日点的距离是半长轴长度；图中阴影部分为太阳到行星的连线在相同时间内扫过的面积，均相等）

在开普勒以前，所有人都认为行星的轨道是正圆形，因为太阳系八大行星中，除了水星和火星，其他行星只偏离了正圆一点点，以当时人们的观测水平是很难发现的。火星的偏离实际上也非常小，但开普勒却揪住了那一点点的偏差不放，终于证明了火星绕日的轨道是椭圆，从而引导了一场彻底的天文学革命。

第二定律（面积定律）：太阳到行星的连线在单位时间内扫过的面积相等。

这条定律看上去有一点神秘，为什么扫过的面积会相等呢？其实，这是角动量守恒的表现。像动量守恒一样，角动量守恒也是自然界中最基本的普适规律之一，它对微观、宏观及宇观系统均适用。如果观察冰面上旋转的花样滑冰运动员，你会发现，当他的双臂从张开变为并拢时，他就能旋转得更快，这就是角动量守恒的结果。第二定律表明，行星绕太阳的运动是不等速的，离太阳越近速度越快，离太阳越远速度越慢。

虽然取得了巨大成就，但开普勒并没有止步不前，又经过 10 年的探索，他在 1619 年又出版了一部巨著——《宇宙和谐论》。在这本书中，开普勒发表了他的行星运动第三定律。

第三定律（周期定律）：行星公转周期的平方，与椭圆轨道半长轴（即长轴的一半）的立方成正比。

表 6-1 给出了各行星公转周期与轨道半长轴的值，其中以地球的数值为基本单位，读者可以试一试，看看想找到其中的规律有多难。

表 6-1　太阳系各行星的天文数据

行星	公转周期 T / 地球年	轨道半长轴 R / 天文单位
地球	1	1
水星	0.241	0.387
金星	0.615	0.723
火星	1.881	1.524
木星	11.862	5.203
土星	29.457	9.539

注：地球到太阳的轨道半长轴大约是 1.5 亿公里，以这一距离作为一个天文单位。

　　开普勒三定律回答了人们千百年来一直追寻的"行星怎样运动"的问题，但接下来，摆在开普勒面前的是一个很自然的问题：行星为什么要这样运动？开普勒从磁力中受到启发，猜测行星的运动起源于太阳对行星施加的力，他认为这种力的性质类似于磁力。他在《论火星的运动》中写道：

　　"重力不过是物体之间相互结合之力。这种力使物体有结合在一起的趋向。"
　　"两个孤立物体彼此相向运动，正如两块磁石相互结合般，它们所走过的距离与它们的质量成反比。"

　　可见，开普勒已经走到了发现万有引力的边缘，但是没能推开这扇门。事实上，行星为什么要这样运动，是由万有引力定律所决定的，这是牛顿的重大发现之一，此是后话不提。

　　开普勒三定律是天文学理论发展的一个里程碑，开普勒也因此被后人誉为"天空立法者"。1627年，开普勒出版了《鲁道夫星表》，完成了第谷的遗愿，这本书中列出了第谷观测到的1005颗恒星的位置。该表的精度非常高，直到100多年后，仍被天文学家和航海家们视若珍宝，这种星表的形式几乎没有改变的一直沿用至今。

　　谁能想到，像开普勒这样一位大师，虽为御用数学家，却常年拿不到薪水，日子过得穷困潦倒。1630年11月，开普勒又好几个月没领到薪水了，穷得锅都揭不开了，他不得不动身去讨薪，结果，在旅途中突发高烧。3天后，他病逝在一个小旅馆里，终年59岁。

　　开普勒一生贫病交加，但他却矢志不移，取得了震古烁今的成就，为每一个志向高远的人树立了榜样。有诗赞曰：

　　　　命运坎坷贫病交，穷困不减凌云心。
　　　　锲而不舍探宇宙，天空立法烁古今。

第七回

自由落体　伽利略挑战权威
斜面实验　动力学正式发端

我们都知道，建筑物应该垂直建造，以使其重心落在底面中间，这样才能保持稳固。而世界上却有一座独一无二的建筑，它竟然是倾斜的，这就是意大利的比萨斜塔。

比萨斜塔始建于 1173 年，设计之初为垂直建造，但是在工程开始后不久便开始倾斜，只好被迫停工。隔了几十年，人们见它没倒，就又开工了，后来中间又停了一次工，断断续续，一直到 1372 年才完工。这座建了 200 年的斜塔垂直高度 55 米，倾斜角度达到了 5.5 度，看起来好像随时都会倾倒，但令人意想不到的是，直到现在它还巍然屹立。这种"斜而不倾"的现象，堪称世界建筑史上的奇迹。

相传 1590 年前后，有一天，比萨斜塔下人头攒动，热闹非凡。只见塔顶上站着一个人，左手拿一个大铁球，右手捏一个小铁球。旁边有凑热闹的人问身边的人："上面这人是谁啊？他在干什么呢？"

一个年轻人扭头答道："这就是大名鼎鼎的伽利略·伽利莱（1564—1642）先生啊，他是我们比萨大学的数学教授，今天是领着我们来做实验的！"

伽利略·伽利莱

"做实验？"问的人不明所以，"跑这儿能做什么实验？"

年轻人没回答，反问道："看你这人挺爱刨根问底的，我先问你个问题吧，你看到伽利略先生手里的铁球了吧，你说说，如果他同时松手，哪个球会先落地？"

这人不假思索地说道："当然是大铁球啊，这还用问吗？"

年轻人说："我们也认为越重的物体下落越快，因为亚里士多德的著作中就是这么说的，可是伽利略先生却说轻物和重物会同时落地……"

这时，一个满头白发的老人转过头来，威严地说："先哲亚里士多德是绝不会错的，年轻人，不要怀疑权威！"

年轻人红着脸低声说："校长先生，我没怀疑，我也不敢怀疑。"

"嗯。"校长威严地哼了一声，"我今天就是来看伽利略的笑话的！"说罢转过头去。

这时，塔顶的伽利略说话了，他向地上的人们喊道："大家安静了，我会数一——二——三，当我数到三的时候，我就两手同时松开，大家仔细看哪个球先落地。"

人群安静了下来，空中传来伽利略的声音："一——二——三。"

虽然只有短短的三四秒钟，但人们还是看得清清楚楚，两个铁球同时落地了！

人群中发出一阵惊呼。"原来真是这样啊！""原来亚里士多德也有错的时候啊！"不少年轻人窃窃私语。

伽利略下来了。校长走出人群，向他质问道："伽利略，只有傻瓜才会认为羽毛和铁球会同时下落，你敢用羽毛和铁球做一次实验吗？"

伽利略不卑不亢地回答："尊敬的校长，您刚才也看到了，两个大小不一的铁球的确同时落地了。至于羽毛，肯定会比铁球落得慢，但那是羽毛受到的空气阻力比较大的原因，如果没有空气，羽毛也会和铁球一起落地。"

"狡辩！"校长气得涨红了脸，"学生们都被你带坏了！如果大家都不相信亚里士多德，学生们还能学什么？我们还能教什么？"

伽利略也提高了嗓门："校长先生，我们可以教学生怎么探索这个世界！我们可以教他们通过自己的思考来设计实验，来思考实验现象，来得出结论！这难道不比死记硬背两千年前的条条框框好吗？"

"你！"校长无言以对。他看到周围的学生们都对伽利略投以敬佩的目光，感觉再说下去自己可能会更难堪，于是一转身，拂袖而去。

学生们围了上来，伽利略对他们说："同学们，你们都看到了吧。千万不要人云亦云，也不要迷信所谓的权威，你们要勤于思考，凡事多问一问为什么。空谈没有用，要掌握科学的研究方法，通过实验事实来说话……"

伽利略是这么说的，也是这么做的，他是近代第一位实验物理学家，一生做过各种物理实验。

伽利略在19岁时，偶然注意到，悬在空中的吊灯被风吹动后，会有规律地晃来晃去，他按自己的脉搏来计时，发现吊灯往复运动的时间总是相等。经过试验，他发现用绳子悬挂的物体在小幅度摆动时，只要绳子长度不变，不管摆动幅度有多大，它返回原位的时间总是相同的。就这样，伽利略发现了单摆的等时性原理［见图 7-1（a）］，并设计出了一种利用单摆等时性原理来计时的钟表装置图。几十年后，荷兰物理学家惠更斯（1629—1695）发现单摆的运动属于一种简谐振动［见图 7-1（b）］，通过仔细研究，他确定了单摆周期与摆长的计算关系。1657 年，惠更斯利用伽利略的钟表装置图成功地制成了世界上第一台摆钟。根据惠更斯的单摆周期公式，摆钟的摆动周期可以通过摆长来调节，所以用起来很方便。

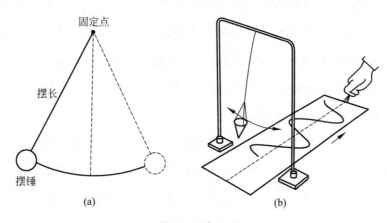

图 7-1 单摆的性质

（a）单摆的周期性摆动（摆角较小时，其周期只与摆长有关）；（b）单摆的摆动是一种简谐振动（用沙漏做成单摆，随着单摆的摆动，漏出的沙粒就在匀速移动的纸板上描绘出了一条正弦曲线，这就是简谐运动的图像）

1608 年，荷兰的一位眼镜商汉斯·利伯希偶然发现用两块镜片叠加可以看清远处的景物，受此启发，他制造了人类历史上的第一架望远镜。第二年，伽利略听说这件事后，马上自己动手研究，通过仔细设计凸透镜和凹透镜的曲率，他发明了可调节焦距的单筒望远镜（见图 7-2），放大倍数达到了几十倍，远超过利伯希的望远镜，还可用于天文观察。

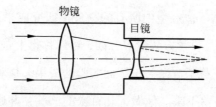

图 7-2 伽利略望远镜（由凸透镜物镜和凹透镜目镜组成）

靠着望远镜，伽利略发现了星空中人们靠肉眼永远看不到的细节，他看到了月球的环形山，看到了土星的光环，看到了木星的卫星，看到金星竟然也会变成"月牙儿"（金星盈亏），看到了太阳上有黑点（太阳黑子），看到银河里竟然有无数颗星星。这些发现成为轰动一时的大新闻，人们纷纷奔走相告："哥伦布发现了新大陆，伽利略发现了新宇宙！"伽利略的神奇，带动了更多的人研究更大倍数的望远镜，带动了更多的人用望远镜投身天文观测，从而极大地推动了天文学的发展。

通过望远镜的观测，伽利略认识到了哥白尼日心说的正确性，于是他积极宣传日心说。

1616年3月5日，天主教会做出决议，宣布哥白尼的日心说为异端邪说，哥白尼的著作《天体运行论》被列为禁书。但是伽利略并没有被吓住，1632年，伽利略出版了一部著作——《关于托勒密和哥白尼两大世界体系的对话》。该书巧妙地采用对话文体，在表面上看来好像是两派在争论，但实际上，该书从科学的角度论证了日心说的正确性，反驳了地心说的错误。该书出版后，教会很快就发现了其中的秘密，于是赶紧查禁了这本书，宣布此书为禁书，并且囚禁了伽利略。

1633年2月13日，年近七旬的伽利略被带到了罗马，然后立即被捕入狱。审讯持续了几个月，伽利略开始并不认罪，但教廷对他动用了刑罚，伽利略意识到，再抵抗下去可能会要了他的命，他还有未竟的事业，还有很多东西想写下来留传给后人，他还不能死，没办法，他只好违心地认罪，承认自己的书是异端邪说。这一年的6月22日，伽利略被押上宗教法庭，伽利略在法庭上认了罪，在认罪书上签了字。不过，在签字的时候，他低声喃喃自语道："但是，地球仍然在转动。"

伽利略出狱后，受到教会的监视，被软禁在家中，虽然年老体衰，视力也急剧下降，但他仍坚持着写作新书稿，他要把一生所学传给世人。1637年，他终于完成了《关于力学和位置运动的两门新科学的对话和数学证明》（简称《两门新科学的对话》）一书。这本书于1638年出版，此时伽利略已经双目失明了。

《两门新科学的对话》也是以三人对话的形式写的，是伽利略一生科学实验和科学思想的结晶。书中系统地总结了他一生中所有的物理学研究成果，包括动力学、弹性力学、材料力学、声学、弹道学以及科学方法论等方面，可以称得上是世界上第一部物理学专著。

在这本书里，伽利略记载了自己关于斜面实验的成果。伽利略让一个小球在一个光滑的斜面上从静止状态开始滚落下来。他做了几百次的试验，并通过自己的脉搏计时，发现无论斜面的倾斜角度是多大，小球经过的距离总是与时间的平方成正比。比如图7-3中，假设第 1 秒小球距离起点的距离是 1，第 2 秒就是 4，第 3 秒是 9，第 4 秒是 16。当然，倾斜角度越大，它在 1 秒内走过的距离越长，但这个比例关系是不变的。

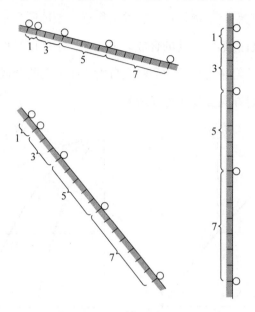

图 7-3　伽利略斜面实验示意图

显然，小球在向下滚动的过程中，速度越来越大，经过仔细研究，伽利略提出了一个前人所不知道的概念——加速度。加速度就是单位时间内速度的变化量。比如，一个受力恒定的小球在 10 秒内从静止加速到 100 米每秒，那它的平均加速度就是 10 米 / 秒^2（即每秒变化 10 米每秒）。也就是说，它的速度每秒钟增加 10 米每秒。伽利略发现，小球从斜面上滚落的过程中，加速度是恒定的，这样才能满足距离与时间平方成正比的规律。另外，他发现斜面倾斜角度越大，加速度就越大。当倾角达到 90 度时（竖直状态），加速度最大，这就是自由落体运动。当倾角为 0 度时（水平状态），加速度为零，因此小球只能静止，如果给小球一个初速度，小球将保持匀速直线运动不变。

所谓自由落体运动，就是物体在只受地球重力作用时，从静止开始下落的运动。如果不考虑空气阻力，伽利略在比萨斜塔上做的实验就是自由落体运动。自由落体运动的加速度叫重力加速度（用字母 g 表示），大小约为 9.8 米 / 秒^2，也就是说，自由下落的物体，速度每秒钟约增加 9.8 米每秒。

此外，伽利略还发现了抛体运动规律。人们以前认为，炮弹发射出去以后一开始是做直线运动，后期才会掉落下来，而伽利略通过研究发现，炮弹发射出去以后，走的是抛物线，其速度可以由水平速度和垂直速度合成。这一理论为对枪炮研究非常重要的弹道学奠定了基础。

从图 7-4 中可以看出，以不同速度平抛出去的小球，如果从竖直方向上来看，它们在竖直方向上的下落过程和自由落体是一样的，它们将在相同的时间内下落相同的距离，但由于水平速度的不同，它们有的落得远，有的落得近。小球所显示的抛物线路径，正是水平匀速直线运动和竖直自由落体运动的合成。事实上，小球以其他角度斜抛出去，其抛物线路径也是该斜抛方向的匀速直线运动和竖直自由落体运动的合成（见图 7-5）。因为如果没有重力，小球将沿抛射方向做匀速直线运动。

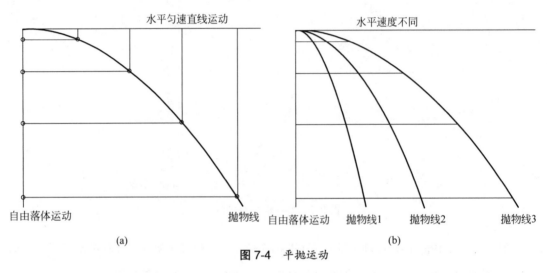

图 7-4　平抛运动

（a）抛物线路径由水平匀速直线运动和自由落体运动合成；（b）水平速度 $v_1 < v_2 < v_3$

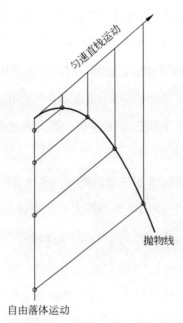

图 7-5　斜抛运动（小球沿箭头所指方向抛出，抛物线路径由该方向的匀速直线运动和自由落体运动合成）

　　伽利略的这些结论，为动力学（研究物体运动状态变化与所受外力之间关系的科学）研究奠定了基础，为后来牛顿发现第一、第二运动定律做出了开创性工作。著名的数学家拉格朗日（1736—1813）对伽利略在力学上的贡献给予了很高的评价。他说："伽利略是动力学的奠基者，他的一系列发现为力学的发展开辟了令人望不到头的道路。"

　　1642 年 1 月 8 日，现代科学先驱伽利略病逝，享年 78 岁。虽然他的生命结束了，但是他留下的遗产是后人受用无穷的。伽利略创建了一整套科学研究的方法，其程序大致为：观察现象—提出假设—运用数学和逻辑进行推理—实验检验—形成理论。后来大物理学家爱因斯坦（1879—1955）评价道："伽利略的发现以及他所应用的科学推理方法，是人类思想史上最伟大的成就之一，标志着物理学的开端。"正是：

　　　　　前人研究靠经验，伽翁研究靠实验。

　　　　　实验理论相结合，科学不再想当然。

第八回

鼠疫肆虐　英国大学放长假
运动定律　牛顿揭开力之谜

艾萨克·牛顿

1643 年 1 月 4 日，伽利略去世后的第二年，在英国林肯郡乡下的一个小村落里，诞生了一个瘦弱的早产儿。据说这个婴儿诞生时体重只有正常婴儿的一半，他的母亲一度担心他会夭折，结果，他顽强地活了下来。在这个婴儿诞生前 3 个月，他的父亲就去世了，他的母亲为了纪念他的父亲，就给他起了一个和他父亲一样的名字——艾萨克·牛顿（1643—1727）。

可怜的小牛顿还没出生就失去了父亲，当他两岁的时候，母亲又改嫁了，孤苦伶仃的小牛顿只好随着外婆一起生活。

牛顿上小学以后，刚开始对学习并不上心，只是喜欢鼓捣一些小玩意儿。他就像一个小木匠一样，总是能做出一些神奇的小手工，引来小伙伴们好奇的目光。有一次，他做了一个小水车，伙伴们簇拥着他来到小河边，他们把水车放到河里，水车就轱辘辘地转起来了。正当大家玩得高兴时，一个素来瞧不起牛顿的同学路过这里，轻蔑地对牛顿说："喂，牛顿，你知道你的水车为什么能转起来吗？"

这个问题倒把牛顿问住了，他只是模仿大人们灌溉用的水车做了一个小水车，从来没想过水车为什么会转。

这个同学看牛顿答不上来，嘲笑他说："你说不清道理，充其量就是个笨木匠，有什么好显摆的！"说完，不屑地掉头走了，只剩下牛顿和伙伴们愣在当地。是啊，这个水车为什么会转呢？大人们是怎么发明出这个东西的呢？

这件事在小牛顿心里留下了深刻的烙印，他不想当一个笨木匠。从此以后，他在学习上投入了极大的热情，凡事总想弄明白其中的原理。牛顿本来就很聪明，很快，他的各门功课都名列前茅，成了班级里的优等生。

12岁时，牛顿到了镇上上中学，由于离家很远，所以他借宿在一家药铺的阁楼上。他喜欢动手的习惯还没有改变，不过这时候，他一定要弄明白原理才去动手。在这间小小的阁楼上，他自己设计制造了一台水钟用来计时。他还做了一架大风车竖在阁楼顶端。牛顿对风的流动进行了仔细的研究，设计出的风车叶片造型独特，有一点风力就能转起来，当地人见了都啧啧称奇。

牛顿14岁时，他母亲的第二任丈夫也死了。母亲带着3个弟弟妹妹回到家中，家里的农活忙不过来，便叫牛顿回家帮忙。牛顿被迫辍学了。

回家不久，牛顿就在自家院子里做了一个日晷用来计时，还给水井安上辘轳便于打水。正当母亲欣慰家里终于有了一个好帮手时，他却不断地闹出笑话。由于他总是在思考问题，不知不觉就把手中的活给忘了，"放牛牛跑，牵马马丢"，让人哭笑不得。

牛顿的舅舅听说后，专程赶到姐姐家，劝姐姐让牛顿回学校继续读书，并承诺如果牛顿考上大学，他可以承担部分学费。牛顿的母亲看牛顿实在干不了农活，也知道牛顿是块读书的好料子，便同意了。就这样，牛顿终于重返校园，又开启了汲取知识的旅途。

1661年，18岁的牛顿中学毕业后，考上了剑桥大学。剑桥大学是英国最古老的大学之一，创立于13世纪，是英国青年学子们向往的最高学府。牛顿被录取在三一学院，这是剑桥大学里最大的一所学院。

牛顿是以"减费生"的身份入学的，类似于现在的勤工俭学，需要为学校做一些杂务来减免学费。他在学校里半工半读，日子过得很清苦。不过从偏僻农村来的牛顿从不把这些放在心上，能到全国最高学府读书，他已经很满足了。

那时候，剑桥大学虽然是英国的最高学府，可是科学研究却非常落后，新时代的气息还没有传到这个古老的传统大学。牛顿入学后，首先学的就是亚里士多德的世界观——这是几个世纪以来剑桥大学的标准课程。不过，图书馆里丰富的藏书却让牛顿如鱼得水，他把大部分时间花在了如饥似渴地阅读各类书籍中。比如，在数学方面，他钻研了欧几里得的《几何原本》、笛卡儿（1596—1650，法国数学家）的《几何学》、沃利斯的《无穷算术》等著作。这些书对牛顿的影响是非常大的，他后来的巨著《自然哲学之数学原理》行文就是模仿《几何原本》的范式。《无穷算术》则引导牛顿发现了二项式定理，进而以此为基础创建了微积分。

牛顿上大三的时候，新科学的曙光也照进了剑桥大学。那就是，剑桥大学设立了"卢卡斯数学教授"一职，一位叫巴罗的学者担任了第一任卢卡斯数学教授。巴罗开设的讲座为学生们带来了前沿的数学和光学知识，虽然不免艰涩难懂，但对于有天分的学生却有莫大的吸引力。巴罗很快就发现了牛顿的数学天赋，对牛顿非常器重，用心地培养他。在巴罗心中，是把牛顿当作接班人来培养的，而牛顿也没让巴罗失望，后来真的成了他的接班人。

1665 年，牛顿大学毕业，留校做研究。而就在这一年夏天，一场大瘟疫在伦敦暴发。这是一场凶猛的鼠疫，以老鼠身上的跳蚤为传染源，传染性极强，每周都有上千人死于瘟疫。这种可怕的疾病在当时被称为"黑死病"，因为人在死亡前皮肤会出现黑斑。当时人们对瘟疫束手无策，只能尽量躲避、远离传染源。虽说疫情主要集中在伦敦市，但也渐渐影响到了英国的其他地方。为了躲避瘟疫，各大学被迫停课，牛顿也因此回到了家乡，一待就是两年。

在乡下，牛顿并没有闲待着，他已经有了丰富的数学、光学、力学和天文学知识，读过了哥白尼、开普勒、伽利略等人的著作，已经在头脑中形成了许多构思亟待整理，现在没有俗事缠身，正是可以静下心来心无旁骛地搞研究的大好时光。

在这短短两年的时间里，牛顿神游天际，思考自然和宇宙，取得了令后人叹为观止的成就，其中就包括微积分、力学三定律、万有引力定律和三棱镜分光。正如他在后来的一封信中写的那样："所有这些发现都是在 1665 年和 1666 年的鼠疫年代里做出来的。"尽管牛顿是个数学天才，但研究数学并不是他的唯一目的，他把数学作为工具，来研究物理和天文问题。比如，当他在物理学研究中遇到了一些过去无法解决的问题，他就创立了微积分这种数学工具以便于物理研究。简单来说，微分就是把曲线分割成无限微小的一段一段直线来求每一点的斜率；而积分就是把曲线包围的面积分割成无限微小的一个个矩形，然后累积在一起来求和；积分是微分的逆运算。借助深厚的数学功底，他在物理学和天文学方面取得了常人难以企及的成果。

1667 年，鼠疫终于平息了，这年 3 月，当牛顿重新回到剑桥大学时，他已经脱胎换骨，身怀绝技。1668 年，牛顿小试牛刀，发明了反射式望远镜（见图 8-1）。它比当时用的折射式望远镜体积大大缩小，极大地方便了使用，很快就受到了人们的欢迎。至今，一些最为著名的大口径望远镜都是采用反射望远镜的结构。

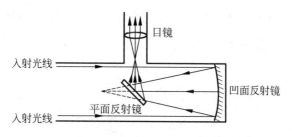

图 8-1　牛顿发明的反射式望远镜

1669 年年初，牛顿撰写了论文《无穷多项式方程的分析》并把它交给了巴罗。巴罗看后极为赏识，将文章推荐给其他数学家浏览，获得了诸多数学家的赞赏，人们也由此认识到了牛顿的实力。但这篇文章当时并没有发表，只有少量的手抄本流传。牛顿的这些成果让巴罗认识到自己培养的接班人已经完全有能力胜任自己的职位了，于是他在 1669 年10 月辞去了卢卡斯数学教授的职务，并推荐牛顿作为继任者。鉴于牛顿公认的才华，校方同意了巴罗的请求，正式任命牛顿为第二任卢卡斯数学教授。这一年，牛顿还未满 27 岁，校方的这个决定真可谓"不拘一格降人才"。牛顿在这个位置上一干就是 33 年，正是他的出色表现，让卢卡斯数学教授这个职位从此名扬世界。有诗赞曰：

好马还需遇伯乐，真材不需问庚年。

巴罗慧眼识牛顿，剑桥从此美名传。

牛顿的研究范围很广，但他最感兴趣的还是力学问题。他希望由运动现象去研究力，再由力去推演其他运动现象。千百年来，人们在生产生活中无时无刻不在遇到各种力学现象和运动现象，但是这些现象错综复杂，而且在摩擦力和空气阻力的干扰下很容易得出错误的结论，因此，想从其中提炼出科学的理论来并非易事。当时，人类对于力学的认识已经发展到了一定阶段，但是还没有人进行过系统的总结。那时候人们的认识包括以下一些方面：

（1）在天文学上，哥白尼的日心说体系与开普勒的行星运动三定律，给出了太阳系符合实际的运动图形。

（2）在静力学研究上，荷兰物理学家斯蒂文（1548—1620）在 1586 年出版的《静力学原理》中，提出了力的合成与分解的平行四边形法则，即两个力合成时，可以用表示这两个力的有向线段为邻边作平行四边形，这两个邻边之间的对角线所表示的有向线段就代表合力的大小和方向（见图8-2）。同理，力的分解就是力的合成的逆过程，也可以按照平行四边形法则去分解（见图8-3）。

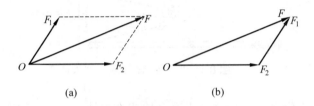

图 8-2　力的合成

（a）力的平行四边形法则；（b）简化的三角形法则（几个力的矢量首尾相连，从起点到终点的矢量即为合力）

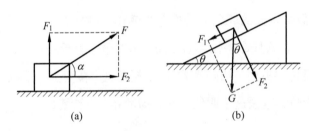

图 8-3　力的分解

（a）拉力 F 可分解为水平和垂直方向的分力 F_1 和 F_2；（b）重力 G 可分解为下滑力 F_1 和压力 F_2

（3）在动力学方面，伽利略发现了惯性定律并给出了落体和抛体在重力作用下的运动规律。笛卡儿和惠更斯（1629—1695，荷兰物理学家）等人已经对物体碰撞现象有了初步研究，得到了动量守恒原理的初步思想。

（4）1673 年，惠更斯在关于匀速圆周运动的研究中引进了离心力的概念，并且证明了匀速圆周运动的向心加速度与物体运动速度的平方成正比，并与该物体到圆心的距离成反比。

对于前人的这些工作，牛顿做了系统的总结，并进行了深入研究与发展。他重视实验研究和数学推演，重视提炼基础概念和定理定律，从而发展出一整套完整的力学理论。

后人从牛顿的手稿中发现，他在 1665 年到 1666 年的笔记中，已经提到了几乎全部力学基础概念和定律，对瞬时速度给出了定义，对力的概念做出了明确的说明，实际上已经形成了后来正式发表的理论框架。这时候，他才 23 岁。

各位读者，要不说这牛顿异于常人呢，他虽然在 23 岁时就构思了力学的理论框架，但他自己好像并不觉得这是多大事儿，所以并不急于匆忙发表论文，他竟然花费很多时间去搞炼金术研究。遗憾的是，这次他没搞出什么东西来，倒是和他同时代的波义耳（1627—1691，英国化学家）把化学从炼金术中剥离出来，成为近代化学的奠基人。一直到了 1677 年，牛顿才重新回到数学与物理的研究中来，这期间他与胡克关于万有引力定律的发现权还有一段公案，在此暂且按下不表。直到 42 岁，在好友埃德蒙·哈雷（1656—1742，天文学家）的敦促和鼓励下，牛顿才开始撰写《自然哲学之数学原理》这部巨著。他花费了 18 个月，用拉丁文写成。这部书使力学形成一个完整的理论体系，奠定了牛顿作为力学巨匠的地位。

1687 年，在哈雷的资金赞助下，《自然哲学之数学原理》正式出版。此书模仿欧几里得《几何原本》的范式，以《定义》开篇。牛顿首先给出的几个基本定义如下。

定义 1　物体的质量等于它的密度和体积的乘积（$m=\rho V$）。

定义 2　物体的动量等于物体的质量和速度的乘积（$p=mv$）。

定义 3　一个物体的质量是它的惯性大小的量度，质量大的物体惯性大。

定义 4　外力是加于物体上的，改变其静止或匀速直线运动状态的一种作用。

在这里，牛顿第一次引入了"质量"的概念，把"质量"同重量区分开来。在定义了质量、动量、惯性和外力之后，牛顿给出了他总结的运动三定律。

定律 I　每个物体都保持其静止状态或匀速直线运动状态，除非有外力作用于它迫使它改变这种状态。

牛顿认识到，只有匀速直线运动才是物体的自然运动。物体之所以保持其运动状态不变是由于它的惯性所致，所以这条定律又叫作惯性定律。

定律 II　物体的加速度正比于它所受的外力，方向沿外力作用的直线方向，且与物体的质量成反比。

牛顿第一定律指出了物体不受外力（或外力的合力为零）时的运动状态，牛顿第二定律则指出了物体受到外力作用时运动状态如何变化。加速度的概念是伽利略最早提出的，牛顿则指出了加速度产生的原因，那就是力。牛顿第二定律的表达式简单而优美：$F=ma$。其中 a 就是物体的加速度（F 是物体所受的外力，m 是物体的质量）。

定律 III　每一个作用力总存在一个相等的而且方向相反的反作用力；或者说，两个物体彼此施加的相互作用力总是大小相等、方向相反的。

牛顿第三定律也叫作用力与反作用力定律。既然每一个作用力总有一个反方向的反作用力，有人会问，为什么作用力与反作用力不会抵消呢？其实很简单，因为它们并不是作用在同一个物体上，只有作用在同一物体上的力才会抵消。如图 8-4 所示，地球对苹果施加一个引力，苹果也对地球施加一个引力，但这两个力分别作用在苹果和地球上。

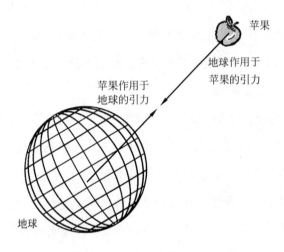

图 8-4 地球与苹果的作用力与反作用力

牛顿运动三定律，也叫作力学三定律，因为第一定律说明了力的含义——力是改变物体运动状态的原因；第二定律指出了力的作用效果——力使物体获得加速度；第三定律揭示出力的本质——力是物体间的相互作用。根据这三个定律，牛顿推导出了一系列关于物体运动的推论、定理和命题，并讨论了万有引力定律和宇宙系统的运动，从而构建了一座经典力学的恢宏大厦。

在《自然哲学之数学原理》中，牛顿研究了单摆的碰撞，他利用两个摆球的碰撞，初步得出了动量守恒的结论。后来，人们利用多个摆球，发明了一种叫作牛顿摆的装置，可以直观地观察动量守恒定律（见图 8-5）。如前所述，牛顿在定义 2 中给出了动量的定义，而动量守恒定律是说，如果一个系统不受外力作用，或所受外力的合力为零，则系统的总动量保持不变。5 个质量相同的小球由吊绳固定，彼此紧密排列，当摆动最左侧的球撞击其他球时，最右侧的球会被以相同速度弹出；当最左侧的两个球同时摆动并撞击其他球时，最右侧的两个球会被弹出；摆动三个、四个也都一样。这就是动量守恒定律的直观体现。

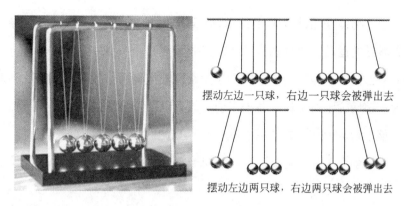

摆动左边一只球，右边一只球会被弹出去

摆动左边两只球，右边两只球会被弹出去

图 8-5 牛顿摆（牛顿摆既体现了动量守恒定律，也体现了能量守恒定律。比如拉起左边两只球，如果右边一只球以两倍的速度弹出去，动量也是守恒的，但这种情况却从来不会发生，就是因为能量不守恒）

向心力这一概念也是牛顿的创造，他的前人，如惠更斯只有离心力的概念。在《自然哲学之数学原理》开篇中，牛顿给出了向心力的定义：

定义 5 向心力是把物体引向、推向或以任何方式使其趋向作为中心点的某一点的力。

在定义的解释部分，牛顿用系于投石器上旋转的石块来打比方，指出石块之所以能被绳子约束在圆周轨道上，就是因为指向人手的向心力在起作用。牛顿还指出重力就是一种向心力，它使物体倾向于落向地球的中心，月球就是靠向心力被约束在地球轨道上。同时，牛顿还给出了向心加速度的定义，指出向心加速度的方向与向心力的方向一致。

图 8-6 给出了一个匀速圆周运动的向心力与向心加速度示意图。在每一瞬间，小球的瞬时速度（称为线速度）都沿小球在该处圆周切线方向。

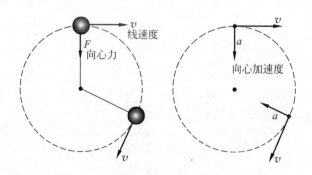

图 8-6 匀速圆周运动

如果把牛顿的《自然哲学之数学原理》拿来翻一翻，你肯定会惊叹这部著作规模之宏大，它第一部分提出了力学三定律；第二部分第一编讨论了万有引力定律和向心运动问题；第二编讨论了物体在阻滞介质中的运动；第三编是对宇宙系统的讨论，推导了行星、彗星、月球和海洋的运动，全书总计 50 多万字。

《自然哲学之数学原理》的出版震动了整个欧洲学界，牛顿一跃成为欧洲最负盛名的科学家，成为一颗最耀眼的明星，各国王公贵族都以结识他为荣。

牛顿为何能取得如此伟大的成就？我们可以从他的几句名言中一窥究竟：

"把简单的事情考虑得很复杂，可以发现新领域；把复杂的现象看得很简单，可以发现新规律。"

"思索，继续不断地思索，以待天曙，渐近乃见光明。"

"没有大胆的猜测就做不出伟大的发现。"

把这几句话联系起来看，就能看出牛顿善于思考、喜欢思考，而且知道如何思考。

牛顿运动定律总结提炼了当时已发现的地面上所有力学现象的规律，它们形成了经典力学的基础。到了 18 世纪，牛顿力学又向深度和广度两方面进军。一方面，数学家拉格朗日和哈密顿（1805—1865）等人通过努力将近代数学方法广泛用于牛顿力学，形成了"分析力学"。另一方面，牛顿力学又与具体物理性质相结合，形成了"固体力学""弹性力学""流体力学""热动力学"等许多力学分支，这使力学形成了严密、完整、系统的科学体系，在以后的 200 多年里几乎统治了物理学的各个领域。在实践上，力学至今仍是许多工程技术，如机械、土建、动力等技术的理论基础，发挥着从不衰退的作用。

第九回

苹果落地　引牛顿思绪万千
牛顿胡克　谁发现万有引力

　　话说在 1665—1666 年因鼠疫流行而停课期间，牛顿躲避在家乡的村子里，神游天际，思考自然和宇宙。这一天，牛顿一大早就埋头演算，桌子上铺满了写着各种公式的草稿纸。到中午时分，他有点累了，便像往常一样，走出屋子，沿着乡村小道散步。呼吸新鲜空气，看看蓝天白云，既能让人心情愉悦，又能让大脑得到放松。牛顿嗅着田野里泥土的芬芳，一路往前走去。按惯例，他走到村头就会折回来，可是这一天，他边走边思考问题，由于太投入了，竟忘了时间与路程，一路走下去，等他回过神来，已经到镇子口了。

　　牛顿在镇子里上过中学，这是他的第二故乡，既然来了，那就进去看一看吧。牛顿走进镇子里，不知不觉中，就走到了他寄宿过的药铺门外。这个地方他太熟悉了，熟悉得和自己家一样。但是他没有推门进去，而是沿着药铺的围墙慢慢转向后院，他抬头望着那棵枝杈伸出墙外的苹果树，心中一阵惆怅：要是斯特莱姑娘没有出嫁，那该多好啊！

　　却说这斯特莱是谁呢？原来，她是药铺老板的继女。牛顿上中学时寄宿在药铺阁楼上，药铺老板的妻子过世以后，又娶了一个后妻，斯特莱就是老板后妻带来的女儿。当漂亮的斯特莱出现在这个家里的第一天，牛顿的心就被拂乱了。牛顿和斯特莱年纪相仿，二人经常在一起聊天，或者一起干家务活，牛顿对斯特莱心生爱慕之情，斯特莱曼妙的身影总是吸引着他的目光。斯特莱又何尝不是呢，她对才华横溢的牛顿也是暗怀情愫。可是，当时二人只有十六七岁，虽说情窦初开，但只是一种美好的感情，还没有谈婚论嫁的想法，所以随着牛顿上大学离去，二人的联系渐渐断了。

　　大学里的牛顿过的紧张而充实，学习和思考几乎占据了他所有的时间。可是，在他大学毕业那一年，当他听到斯特莱嫁人的消息后，心中却涌上一股难言的苦涩，这时候他才意识到，自己错过了所爱的人。现在，他又回到了这个熟悉的院子，可是，斯特莱已经不在这儿了。牛顿此时的心情，可能和唐代诗人崔护当年差不多吧：

去年今日此门中，人面桃花相映红。

人面不知何处去，桃花依旧笑春风。

牛顿在墙外来回踱着步，思绪万千，突然，一颗熟透了的苹果从伸出墙外的枝杈上掉了下来，正好掉在他的头上。牛顿弯腰捡起苹果，仿佛看到了斯特莱第一次出现时那像苹果一样红扑扑的脸蛋，他不禁喃喃自语："有时候，爱情就像是树上的一只苹果，当你无意中散步到树下的时候，它可能一下子就掉下来砸在你的头上！"后来，在牛顿漫长的一生中，他始终没有忘却斯特莱，一旦斯特莱有了困难，牛顿总是不遗余力地帮助她，而他自己，则把全部精力投入到了科学研究中，终身未娶。此是后话不提。

话说牛顿若有所思地看着手里的苹果，刚刚还在为失去的爱情而感慨，可是下一秒，他的脑海中就浮现出一个问题：苹果为什么会掉在地上呢？它怎么不往天上飞呢？牛顿苦苦思索着，突然，他的脑海中闪过一道灵光，那一定是地球对苹果有吸引力的缘故！牛顿欣喜若狂，由此联想到，不管把苹果放得多高，它都会在吸引力的作用下掉落下来，那么这个力会不会一直延伸到月球呢？一定会的，如果月球不受地球的吸引力，它也许早已脱离轨道，不知道飞到哪里去了。正是因为地球的吸引，它才能围着地球一圈又一圈不知疲倦地转动。就这样，在这棵神奇的苹果树下，牛顿发现了万有引力的秘密！

牛顿和苹果的故事讲完了，有读者要抗议了：你讲的故事和我们以前听到的不一样，牛顿发现万有引力是一个严肃的科学事件，你怎么把牛顿的爱情也扯进来了？

牛顿发现万有引力的确是一个严肃的科学事件，但是，苹果在这个发现中所起的作用其实很有限。如果说因为发现苹果受地球吸引就把万有引力的发现权归功于牛顿，那你就低估了科学发现的难度。科学发现远不是猜测地球与苹果之间存在吸引力这么简单，否则万有引力的发现权也就不能归功于牛顿了。事实上，早在牛顿之前，就有人意识到了万有引力的存在，而牛顿的主要贡献，则在于他证明了万有引力定律。

我们先来看看万有引力定律的定义吧：任何两个物体都相互吸引，引力的大小与两个物体质量的乘积成正比，与它们之间距离的平方成反比。

早在 1609 年，开普勒就猜测行星与太阳之间存在吸引力，不过他猜想这种力类似于磁力。到了 1645 年，法国天文学家布里阿德（1605—1694）提出一个假设："开普勒力的减少，与行星离太阳的距离的平方成反比。"这是平方反比关系思想的第一次出现。这时候，牛顿才两岁。

1662 年，英国皇家学会正式成立，这一年，皇家学会的创始人之一罗伯特·胡克（1635—1703）猜想重力是随高度而变化的。胡克是当时有名的力学专家，他最大的贡献就是对于弹簧的研究，并且得到了弹簧发生弹性形变时，弹力的大小与弹簧形变量成正比的结论（$F=kx$，k 为弹簧的劲度系数，x 为弹簧的伸缩长度），后人称之为胡克定律。为了研究重力随高度的变化，胡克设计了一个简单的实验，测量铁球在地面上和大教堂顶上的重量是否一致，但由于实验精度不够，所以没探测到任何差别。1670 年，胡克在皇家学会做了一次演讲，提出了 3 条假设，他在演讲中说道："……第一条是，无论什么天体都具有一种朝向其中心的引力。……第三条是，这种引力作用有多强，取决于被作用物体距离其中心有多近。至于它们之间的关联程度是多少，我现在还没有用实验去验证，但如果这个想法真的能够付诸实施，它必将极大地帮助天文学家把所有的天体运动归结为一条特别的定律……"

1672 年，牛顿当选为英国皇家学会会员。皇家学会经常组织讨论会，会员之间也常常通信，交流讨论科学问题。1679 年，牛顿收到胡克的一封来信，询问他对物体落向地心的轨迹的看法。牛顿在回信中错误地把这个轨迹看作终止于地心的螺旋线。胡克回信指出了牛顿的错误，提出应该是一种椭圆轨道。牛顿在第二封回信中承认了错误，但他又在重力是常量的情况下推导了一种落体轨迹。胡克再次回信，指出重力不是常量，说他认为重力是按距离平方的反比变化的。不过，牛顿未再回信。

事实上，牛顿即使早有万有引力的猜想，他当时对于圆周运动的概念也是混乱的。胡克和牛顿的通信客观上帮助牛顿厘清了思路。胡克是第一个正确论述圆周运动的人，正是他的来信促使牛顿重新思考圆周运动，并最终形成了圆周运动是由向心力导致的这一正确解释，这对于牛顿发现万有引力定律是非常关键的。而一旦突破了最初的错误观念后，牛顿的数学天才就发挥出来，使他很快建立了正确的理论。

1684 年 1 月，胡克、哈雷和莱恩在皇家学会的会议上又讨论到行星运动问题。他们都觉得行星受到太阳的引力应该反比于距离的平方，但是他们谁也不能证明在这种情况下行星的运动轨迹是椭圆而不是正圆。这是他们遇到的最大难题。一个解释不了实验现象的理论，是不能称之为正确的理论的。胡克声称他能够证明，但不打算公布，因为这样"人们就不会知道这个证明的难度"。哈雷半信半疑，他觉得胡克是在故弄玄虚。莱恩也不相信，他出了一笔赏金，宣称不管是胡克还是其他人，谁能在两个月之内拿出证明，赏金就归谁。结果，赏金最终无人认领。

哈雷等了半年，也不见胡克公布出他所谓的证明。哈雷实在等不及了，于是就决定去向他的好朋友牛顿求教。1684 年 8 月，哈雷到剑桥向牛顿请教。牛顿淡淡地对哈雷说："我早就解决了这个问题。"哈雷大吃一惊，简直不敢相信自己的耳朵，他赶紧向牛顿要数学证明，想要看一看。牛顿说找不到了，不过可以重新写一份给他。果然，几个月后，哈雷收到牛顿寄来的一封信，给出了数学证明。不久之后，牛顿又写了一篇论文《论物体的运动》。牛顿用自己发明的微积分证明，服从开普勒行星运动定律的物体受到一个指向椭圆焦点且与距离平方成反比的力，在这种情况下，物体的运动轨迹是包括椭圆在内的任何一种圆锥曲线。至此，万有引力定律才正式问世了。

在《论物体的运动》中，牛顿还用一张图（见图 9-1）说明了地球表面物体受的重力和月球受地球的引力具有相同的本质。假设在高山顶上水平抛出一块石头，由于地球的吸引，石头沿着一条抛物线落向地面。抛出的速度越大，石头落得越远。可以设想，当抛出的速度足够大时，石头的"落点"将超出地球弧度的限制，于是会环绕地球运动而不再落回地球，这样一来，这块石头就变成一个"人造卫星"。月球绕地球的运动就是这个道理。

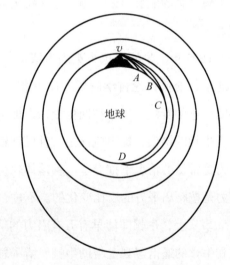

图 9-1　牛顿的抛体运动图

后来人们算出来，在不考虑空气阻力的情况下，只要这块石头的速度达到 7.9 公里每秒，它就能变成一颗"人造卫星"环绕地球运行，因此，这个速度被称为第一宇宙速度，也叫作环绕速度（见图 9-2）。当然，这是在地球附近的环绕速度，如果卫星离地球很远，它受到的重力大大减小，环绕地球就不用这么大速度了，如月亮的速度就只有 1.02 公里每秒。

如果抛出去的石头的速度大于 7.9 公里

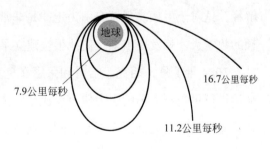

图 9-2　三个宇宙速度

每秒，它的轨道就会变成椭圆形，如果速度再增大，椭圆偏心率会越来越大。最后，当速度等于 11.2 公里每秒时，轨道就变成了抛物线，这时候，石头就会挣脱地球引力的束缚，永远也回不来了。这个速度被称为第二宇宙速度，也叫作脱离速度。

如果扔出去的石头既要脱离地球引力，还要脱离太阳引力，飞出太阳系，那就需要一定技巧了。这时候，你必须借助地球的公转速度（29.8 公里每秒），搭个顺风车，沿地球公转的切线方向抛出这块石头，即便这样，石头的抛射速度也要大于 16.7 公里每秒，才能摆脱太阳引力。这个速度被称为第三宇宙速度，也叫作逃逸速度。

闲言少叙，且说哈雷看了《论物体的运动》，犹如醍醐灌顶，大为赞叹，他觉得牛顿真是个少有的天才。他不知道牛顿的头脑里到底还装着多少东西，于是极力催促牛顿把他的研究成果写本书出版。正是在哈雷的敦促下，牛顿才写出了《自然哲学之数学原理》一书，书中公布了万有引力定律的数学证明和验算，并由此推导出开普勒三定律。这样，牛顿终于解决了"行星为什么要这样运动"这一举世难题。

哈雷对牛顿佩服得五体投地，他根据牛顿的万有引力理论，对 1682 年出现的彗星轨道进行了计算，指出它就是 1531 年和 1607 年历史上记载的同一颗彗星，并预言它将在 1758 年年末再次出现。1759 年年初，人们果真在天空中发现了这颗彗星，此时哈雷已经去世十几年了，为了纪念他，这颗彗星被命名为哈雷彗星。

牛顿的证明公布以后，人们都承认是牛顿发现了万有引力定律，但是，有一个人不这么认为，那就是胡克。当哈雷在皇家学会的会议上介绍牛顿的发现时，胡克站出来指责牛顿剽窃了他的思想，声称万有引力与距离平方成反比的想法是他先提出来的，万有引力定律的发现权应该归功于他。牛顿承认胡克对他有所启发，但数学证明是他独立做出的，胡克并没有任何功劳。两人为此起了争论，闹得很不愉快。胡克当时是皇家学会的秘书，掌管着财政大权，他拒绝用学会的经费出版《自然哲学之数学原理》。牛顿没办法，只好自费出版，好在他的粉丝哈雷经济比较宽裕，帮牛顿出了这笔钱。就这样，牛顿和胡克结下了梁子，始终没有解开。后来胡克多次声索万有引力定律的发现权，牛顿非常气愤，两人甚至发展到不愿一同参会，相互挖苦讽刺的地步。到了 1703 年，胡克去世，两人的争执终于结束。恰好在这一年，牛顿当上了皇家学会的会长。不久，学会搬了一次家，在这次搬家过程中，胡克唯一的一幅画像竟然被搞丢了，后人再也无法知道胡克究竟长什么样子，有人难免猜疑这是牛顿干的，但并没有真凭实据。对于两人的争论，平心而论，胡克那只能叫猜想，因为他无法证明行星的椭圆轨道，而牛顿才是第一个完整、正确地阐述万有引力定律的人，万有引力的发现归功于牛顿可谓实至名归。

却说万有引力的发现，让天文学家们如虎添翼。1781 年，人们利用牛顿发明的反射式望远镜发现了太阳系的第七颗行星——天王星，并计算了其运行轨道。但是随后几十年的观测结果却显示，计算轨道与实际轨道并不符，且远远超出误差允许的范围。问题出在哪里？人们意识到，可能是天王星外围还有未知行星在影响它的轨道。虽然有人提议可以利用万有引力定律计算未知行星的轨道，但由于计算太过复杂而一直没有进展。直到 1845 年，英国剑桥大学的学生亚当斯（1819—1892）终于算出了这颗未知行星的轨道，但由于他是个学生而没有受到重视，虽然他把结果交给了英国格林威治天文台，但天文台并没有去认真观测，错失了机会。1846 年，法国天文学家勒威耶（1811—1877）通过求解几十个方程组成的方程组，也算出了这个轨道，并请求德国柏林天文台的天文学家伽勒（1812—1910）帮忙观测验证。1846 年 9 月 23 日晚，伽勒在勒威耶预言的位置附近果然发现了这颗行星，偏差不到 1 度，经过 24 小时的连续观察，他确定了这的确是一颗行星。海王星终于被发现了。

海王星可以说是一颗"笔尖下发现的行星"，它的发现是一次重大的科学胜利，充分显示了理论对于实践的巨大指导作用，开创了人类认识自然的一条新的道路。

万有引力定律使人类第一次把驱使苹果落地的力跟天体运行的力统一起来，宣告了天上地下的物体都遵循同一力学规律，这是人类对自然界认识的第一次大综合、大飞跃，意义非常重大。正是：

世间万物有引力，苹果月球动理同。

天地浑然成一体，牛顿当居第一功。

第十回

棱镜分光　牛顿探阳光真相
微粒波动　谁知道光的本质

话说牛顿发明了微积分，发现了力学三定律和万有引力定律，这些可都是震古烁今的大成果。不过对牛顿来说，这还不是他的极限，他不但是数学大师和力学大师，还是一个光学大师呢！除了发明反射式望远镜，牛顿还发现了阳光的秘密。

让我们回到鼠疫年代的那个小乡村。一个雨过天晴的午后，一道美丽的彩虹出现在天空，人们纷纷驻足观看，赏心悦目的神奇美景让大家惊叹不已。小孩子们好奇心强，纷纷摇着大人的手问道："爸爸妈妈，天上为什么会出现彩虹呢？"大人们回答不上来，会讲故事的只好把自己听过的各种神话故事拿出来再给孩子讲一遍，不会讲故事的只好说这个原理太复杂了，等你长大了就知道了。孩子们都噘着嘴，对这些答案表示不满。

有人眼尖，看到牛顿也在观看彩虹，便对孩子们说，牛顿叔叔是剑桥大学的高才生，他一定知道，你们去问他吧。于是，牛顿身边很快就围了一群孩子，七嘴八舌地问他天上的彩虹是哪儿来的。

牛顿微笑着对孩子们说："这彩虹啊，不是神仙变出来的，它是阳光的颜色。"

"阳光的颜色？"孩子们纷纷表示不信，就连跟过来的大人也对牛顿说："牛顿啊，你骗孩子玩也得编个差不多的理由啊。这阳光我们再熟悉不过了，哪有这么多美丽的颜色？"

牛顿说："我最近就在研究阳光的秘密，我肯定七色彩虹就是阳光的颜色。我们平时看不到七色是因为这些颜色混在一起就变成白光了，但是下过雨后，空气中有很多小水滴，阳光照射小水滴会发生折射，不同颜色的光折射率不一样，我们就会看到彩虹了。"

牛顿说的折射是什么人们不懂，大家听的半信半疑，议论了一会儿人群也就散了。但是有些有心人记在了心上，随后几天路过牛顿家时都会瞧上一眼，想看看牛顿是怎么研究阳光的。令人奇怪的是，大白天太阳明晃晃地正好研究，可牛顿的屋子却拉着厚厚的窗帘，只留一道小缝，里边肯定是昏暗无比，反倒是阴雨天时牛顿的窗帘才会拉开。牛顿的异常让人们摸不着头脑，这哪是研究阳光啊，分明是怕见阳光。一时间人们议论纷纷，不知道牛顿在搞什么名堂。

这一天，牛顿的舅舅来了。牛顿的舅舅也是剑桥大学的毕业生，当年正是他的极力主张才让失学的牛顿继续上学，因此牛顿对舅舅一直很尊敬。牛顿打开院门，把舅舅请了进来。

舅舅一进门，就冲他嚷开了："牛顿啊，听说你整天大白天拉个窗帘，在屋子里一待就是一天，我原来还不信，刚才隔着院门一看，果然如此，你到底在搞什么鬼？"

牛顿笑了，他拉起舅舅的手说："舅舅，你随我来。"说着，把他舅舅拉到了二楼自己的房间。

舅舅进屋一看，里边昏暗无比，一道光从两片窗帘的缝隙中射进来，正好照在桌子上的一个三棱镜上。他顺着光路往墙上一瞧，不禁喊出声来："彩虹？！"

牛顿微笑着不说话，他舅舅观察了半天，恍然大悟："阳光被三棱镜分解成了赤橙黄绿蓝靛紫七色光谱！这就是你说的阳光的秘密？"

牛顿说："这个实验并不稀奇，早在 1637 年，笛卡儿就做过三棱镜分光实验，不过他做得不好，只获得了两侧带有红色和蓝色的光斑；1648 年，一位捷克医生马尔西用三棱镜看到了太阳光分解后产生的七色光谱，就像我们现在看到的一样。"

"啊？这不是你的新发现啊？"牛顿的舅舅遗憾地叹了口气。

牛顿笑着说："舅舅，您别叹气，我不但有新发现，而且还是重大发现！"

"哦？说来听听。"牛顿的舅舅来了精神。

"因为他们都没弄明白这是怎么回事。他们都认为日光是纯净、均匀、单一的光，透过棱镜后之所以会出现五颜六色，是阳光与物质相互作用的结果。笛卡儿认为光是一种微球的旋转，通过棱镜时旋转速度不同导致颜色不同。马尔西则认为不同颜色是由于光的浓度不同，阳光通过棱镜时，棱镜对光的稀释程度不同导致各种颜色。这些看法都是错误的！"

"那么，你得到了正确的解释？"舅舅问。

"对，我发现，阳光是一种复合光，它是由不同颜色的光混合而成的。当混合的光线通过棱镜时，由于各种颜色的光的折射率不同，就被分散成了七色光谱。"

"等一等。什么叫折射呢？"舅舅问道。

"折射就是说光进入三棱镜里边会偏转一个角度，就像我们把一根木棍放到水杯里，你会看到木棍像弯折了一样，这就是由于光线的折射造成的。"

"哦，我明白了，你说七色光的折射率不同，就是说它们进入棱镜以后偏转角度不同，于是就被分开了？"

"对，没错！"

"哇，牛顿，我的好外甥，你太厉害了，你是怎么想到这些的呢？"

"舅舅，这可不是凭空想出来的，这是我做了好多实验才得出来的结论。"牛顿指着桌子上的一堆三棱镜、凸透镜以及一些开着小孔的木板说道。

"哦？快给我讲讲。"舅舅很感兴趣。

"舅舅你看，我用一个三棱镜把阳光分开，再把另一个三棱镜倒过来放在已经被分开的彩色光谱前，然后在两块三棱镜中间插入一块凸透镜，结果从另一侧出来的光又被汇聚成了一束白光。"（见图 10-1）牛顿边说边演示着，"这就说明，白光既能被分解，也能被重新合成，说明白光是由各种颜色的光组成的复合光。"

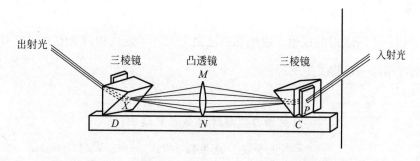

图 10-1 牛顿用两个三棱镜和一个凸透镜分解和还原白光

他把这块新棱镜和凸透镜拿开，拿起一块带小孔的木板挡在彩色光带前（见图 10-2），边摆弄边说："你看，现在只有蓝光从小孔中穿过，我在后面再放一块带小孔的木板，就得到了一束细细的蓝光，这时候我在这束蓝光后面再放一块三棱镜，你看，它就不会再被分解了，出来的还是一道细细的蓝光。"他又通过调整第一块三棱镜的角度，让其他颜色的光依次通过小孔，结果各种单色光都不会分解，而且它们通过第二块棱镜的偏转角度明显不同。"这就说明，白光确实是由折射率不同的光组成的。"牛顿解释道。

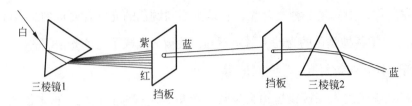

图 10-2　牛顿考察单色光折射率的实验

"舅舅，我还做了一些其他的实验，将来有机会我会写一本书详细介绍这些实验和结果。"牛顿边收拾边说。

舅舅已经被这些眼花缭乱的实验惊呆了，他瞪大了眼睛赞叹道："牛顿，我的好外甥，你的大脑是什么做的？怎么能设计出如此精巧的实验？舅舅等着你的新书，到时候你可要送我一本签名版啊！"

牛顿笑着答应："没问题！"

牛顿的舅舅心满意足地走了，牛顿则又回到了屋子，开始了新的实验与计算……

1704 年，牛顿出版了一部巨著——《光学》，书中汇总了他的各种光学研究成果。这本书使人们正确认识了光的反射、折射、颜色等性质，为光学的发展奠定了基础。

1707 年，牛顿出版《数学通论》。

1727 年 3 月，牛顿逝世，享年 84 岁。后人为了纪念他，用他的名字"牛顿"来命名力的单位，简称"牛"（N）。

纵观牛顿一生所取得的成果，说他靠一己之力推开了近代物理学的大门也不为过，英国诗人蒲柏曾作诗一首赞美牛顿：

> 自然和自然规律隐藏在黑暗中；
>
> 上帝说，让牛顿去吧！
>
> 于是一片光明。

牛顿去世了，但人们对光的本性的认识却远远不够。牛顿说过这样一段话："我不过是一个在海边玩耍的孩子，不时为捡到一颗光滑的石子或美丽的贝壳而欣喜，而真理的大海，却一点也没看见。"牛顿也许说得过于谦虚，但对于光的认识，这句话却并不为过。

牛顿在世的时候，人们就对光到底是一种什么形态争论不休。这种争论分为两个学派，一派是以牛顿为首的粒子说，另一派是以荷兰科学家惠更斯为首的波动说。

牛顿认为，既然光是沿直线传播的，那就应该是一种粒子，因为波会弥散在空间中，不会聚成一条直线。最直观的实验证明就是物体能挡住光而形成阴影。

惠更斯认为，如果光是一种粒子，那么光在交叉时就会因发生碰撞而改变方向，可人们并没有观察到这种现象，所以光不是粒子。他认为，光是发光体产生的振动在"以太"中的传播过程，以球面波的形式连续传播。当时人们认为以太是充满了整个空间的一种弹性粒子，现在已经证明这是一种子虚乌有的东西。1690 年，惠更斯出版了《光论》一书，阐述了他的光波动原理。

波是人们很早就注意到的一种现象，将石子投入水中，水面会上下起伏，发生振动，振动由近及远向四周水面扩散，就形成了水面波。敲钟时，撞击引起周围空气的振动，此振动在空气中传播形成声波。于是，人们就把以一定速度传播的振动叫作波。

根据振动方向与传播方向的不同，人们把波分为横波和纵波两种。拿手抓住绳子的一端上下抖动，就会形成横波，如图 10-3（a）所示。虽然看上去波在不停地向前方运动，但实际上绳子上的每一点始终在原位置上下振动。这种振动方向与传播方向垂直的波叫作横波。反过来，振动方向与传播方向平行的波叫作纵波，比如把弹簧拉一下，它就会来回振动形成纵波，如图 10-3（b）所示。在纵波中，质点的振动方向与波的传播方向平行，因此在介质中就形成稠密和稀疏的区域，故又称疏密波。如果波沿着平面推进，则叫作平面波；如果波从一点以球面向周围空间扩散，则叫作球面波（见图 10-4）。惠更斯认为光就是一种球面波。

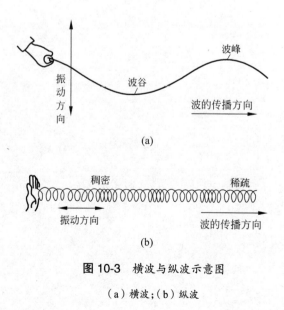

图 10-3　横波与纵波示意图

（a）横波；（b）纵波

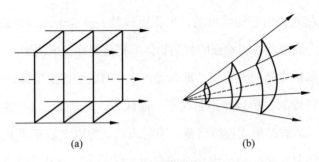

图 10-4　平面波和球面波示意图

（a）平面波；（b）球面波

　　由于牛顿和惠更斯都提出了有理有据的论证，但又都有一些破绽，所以科学家们分成了两大阵营，为光是微粒还是波吵得不可开交。由于牛顿的巨大声望以及他著作中实验和理论分析的严谨性，一时间微粒说占据了上风。直到 100 多年以后，人们才对光有了新的认识，而真正了解光则要等到 200 年以后，在此按下不表。有诗为证：

　　　　牛翁粒子惠翁波，各逞所能争高低。

　　　　两百年后见分晓，波粒原来二合一。

第十一回

光的折射 小现象引出大秘密
最小作用 大自然懒得多费劲

　　上回说到牛顿发现了不同颜色的光折射率不同，这是他的新发现。但实际上，折射这一光学现象人们早就发现了，毕竟很多人都看到过木棍在水中弯折的现象——这是光线在水面发生折射使人产生的错觉。

　　人们最早发现的光学规律是光沿直线传播和光的反射定律，这些规律在 2000 多年前的中国和古希腊都有人进行过研究。当时人们就发现，光在反射的时候，入射角等于反射角（见图 11-1）。这个规律并不难发现，如你拿一块小镜子反射阳光，就会发现随着镜子的转动，反射在墙上的光点也在移动，根据镜子的摆放角度和墙上的光点位置，就能发现阳光在反射的时候遵循入射角等于反射角的规律。

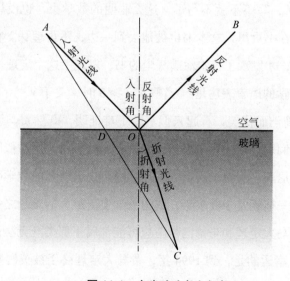

图 11-1　光线的反射和折射

光的反射规律并不难发现，关键是，光为什么要以入射角等于反射角的方式发生反射呢？这是一个问题。科学发现就是这样，科学家们并不满足于发现规律，他们还希望发现这些规律背后的深层次原因，正是这些不断深入的探索推动了科学的发展。

早在约公元 1 世纪，古罗马的希罗就开始认真探讨是什么东西决定着光的路径，他提出了光传播的最短路径原理：光在两点间的传播总是沿着路程最短的路径进行。公元 2 世纪，托勒密也明确提出了光路最短的思想。

这种"最小量"思想实际上蕴含着对自然本质规律的深刻认识。那时候人们还不了解折射，用最短路径来解释光沿直线传播和光的反射定律是没问题的，但是折射现象被发现以后，光路最短就出问题了。由图 11-1 可见，如果按光路最短原理，光从 A 点到 C 点应该走直线 ADC，但实际上它却走的是折线 AOC，这就说明光传播并不是沿着路程最短的路径进行。

到了 1658 年，法国数学家费马（1601—1665）开始研究这个问题。费马这个人大家一定听说过，但是，你也许没想到，他是一位"业余数学家"，因为他是一位全职律师，数学只是他的业余爱好。这位"业余数学家"总喜欢在书页的空白处写上自己的一些研究结果，而且他喜欢搞恶作剧，只写结论不写证明。其中最著名的例子就是费马大定理了。有一次，他在一本数学书的空白处写了一段话："将一个立方数分成两个立方数之和，或将一个四次方数分成两个四次方数之和，或者一般地将一个高于二次的幂分成两个同次幂之和，这是不可能的。关于此命题，我确信已找到了一种美妙的证明方法，可惜这里空白太小，写不下。"好了，写不下就不写了，这么聪明的数学家，也没想到可以在一张纸上把证明过程写出来夹在书页里，这本书也被他丢到一边，不再理睬。直到费马去世后，人们在整理他的遗著时，才发现了这本沾满灰尘的书，发现了这个定理。

费马大定理用数学的语言表述是："当整数 $n \geq 3$ 时，关于 x、y、z 的方程 $x^n + y^n = z^n$ 没有正整数解。"它简洁而优美，看起来似乎并不难证明，既然费马说他证出来了，于是很多数学家都认为他们也能行。但结果却出乎所有人的意料，这看似简单的定理竟难倒了一众数学大家，莱布尼茨、欧拉、高斯、勒让德等历史上著名的数学明星陆续登场，却都铩羽而归。这个问题一拖就是 300 多年，成为数学史上最大的难题之一，不少悲观的数学家已经开始怀疑，费马大定理和哥德巴赫猜想可能都属于那类既无法证明其正确，也无法证明其错误的问题。幸运的是，到 1994 年，费马大定理终于被英国数学家安德鲁·怀尔斯（1953—）证明，而怀尔斯也是在前人已经进行了大量研究的基础上，用了整整 8 年才攻克了这一难题，光是证明过程就写了厚厚一本书。现在人们怀疑，当年费马根本没找到证明方法，这不过是他的又一个恶作剧而已。事实上，费马在书页边上留下过很多评注，费马大定理只是其中之一，但他给出的证明大多缺乏严格的逻辑，为此，后人曾花费大量时间去补全那些遗失的逻辑。18世纪最伟大的数学家欧拉（1707—1783）就曾经花费7年去证明费马关于素数的一个评注。

闲言少叙，且说在1658年，这个爱搞恶作剧的费马在一封信中写道："考察自然界在光的折射现象中所使用的神秘原理是必要的。"4年之后，他成功了。费马发现，光选择的不是最短的路线，而是最快的路线。他发现，光在经过两种介质的界面时，无论是发生反射还是折射，总是沿着时间最短的路径运行。这就是著名的费马原理，又叫作最短时间原理。这一次，他没有借口书页空白不够而光说不证，他不但给出了相关的证明过程，还利用这一原理证明了光的折射定律。

我们可以再来看看图11-1。折线 AOC 与直线 ADC 相比，在空气中的路程要长一些，在玻璃中的路程要短一些，由于光速在玻璃中会减小，所以从 A 点到 C 点折线所用的时间更短。而且光线会自动"计算"最短时间，以选择相应的折射角。

有读者要问了，既然光要走最短的时间，为什么通过三棱镜时各种颜色的光走的路径不一样呢？原来，不同颜色的光在真空中光速都一样，但进入介质中以后速度就不完全一样了，比如在玻璃中，红光速度最大，紫光速度最小，所以它们要寻找各自的最短时间，就会走不同的路径。

费马的最短时间原理发表后，又过了大约80年，1744年，法国科学家莫泊丢（1698—1759）发现这种"最小量"的思想不但在光学中起作用，还可以被推广到其他物理领域，比如力学。他认为，在发生物理过程时，大自然总是使某些重要的量取最小值，他把这个量称为"作用量"，这就是最小作用量原理。就像光从一点运动到另一点要选择时间最短的路径一样，在力学中，一个物体从一点运动到另一点，也会自然选择一条"作用量"最小的路径。

那么力学中这个"作用量"到底是什么呢？莫泊丢没有找出来。后来经过数学家欧拉、拉格朗日以及哈密顿的接续研究，终于在1834年由哈密顿揭开了谜底。

哈密顿（1805—1865）是爱尔兰人，3岁开始读书，十几岁时就开始研读牛顿和拉普拉斯的著作，并且发现了拉普拉斯的名著《天体力学》中的一个错误。哈密顿17岁就开始撰写科学论文，可谓神童一个。和牛顿一样，哈密顿也毕业于剑桥大学三一学院，他对数学、光学和力学都颇有研究。凭借出色的数学能力，哈密顿最拿手的就是研究包含大量粒子的复杂力学系统。这种复杂力学系统如果用牛顿方程求解很麻烦，而法国数学家拉格朗日（1736—1813）创立的分析力学则解决了这个难题。1788 年，拉格朗日出版了著名的《分析力学》一书，在书的前言中，拉格朗日这样写道："在这本书中你找不到一幅受力分析图。"拉格朗日以对能量和功的分析来代替牛顿力学中对力和动量的分析，从而能用纯粹的数学分析方法推导出基本的运动方程。哈密顿在拉格朗日的研究基础上，根据最小作用量的思想进一步推进分析力学的发展。29 岁那年，哈密顿终于找到了前人梦寐以求的力学作用量——"体系的动能与势能之差对时间的积分"。找到力学作用量使他如虎添翼，第二年，他就在最小作用量原理的基础上提出了哈密顿正则方程，这组简单而对称的方程将分析力学的发展推向了巅峰。

话接上文，话说这哈密顿找到了力学的作用量——动能与势能之差的时间积分。这个作用量对我们来说不太容易理解，因为积分对我们来说还是一个新名词，如前所述，它是牛顿发明的一种数学求和方法，你可以简单地把这个作用量理解为："（动能－势能）×时间"。

动能是物体的运动能量，是物体因为运动所具有的能量，它与物体的质量和速度有关。动能等于质量和速度平方的乘积的一半（$E_k=mv^2/2$）。质量越大，速度越大，动能越大。比如，炮弹出膛时的动能就比子弹大。炮弹出膛时，它的巨大动能来源于火药爆炸产生的冲击力，冲击力对炮弹做了功。人们发现，合外力对物体做的功等于物体动能的增量，这被称为动能定理*。

势能是物体的位置能量，是物体凭借它所处的位置而储存的能量。比如，在地球重力的影响下，一个物体所处的地势越高，它的势能就越大。重力势能等于物体所受重力与高度的乘积（$E_p=mgh$）。

我们都知道，你要把一块石头抛得更高，就要更费力气。这是因为你把石头抛到高处，它获得的势能比抛到低处大，因此你也需要用更大的力气才能把它抛得更高。在抛球的时候，你用力做功从而给予了小球动能，小球在上升过程中，速度越来越小，因为动能转化成了势能，同理，当这个小球从最高点往下落的过程中，势能又转化成了动能，抛得越高，

---

* 注：力的空间积累（做功）体现为动能的变化，相应地，力的时间积累（冲量）体现为动量的变化。合外力对物体的冲量等于物体动量的增量，这被称为动量定理。读者可以仔细体会动能定理和动量定理对力的作用效果的反映。

掉下来以后速度越快，动能越大。动能与势能可以相互转化，这正是能量守恒定律的体现。伽利略做过一个光滑凹陷斜面的实验（见图11-2），他发现小球从一定高度滑落以后，不管坡度如何，总是能到达对面相同的高度，但由于那时候还没有能量的概念，所以他不知道这就是能量守恒的结果。

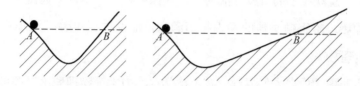

图 11-2　光滑凹陷斜面实验（如果没有摩擦力，从 A 点滑落的小球的势能会转化成动能，然后动能再转化成势能，最后会到达高度与 A 点相同的 B 点，如此往复运动）

根据最小作用量原理，物体从一点运动到另一点，在一切可能的路径中，其真实的路径是使作用量"（动能－势能）× 时间"取极小值。或者说，一物体从一点到另一点所走的路径，其平均动能减去平均势能应尽可能地小。我们在生活中有这样的体验，在打篮球的时候跳投，你会感觉自己的身体好像在最高点能停顿一下，其原因就在于最高点势能最大，所以在整个运动过程中，作用量会导致你在势能大的地方停留的时间尽可能长一些，这样就能使作用量尽可能地小。再如，我们把一个物体抛出去，它在空中会走一个抛物线，原因就在于它只有走抛物线才能满足最小作用量原理（见图11-3）。

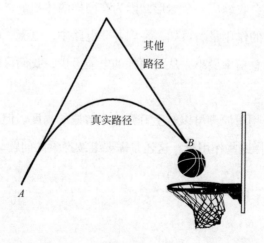

图 11-3　抛体路径的最小作用量原理（在相同的初速度下，把一个物体从 A 点抛到 B 点，你可以想象出无数条可能的路径，但实际的路径只能是抛物线，因为只有抛物线才满足最小作用量原理）

通过最小作用量原理，哈密顿可以用数学分析推导出牛顿的运动方程。实际上，力学的最小作用量原理所表达的东西既不比牛顿力学多，也不比牛顿力学少，它在物理上和牛顿力学是完全等价的。然而，这两种方法的着眼点是完全不同的。牛顿力学的注意力集中在每一时刻粒子所处的状态，并由此推断粒子下一时刻的状态。而最小作用量方法则是着眼于起点和终点，总观粒子的所有可能路径，并探寻粒子"用来"选择这一特别路径而不是其他路径的原因。哈密顿对他的发现相当满意，他说过一句话："最小作用量原理是物理学的最高级定理之一。"

哈密顿所言非虚，后来人们发现，在电磁学、热力学等物理理论里都可以找到相应的作用量，甚至连相对论和量子力学都能找到相应的作用量。现在人们知道，作用量是一个很特别、很抽象的物理量，它在各个物理领域都有应用，它表示一个物理系统内在的演化趋向，能唯一地确定这个物理系统的未来。只要设定系统的初始状态与最终状态，那么系统就会沿着作用量最小的方向演化，这就是最小作用量原理。正是：

自然选择有玄机，演化要看作用量。

定了始态和终态，最小作用路明朗。

在自然界中，我们还能找到很多包含最小作用量思想在内的例子。比如，一个水珠，如果不受重力，它一定会收缩成一个球形，因为在同样的体积下，球体的表面积最小，我们可以说表面积就是它的作用量。再如，在串并联电路中，电流、电压在各个电阻上的分配总是使得整个电路的总功率最小，从而消耗的电能最少，我们可以说总功率就是它的作用量。

由此可见，最小作用量原理可以被上升到一个普遍的高度。但是，这又引出一个新问题：自然界为什么要选择这些作用量？这还是需要继续探索的问题。

第十二回

九牛二虎　空心球壳难分离
压强传递　杯水挤破大水桶

就在哥白尼、开普勒、牛顿等人仰望星空，探究宇宙的秘密时，却有一个尴尬的事实摆在人类面前，人类似乎连自己最熟悉的大气和水都没弄明白，正所谓"不识庐山真面目，只缘身在此山中"。下面我们就把目光从天空转向地面，来看看人类对于大气和水的认识过程。

相信大家对注射器并不陌生，医生在抽取药液时，首先会把活塞推至底部，排尽注射器内的空气，然后把针管伸入药液中，当活塞被渐渐拉起时，药液就被吸入注射器内。这个过程大家都习以为常，可是，如果设想有一支很长的注射器，你知道注射器最多能抽取多长的水柱吗？

1640 年，伽利略就遇到了这个问题。当时，意大利佛罗伦萨有一个公爵想在花园里建一个喷水池，于是让人打井。可能是他家地势太高吧，这口井直打了十几米深才见到水，公爵不以为然，心想只要见着水就好办。可是，令他百思不得其解的是，抽水机不管用了，水怎么也抽不到地面上来。抽水机的原理和注射器类似，你可以想象把一个十几米长的注射器插入井水中，然后提拉活塞，结果发现，水柱没法充满整个注射器，它到了一定高度就上不来了。

公爵正好和伽利略在同一座城市里，他知道伽利略的鼎鼎大名，就去向伽利略请教。伽利略当时已经 76 岁了，他一听，还有这等怪事？于是不顾年老体衰，拖着病体前来查看。经过测量，伽利略发现，抽水机能把水提升到 10 米左右，他知道，当时对于抽水机的原理有一种解释，还是古希腊的亚里士多德传下来的："大自然厌恶真空。"按照这种说法，当抽水机的活塞被提上来时，在活塞的下部留下一段真空空间，因为大自然不允许存在真空，周围的水就会涌入其中填补真空空间。但是，如果是这样，不管水管有多长，水柱都应该充满整个水管，不应该在 10 米处停下来。

伽利略由此对"大自然厌恶真空"的观点产生了怀疑，他认为自然界对真空的"厌恶"是一种力的作用，而且这个力有一定的限度。于是他决定设计一个实验来量度这个力。遗憾的是，他还没有来得及进行实验便于 1642 年去世了。于是，他的学生兼助手托里拆利（1608—1647）接过了这个课题。

托里拆利也是意大利人。1641 年，他出版了《论物体的运动》一书，试图对伽利略的力学研究做出自己新的结论。伽利略很欣赏他的见解，于是就把他招来当了自己的助手。伽利略去世后，托里拆利自然要完成老师的遗愿，他根据伽利略的推测进一步思考，如果说自然界对真空的"厌恶"是一种力，那么这个力只能抵抗 10 米多高的水柱的重量，假如改用比水密度大 13.6 倍的水银，这个力必然只能抵抗不到 1 米高的水银柱。说干就干，托里拆利开始设计实验。经过 1 年的研究，他已经心中有数，于是在 1643 年，他召开了一次"新闻发布会"，在众人面前演示了他的新发现。

托里拆利拿来一支长约 1 米、只有一端开口的玻璃管，在里边灌满水银，他用手指将管口堵住，然后将玻璃管倒过来，小心地浸入一个装满水银的敞口槽中，当管口没入液面之下后，轻轻将手指移开。众目睽睽之下，神奇的现象出现了，管内的水银柱迅速下滑，但滑落了一小段后便不动了，拿尺子测量后发现，管内水银柱的高度约为 76 厘米。他又换了几根粗细不同的管子重复这个实验，最后的结果都是一样的，无论管子是什么形状，无论粗细如何，水银柱最后都停在高度 76 厘米处，然后保持稳定（见图 12-1）。

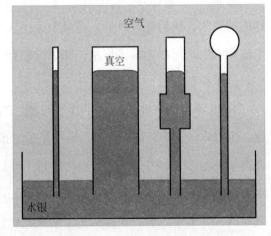

图 12-1　托里拆利实验示意图

观众中有人问了："托里拆利先生，管子上方那一段空间里被什么东西占据了呢？"

托里拆利肯定地说："什么也没有，是真空！"

人群躁动起来，大家意识到，亚里士多德的说法是错误的，真空是可以出现的。

又有人问："托里拆利先生，管子里的水银为什么不下降了呢？"

托里拆利指着水银槽里的水位说："你看看，如果管子里的水银继续下降，水银槽里的水位是不是会上升？"

观众说："对啊。"

托里拆利说："那就对了，可是现在水银槽里的水银被很重的东西压着，所以水位没法继续上升了。"

"被很重的东西压着？"观众蒙了，"什么也没有啊！"

托里拆利笑了："明明有东西嘛！"

大家纷纷摇头："哪有什么东西，空空如也嘛！"

托里拆利不卖关子了，他说："这个东西虽然看不到，但我一说你就知道了，不是有空气吗？"

观众哄然大笑："空气？这轻飘飘的空气也能叫重物？"

托里拆利也笑了，他指着桌子说："你们看，这张桌子大约有 1 平方米，你们猜猜桌子上方的空气有多重？"

观众们说："那能有多重啊，可以忽略不计！"

托里拆利说："说出来吓你们一跳，这张桌面上承受着约 10000 公斤的空气产生的压力！"

"啊？！怎么可能？"人群中发出一片惊叹与质疑。

托里拆利解释道："你们别看空气密度小，可是大气层很厚，足有几万米厚。如果你把 1 平方米地面上方几万米厚的空气称一称，总重大概有 10000 公斤。按照 10000 公斤这个数，如果把空气替换成水，相当于地面上方有约 10 米高的水柱；如果把空气替换成水银，相当于地面上方有约 76 厘米高的水银柱。"

观众中有人恍然大悟："哦，我明白了，如果把空气替换成水银，相当于水银槽上方还有 76 厘米高的水银，所以玻璃管里的水银只能停在 76 厘米处，以达到里外液面齐平！"

还有人更进一步："这个实验如果换成水来做，水柱就会停在 10 米高处。"

托里拆利微笑着点头，对这些聪明的观众表示赞赏。

可是有人还有疑问，不服气地问道："如果空气有这么重，桌子不早被压塌了？"

托里拆利说："那是因为桌子下方也有空气，它们产生的压力抵消了。"

又有人问了："桌子上方有几万米厚的空气，可桌子下方的空气才有多少啊？怎么能抵消呢？"

托里拆利说："那是因为空气能流动，它能把上方产生的压强——也就是单位面积上承受的压力——传递到任何一个缝隙里。哪怕是在一个石头缝里，空气的压强也只取决于它到大气层顶端的距离，而不是这一点点空气本身的重量。所以你看，桌子下表面和桌子上表面到大气层顶端的距离只差几厘米，它们所承受的压强几乎是一样的。压强乘以面积就是所受的压力，所以它们所承受的压力也几乎是一样的。桌子下表面所受的压力相当于空气在把它往上顶，就像船在水中受到浮力一样，而桌子上表面受到的空气压力是向下的，这两个力一个向下，一个向上，就抵消了。"

观众们一时反应不过来，仔细琢磨着托里拆利所说的话，托里拆利适时地发布了他的结束语："打个比方来说，我们就像生活在空气组成的海洋里的鱼。好了，今天的演示实验到此结束，谢谢大家！"

"真空能被造出来！""人就是生活在空气'海洋'里的'鱼'！""大气压强相当于每平方米承受 10000 公斤的重压。"这些说法不胫而走，托里拆利的实验引起了轰动，很快就从意大利传到了法国、德国等地。

德国马德堡市的市长奥托·冯·格里克（1602—1686）是一个热爱科学的人，当他听说这件事后，就着手研究如何制造真空。格里克原来是研究天文学的，他认为，千万年来天体运动没有衰减的趋势，说明天体不会受到阻力，可见天体不是在空气中运行，而是在真空中运行，可见真空是普遍存在的。为了弄清楚真空的情况，就要制造一个真空，于是他开始设计抽气机。

经过精心设计和试验，1650 年，格里克成功了。他制成了世界上第一台活塞式抽气机，也叫活塞式真空泵。利用真空泵，可以将容器内的空气抽走，制造出真空。格里克在真空中做了各种实验，发现了许多不为人知的新现象，如火焰在真空中会熄灭，动物在真空中会死去，光能在真空里传播但声音不能在真空里传播，等等。

在研究真空的过程中，格里克也充分认识到了大气压强的威力。他最开始设计的黄铜球壳在抽真空过程中竟然被大气压瘪了，后来改用更厚、更结实的铜壳才解决了这个问题。格里克意识到，这是一个能让人们直观地感受到大气压强威力的好机会，于是，他决定搞一次别出心裁的表演。

1654 年，马德堡郊外人山人海，锣鼓喧天，热闹非凡。人们纷纷传言，市长格里克要当众表演大自然的神秘力量，连国王和大臣们都被请来观看，爱看热闹的人们自然不会错过这样的盛事。

格里克站在人群中间的空地上，让助手抬来两个黄铜做成的半球壳，摆在地上像两口大锅。在格里克的指挥下，助手们把两个半球对扣在一起，用浸了油的皮革做成密封垫圈垫在中间。然后格里克打开球上的阀门，用他发明的真空泵开始抽气。不一会儿，球壳中的空气被抽掉，这两个半球牢牢地结合在一起成了一个空心球。当格里克关上阀门后，两个半球再也分不开了。

格里克请了观众中的几个壮汉，让他们试试能不能拉开。结果，这几个人使出吃奶的力气，也没能让两个半球分开。就在人们大为惊讶之际，格里克请出了两支马队，每支马队都由 8 匹马组成。他把两根粗绳子分别拴在两个半球的铜环上，然后由两支马队分别拉住一边。随着格里克一声令下，马夫们扬鞭催马，这两支马队像拔河一样进行反方向拉拽，开始了一场声嘶力竭的战斗。可是，尽管两支马队倾尽全力，这两个半球仍然严丝合缝，根本没有一点要分开的意思。正是：

空气之海压强大，每平承压十吨力。
一旦球壳抽真空，九牛二虎难分离。

面对瞠目结舌的观众，格里克微笑着给大家解释了其中的原理。在场的所有人都被震惊了，人们从来没想到轻飘飘的空气竟然能产生这么大的压力，将两个半球死死地压在一起。但也有人怀疑格里克是不是在球壳里边做了机关，导致两球扣合在一起。面对这种质疑，格里克微微一笑，将球上的阀门打开，随着空气进入球内，轻轻一拉，两个半球啪的一声就分开了。

这一下，所有人都服气了，人们争相传颂"马德堡半球"实验的神奇。从此，大气压强成了基本常识，研究大气的人越来越多，很多人都试图利用大气压强来推动活塞做功，从而促成了蒸汽机的发明，此是后话不提。

话说法国有一位科学家，名叫布莱瑟·帕斯卡（1623—1662），他听闻托里拆利的实验后，也非常感兴趣。1646 年，他找人定做了两根长约 12 米的玻璃管，把它们固定在船桅上，分别用水和葡萄酒做托里拆利实验。果然，水柱停留在了 10 米左右，而葡萄酒的密度比水小，所以酒柱比水柱更高一些。

1648 年，帕斯卡让人帮忙在相差 1000 多米的山顶和山脚下各

布莱瑟·帕斯卡

做了一次托里拆利实验，结果发现，在山顶上管内的水银柱比山脚下低了 8.5 厘米，由此证实了大气压强确实是随高度变化的。因为山顶上承载的大气层厚度比山脚下薄 1000 多米，所以压强小。

帕斯卡在研究托里拆利实验的过程中，又有了新的发现。他注意到大气压强是作用在水银槽的外液面上（见图 12-1），并没有直接作用在管内的水银上，但是管内的水银柱被托住了，这就意味着压强是可以在液体内部传递的，液体能把受到的大气压强传递到相同高度的液面上。而且，无论玻璃管是粗是细，水银柱的高度都是 76 厘米，说明水银柱产生的压强与水银的重量无关，只与水银的高度有关。也就是说，液体内部的压强只取决于深度，与体积无关。

1648 年，帕斯卡为了宣扬他的发现，也像托里拆利和格里克一样，在公众面前进行了一次公开实验表演。

在一座小楼前，帕斯卡拿来一个装满水的密封得非常好的木酒桶，在顶端开一个小口，小口上接一根好几米长的细铁管，把接口处密封。然后，帕斯卡站在楼上拿着一杯水，慢慢地往管子里倒水。他向人们宣称，根据他发现的理论，一杯水灌下去，酒桶就会被压破。围观的人们哄然大笑，连科学家们也纷纷摇头，一杯水不到 1 斤重，怎么可能压碎结实的木桶？

人们仰头观望，只见水杯中的水已经所剩无几，估计细铁管中的水位已经上升到二楼了，就在大家准备看帕斯卡的笑话时，突然，砰的一声，木酒桶轰然破裂，水从裂缝中喷涌出来。众人先是被吓了一大跳，然后面面相觑，说不出话来，一杯水竟然真的把大酒桶给撑破了！

原来，由于木桶里水的压强只与水的深度有关（见图 12-2），随着水位的上升，木桶距离液面顶端越来越远，受到的压强也越来越大，这个压强传递到桶壁上，就会产生巨大的压力，从而把木桶压裂。

帕斯卡的实验像马德堡半球实验一样让人震惊，让人们领会到了液体内部压强的威力。帕斯卡经过总结，于 1653 年写了一篇名为《论液体的平衡》的论文，文中指出，在密封液体内部，任何一点压强的增减都将等值地传递给液体内所有各点。这一重要的结论被后人称

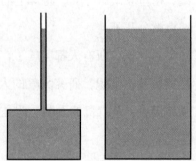

图 12-2　不同容器中水的压强（对于图中的两个容器，如果灌上相同高度的水，那么两个容器内深度相同的位置所受的压强是一样的）

为帕斯卡定律，或称静压传递原理。虽然液体和气体都是流体，压强也都是由于组成流体的大量分子不停地碰撞导致的宏观效应，但帕斯卡定律对于气体并不适用，因为气体是可以被压缩的，而液体不能被压缩。正是液体的不可压缩性及其流动性，才导致了帕斯卡定律的成立。帕斯卡利用自己发现的这一定律，提出了液压机的设想。

液压机原理如图12-3所示，在U形管中充满水，两端都放上活塞，由于压强的传递作用，在左边细管上施加一个力所产生的压强，将等值地传递到右边粗管的活塞上。两端的压强相等，这没什么奇怪的，但是，压强乘以面积就是压力，右边活塞面积比左边大几倍，产生的压力就大几倍，这样，我们就可以通过在左边施加很小的力而托起右边的重物，这就是液压机的原理。液压机就像杠杆一样，能用小力撬动重物，因此被人们形象地称为"液体杠杆"。

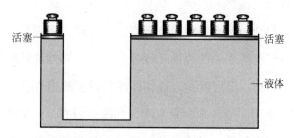

图12-3　液压机原理示意图（右边活塞面积是左边的5倍，所以在左边活塞上施加一个力，右边活塞上就能产生5倍的力。当然，右边活塞上升距离只有左边活塞下降距离的1/5，这是能量守恒原理的体现）

现在，液压机早已从设想变成了现实，成为人们生产生活中一刻也离不开的机械装置，如液压千斤顶、水力起重机、造船厂的万吨水压机、大型机械的液压传动系统，等等。正是：

> 液体杠杆威力大，一点压强万点传。
> 巧用帕斯卡定律，至柔之物也至刚。

帕斯卡从小体弱多病，身体一直不太好，39岁时就英年早逝了，但他所取得的成就却永垂于世。后人为了纪念他，用他的名字"帕斯卡"来命名压强的单位，简称"帕"（Pa）。

第十三回

壶盖跳动　气压也能生动力
矢志不移　瓦特改良蒸汽机

　　所有物体，包括固体、液体和气体，都是由原子或分子组成的。物体中的原子和分子并不是一动不动的，它们会一刻不停地做无规则的热运动，因而具有动能，它们的平均动能所产生的效果就是我们能感受到的温度。很显然，分子热运动越剧烈，分子的平均动能就越大，物体的温度就越高。温度就是表征物体冷热程度的物理量。

　　我们在生活中都习惯用温度计来测量温度，如测体温时，把温度计夹在腋下，过一段时间看读数就知道体温了。但是，温度计显示的是它自身的温度，为什么你能知道你的体温呢？因为我们知道，两个物体相接触时，冷的会变热，热的会变冷，直到二者的温度相等。没有人告诉我们这一点，但我们凭日常经验得到了这一规律。同样是测温度，我们知道，如果你用温度计测出来一杯水是 80 摄氏度，另一杯水也是 80 摄氏度，那我们说这两杯水温度相同。

　　读者要问了，这不都是废话吗，连小孩子都知道。但是，如果我告诉你刚才我已经说了两条重要的物理定律，你相信吗？

　　第一条定律叫热力学第零定律。该定律表明热平衡具有传递性。换句话说，就是如果 A 与 B 温度相同，C 与 B 温度相同，那么 A 与 C 温度一定相同。正是因为有了这条定律，我们才能定义温度。

　　第二条定律叫热力学第二定律。该定律表明：热量只能自发地从高温物体向低温物体传递，而不能自发地从低温物体向高温物体传递。也就是说，两个物体相接触时，冷的会变热，热的会变冷，而不会冷的更冷，热的更热。

　　好吧，这的确是两条无法违背的热力学定律。有人问了，什么叫热力学呢？我们知道，力学是研究物体运动的，同理，热力学就是研究热的运动的。热的运动会涉及能量交换，所以热力学揭示了能量转化的规律。

能量交换有两种形式：传热和做功。"热"即"热量"，是当一冷一热两个物体互相接触时，两者之间由于温度差别而交换的能量。"功"就是除了"热"以外以其他方式交换的能量。比如，你推着一个大箱子往前走，你就对它做了功，推得越远，你做的功就越多，你累得气喘吁吁，因为你失去了能量而箱子获得了能量。

又有读者要问了，热呀、功呀，这些概念都是怎么出现的？人们为什么要研究这些东西呢？这可就说来话长了，研究这些东西的起因，要从人类工业史上的一项伟大发明——蒸汽机说起。

自古以来，人们干活都得靠力气，虽然发明了很多机械，但除了少数用到水力和风力，大部分得靠人力或畜力做功来驱动。马匹当然比人力气大，拖拉重物也比人更厉害，所以当时有"马力"这个功率单位（功率就是单位时间内做的功），1 马力等于每秒钟把 75 公斤的重物提升 1 米所做的功。

马匹力气再大，其实也做不了多大功，你想想上一回的"马德堡半球"实验，16 匹马组成的两支马队都拉不开被一个大气压压住的铜球壳。随着生产力的发展，人们对动力的需求越来越迫切，可是，除了人和马，还能找到别的动力吗？

却说几百年前，在英国的一个小镇上，一个小男孩正待在祖母家里，聚精会神地盯着炉火上烧着的一壶开水。水已经烧开了，开水在沸腾，壶盖在一上一下地跳动着。祖母从屋子外边进来了，她急急忙忙走过来，同时嘴里还唠叨着："你这个孩子啊，整天盯着这个壶看，水开了也不知道喊奶奶一声，真不知道你的小脑瓜里在想什么。"

奶奶正要把水壶从炉子上拿下来，小男孩突然喊道："奶奶别动！"

奶奶被吓了一大跳："怎么了？"

小男孩指着水壶问道："奶奶，你看这个壶盖会一上一下跳动！这是为什么呢？"

奶奶捂着心口长吁了一口气："你可吓死我了！傻孩子，这不是被水蒸气顶的嘛！水烧开了就会变成水蒸气，你看水壶上面这股白气，就是它把壶盖顶上去的。如果一直烧着，水就会全变成水蒸气跑掉，那时候壶就烧干了！"

"可是，壶盖是一上一下跳动的，既然水蒸气顶着壶盖，它为什么还会落回来呢？"小男孩认真地问道。

"这——"奶奶答不上来了，只好说，"从来都是这样的，没有什么为什么。"说罢，她摇摇头，把水壶从炉子上拿起来，干活去了。

小男孩仍然在出神地思索着，既然从来都是这样的，那其中一定有原因，他坚信。这个问题一直在小男孩头脑中萦绕着，直到他长大成人，他时时刻刻都想解开这个谜题。最后，随着知识的增长，终于有一天，他明白了其中的原因。原来，水壶烧水时，盖上壶盖之后，内部空间是密封的，这时水变成蒸汽会导致内部气体压强增大，大到一定程度，壶盖就会被顶上去。壶盖一开，热蒸汽马上跑掉一部分，同时冷空气进来导致部分蒸汽冷凝成水，于是内部气压瞬间减小，壶盖又掉下来。如此周而复始，壶盖就会一上一下跳动。根据这个原理，男孩长大后经过仔细研究，终于发明了蒸汽机。蒸汽机靠蒸汽气压提供动力，比人和马的力量大多了。蒸汽机的发明，推动了工业的机械化进程，从而导致了工业革命，可谓人类历史上最伟大的发明之一。

看到这儿，有读者会说，你别卖关子了，这个小男孩我知道，名叫瓦特，瓦特根据壶盖上下跳动而发明蒸汽机的故事脍炙人口，我们都知道。但是我要遗憾地告诉你，你错了。假如真有故事中这样一个小男孩的话，他的名字也许应该叫萨弗里。

1698年，英国工程师托马斯·萨弗里（约1650—1716）发明了蒸汽机，取名"矿工之友"，并申请了专利。他的蒸汽机基本就是一个大锅炉和大汽缸，当时用于把井水抽到地面。萨弗里蒸汽机的蒸汽装置和抽水装置混合在一起，也可以说就是一台抽水机。当时，英国皇家学会对这台抽水机进行了报道："萨弗里先生……以火为燃料，通过水蒸气的收缩来真空抽水。"

1712年，英国工程师托马斯·纽可门（1663—1729）对萨弗里蒸汽机进行了改进，在汽缸中增加了活塞与外部连杆，从而将蒸汽机自身与外部抽水机构进行了分离，制造出了如图13-1所示的蒸汽机，这就是纽可门蒸汽机。纽可门蒸汽机的效率虽然比萨弗里蒸汽机的大大提高，但其效率仍然很低。它被广泛用于矿井排水，一直使用了七八十年。

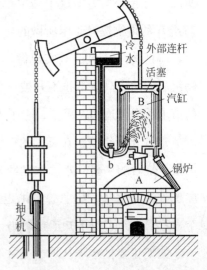

图13-1　纽可门蒸汽机原理（锅炉A烧的蒸汽从a阀门放入汽缸B，蒸汽压推动活塞上升；然后关闭a阀门打开b阀门喷入冷水，汽缸中蒸汽冷凝成水，内部气压急剧下降，于是外部大气压将活塞压入底部；然后再关闭b阀门打开a阀门，活塞又被顶上去；如此循环，活塞不断上下运动，完成做功冲程）

有读者要问了，这水蒸气到底有多大威力，怎么能带动庞大的机器呢？要想了解水蒸气的威力，我们看看高压锅就知道了，一旦高压锅的气孔被堵塞，内部气压急剧增大，它就会像一颗炸弹一样爆炸！假设 1 升水受热完全变成 100 摄氏度的饱和水蒸气，在一个大气压下（我们日常生活中的空气压强），其体积会达到 1675 升；如果这些水蒸气被限制在 190 升的容器中，其温度将达到 180 摄氏度，气压将达到 10 个大气压；如果这些水蒸气被限制在 50 升的容器中，其温度将达到 250 摄氏度，气压将达到 40 个大气压！由此可见，这水蒸气的威力绝对不可小觑。

事实上，对于一定质量的某种理想气体，[（压强 × 体积）÷ 温度] 是一个定值，可以据此简单计算状态变化时压强、体积、温度三者之间的关系。理想气体是可以忽略分子体积以及分子之间相互作用的气体，但对于水蒸气来说，水分子之间的相互作用力及水分子本身所占的体积均不能忽略，因此，水蒸气的性质要比理想气体复杂得多。为此，人们编制出常用水蒸气的热力性质图表供查用，上述数值即为表中数据。

既然纽可门已经发明了蒸汽机，那传说中的瓦特发明蒸汽机又是怎么回事呢？让我们把目光投向 18 世纪的英国，去一探究竟。

却说在 1756 年，一个 20 岁的年轻人风尘仆仆地回到了家乡——苏格兰的格拉斯哥城。他刚刚从伦敦学艺回来，之前在伦敦的一家仪器制造厂当了一年的学徒，学会了满身手艺，现在回来想开一家自己的仪器制造店。这个年轻人就是詹姆斯·瓦特（1736—1819）。

詹姆斯·瓦特

不过，令瓦特没想到的是，他遇到了来自当地仪器行业工会的强大阻力，工会不允许他开店，不给他颁发许可证，理由是他仅仅学过 1 年的仪器制造，而行业工会规定，必须学够 7 年才能出师。瓦特气愤不已，却也无计可施。当地没有人知道，瓦特虽然只学了 1 年，可是他制造的罗盘、象限仪等仪器已经堂而皇之地摆在伦敦的柜台上售卖了，和熟练工制造的没什么差别。

瓦特的店开不成了，但这也许并不是一件坏事，他不得不去寻找新的工作。当地的格拉斯哥大学亟需一名仪器维修人员，瓦特前去应聘，小试牛刀就修好了几台坏了的仪器，于是他顺理成章地就被聘用了，学校还为他提供了一个专门的工作室，类似于一个校园修理铺，供他从事仪器制造和修理工作。从此，瓦特接触到了各式各样的仪器设备，发明创造的大门向他打开了。

1764 年，瓦特接了一个大活，学校里一个珍贵的纽可门蒸汽机模型损坏了，被送到瓦特这里修理。瓦特仔细研究了这台机器的工作原理，很快就把它修好了。但是在修理过程中，瓦特发现这台机器的效率非常低，活塞运动慢、能耗大，由此产生了改进蒸汽机的想法。他很快就找到了症结所在：汽缸被热蒸汽充满后，一喷冷水，温度就降下来了，如果再次充入蒸汽，新蒸汽首先要对汽缸重新加热，于是大量的热量被浪费在汽缸重新加热上，汽缸一冷一热耗费了大量热能，导致效率低下。

聪明的瓦特很快就找到了解决办法，那就是将蒸汽的冷凝过程从汽缸中分离出来，设计一个独立于汽缸外部的冷凝器。他借助抽气机使冷凝器保持真空，这样一来，打开冷凝器的阀门，汽缸里的蒸汽就会自动涌入冷凝器中冷却，从而使汽缸一直保持高温，大大减少了热损耗，提高了热效率。

瓦特很快就做出了模型，但是要想做成一台能投入实际应用的蒸汽机，还有大量的工作要做。瓦特最缺的就是资金，几经周折，他找到了一个煤矿老板罗巴克来资助他的研究。但是没过多久，由于经营不善，罗巴克的煤矿陷入了资金困境，提供给瓦特的经费也是断断续续，瓦特只好出售了自己的校园修理铺来维持研究经费。经过几年的努力，1769年，瓦特和罗巴克终于获得了这种新式蒸汽机的专利权，然而，由于锡制汽缸严重漏水，这一发明仍未能投入实际使用。雪上加霜的是，1773年，罗巴克的煤矿彻底破产了，瓦特失去了资金支持。同年，瓦特的妻子也去世了，这对瓦特又是一个重大打击。一系列的打击使瓦特感受到了命运的无情，一度心灰意冷，以至于他曾发出这样的悲叹："天下最愚蠢的事莫过于搞发明了。"不过，牢骚归牢骚，他并没有轻言放弃，他仍然在继续他的事业。

"山重水复疑无路，柳暗花明又一村。"1775年，转机来了，企业家博尔顿很看好瓦特的发明，他购买了罗巴克的专利股份，出资支持瓦特继续研制蒸汽机。这一次，瓦特找到了一个得力的帮手——铁器工匠威尔金森。威尔金森用他高超的镗床技巧，制造出了结实而严密的铁制汽缸，一举解决了原来锡制汽缸的质量问题。经过几年的艰苦工作，1780年，世界上第一台瓦特蒸汽机终于正式投入使用，这一年，距离瓦特造出新式蒸汽机模型已经整整过去了15年。有诗叹曰：

宝剑锋从磨砺出，梅花香自苦寒来。
成功之路多坎坷，精诚所至金石开。

迈入坦途之后，接下来，瓦特一发而不可收拾，持续对蒸汽机做出重大改进。1781年，他发明了行星齿轮传动系统，使活塞连杆的直线往复运动转化为圆周运动，从而可以把动力传给任何机械，可以用来带动车床和车轮等，使蒸汽机的应用范围大大拓展（见图13-2）。接着，瓦特又通过巧妙的设计，把原来一端靠蒸汽推动、另一端靠大气压推动的单向汽缸，改造成两端都靠高压蒸汽推动的双向汽缸，大大提高了热效率和活塞运行速度。1788年，瓦特又发明了离心调速器和节气阀，使整个蒸汽机系统实现了运转速度的自我调节，达到了自动控制的效果。

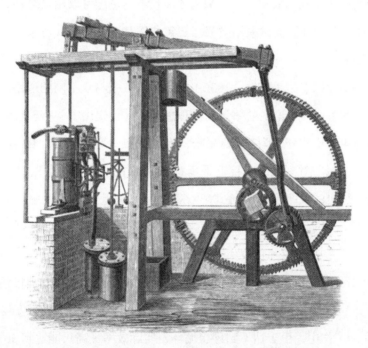

图 13-2　瓦特蒸汽机（锅炉在左侧矮墙下方，矮墙上是汽缸，矮墙右侧地面上是冷凝器和气泵，汽缸内的活塞通过外部连杆与右边的齿轮传动系统相连）

通过长达 20 余年的不懈努力，瓦特终于使纽可门蒸汽机演变成了完全不同的瓦特蒸汽机，由于瓦特所做的重大改进和创新，所以人们说瓦特发明了蒸汽机也并不为过。瓦特蒸汽机被广泛用于工厂、火车、轮船，取代了人力、畜力成为最广泛使用的动力装置，从此，人类进入了"蒸汽时代"。

1819 年 8 月 25 日，瓦特去世。后人为了纪念这位伟大的发明家，把功率的国际单位命名为"瓦特"，简称"瓦"（W），而原来的功率单位"马力"已经退出历史舞台了。

瓦特去世了，但改进蒸汽机及提高热效率的研究还在继续。蒸汽机是一种利用热来做功的机器，是将热能转化为机械能的机器，随着蒸汽机的普及，越来越多的人开始从理论上研究热机效率，并进而出现了热力学这门学科。

在热机中，被利用来吸收热量并对外做功的物质叫作工作物质，简称工质，比如蒸汽机的工质就是水。各种热机都是重复地循环着某些过程而不断地吸热做功。比如，蒸汽机中，一定量的水先从锅炉中吸热变成高温高压的蒸汽，然后进入汽缸对外做功，同时蒸汽温度、压强下降成为废汽，然后废汽进入冷凝器再次凝结成水，最后用泵将它压回锅炉中，这就完成了一个循环。

当时，蒸汽机热能利用效率很低，只有5%左右的热能可以用在对外做功上，其他全耗散掉了。因此，工程师们尝试采用空气、二氧化碳甚至乙醇来代替水，试图找到一种最佳工质来提高效率。

但是，法国工程师卡诺（1796—1832）却选择了一条与众不同的道路，他不去研究具体工质，而是去思考一种理论上效率最高的理想热机。他提出了一种理想状态下的循环过程，这种循环的4个步骤分别为：等温膨胀、绝热膨胀、等温压缩、绝热压缩。在这个理想的循环过程中，每一时刻系统都接近平衡状态，整个过程无限缓慢。可是，即使这样，卡诺计算出来，热机的效率也达不到100%。他发现，理想热机的效率与工质和热机种类都没有关系，唯一决定效率的，是温度差。热机的最大效率 =（1- 低温与高温的比值）×100%。显然，高低温比值越大，效率越高。现代热电厂要尽可能提高蒸汽的温度，就是这个道理。比如，现代热电厂蒸汽的温度高达580摄氏度，冷凝水温度约为30摄氏度，按卡诺循环计算，其效率上限为（1-303/853）×100%=64.5%（摄氏温度变换为热力学温度计算）。但实际工作中，由于达不到理想循环，实际效率最高只能达到36%左右。

除了热力学的理论研究，人们对于热机也在不断改进，后来又发明了蒸汽涡轮机、燃气轮机、内燃机等动力装置，这一切，都要归功于蒸汽机使人们发现了高压气体的强大做功能力。正是：

莫道气体轻飘飘，高温高压动力强。

取代人力和马力，工业革命挑大梁。

第十四回

向天引电　风筝实验惊心魄
闪电入地　大楼竖起避雷针

蒸汽机的发明和应用，使人类进入了"蒸汽时代"。而接下来，随着物理学家们对于"电"的研究的深入，人类又迈入了"电气时代"。下面，我们就来看看人类在征服电的过程中发生的那些激动人心的故事吧。

话说 1752 年，在英属北美殖民地的一座城市——费城郊外，有一对父子正在忙碌着。阴沉沉的天空中乌云密布，一场大雷雨眼看就要来了，这种鬼天气，人们早已躲到了家中，这荒郊野岭里更是一个人影都见不着，可是这对父子却兴奋异常，在忙着摆弄一个风筝，他们要放风筝！

你可千万别以为这是一个荒唐的年轻父亲在带着小孩子玩耍，这对父子中的父亲已经 46 岁，儿子也已经成年，他们都知道在雷雨中放风筝意味着什么。但是，他们就是要冒着生命危险来做一个实验，他们要验证闪电的本质！想必你也猜到了，这位父亲就是大名鼎鼎的电学专家——本杰明·富兰克林（1706—1790）。

本杰明·富兰克林

自古以来，人们就对闪电相当畏惧，阴沉的天空中，那一道道从天而降的耀眼霹雳仿佛是老天在发怒，没有人知道电闪雷鸣是怎么回事，在人们眼里，闪电是一种颇为神秘的自然现象。但是富兰克林却向世人宣布，闪电没什么特别的，它和人们生活中看到的电火花一样，都是一种放电现象，不过强度特别大而已。

这种说法令人们半信半疑。那时候，人们早已知道摩擦起电现象，并且发明了一种摩擦起电机。发明者不是别人，正是"马德堡半球"实验的完成者——德国马德堡市市长格里克。1660 年，格里克做了一个带有木柄的大硫磺球，形状就像一个大铜锤一样，他把硫磺球放在一个木制的托架上，用左手转动木柄让硫磺球旋转，右手按在球面上，通过手掌与硫磺球的摩擦产生静电荷。当他把带电的硫磺球放到羽毛附近时，周围的羽毛纷纷朝它飞来，被吸在上面；当他用手指靠近硫磺球时，会发出噼噼啪啪的闪光。后来人们又用中空的玻璃球代替实心硫磺球做成摩擦起电机，用手按在玻璃球上快速旋转时，玻璃球内产生的电火花能把整间黑屋子都照亮。

现在，富兰克林告诉人们，天上的闪电和人们摩擦出来的电火花是一样的性质。为了证明他的观点，他要冒险在雷雨天做风筝实验。

起风了，富兰克林父子俩赶紧迎风跑动起来，试了几次以后，风筝终于被放到了高空中，趁雨还没下，他们躲避到一间早已搭好的棚子中，抬头观察着风筝。他们的风筝和普通的风筝有一点区别，主体是两根十字交叉的木条，木条上固定了一根细长的金属丝，一条长长的绳子作为风筝线和金属丝相连，绳子下端挂了一把钥匙（见图 14-1），绳子末端又连着一条丝绸手帕，手就握在手帕上。金属丝是用来吸引闪电的，钥匙是用来验证电的。虽然富兰克林认为，手握的那条丝绸手帕可以起绝缘作用，以防电流击中人体。事实上，丝绸虽是绝缘体，但受潮就可以导电，且很容易被闪电的高压电场击穿，并不安全。

图 14-1　富兰克林的风筝

空气中的湿气越来越重，富兰克林的儿子威廉轻轻晃动着绳子，以保持风筝的姿态。父子二人在心中祈祷着，希望风筝能在大雨来临之前把雷电吸引下来，否则风筝被雨浇湿落地，实验就做不成了。他们焦急地抬头仰望着天空，突然，一道亮光闪过，绳子上的细纤维一瞬间都竖立了起来，就像突然长毛了一样。威廉喊道："爸爸，快看！"富兰克林冷静地点点头："天电被引下来了！钥匙上已经带电了。"说着，他小心的用手指靠近钥匙，果然，劈劈啪啪的电火花在他的手指和钥匙之间跳动起来。

威廉兴奋地叫道："真的是电！爸爸，你成功了！"

富兰克林笑了，他拿出早已准备好的莱顿瓶，把钥匙上的电荷收集到瓶中，对威廉一挥手："把风筝扔掉，撤！"

威廉一松手，风筝就被狂风卷跑了。父子二人拿着莱顿瓶，骑着马赶回了家中，刚到家，瓢泼大雨就下了起来，这个堪称史上最危险的实验，终于有惊无险地完成了。

有读者要问了，富兰克林拿的莱顿瓶是什么东西呢？它是人类发明的最早的电容器，是由荷兰莱顿大学的研究人员在 1746 年发明的。简单来说，莱顿瓶就是一个玻璃瓶，瓶子里外各贴一层金属箔，这样两片金属箔和夹在中间的玻璃就构成了一个电容器（见图 14-2）。瓶里的金属箔需要通过导线从带有木塞的瓶口引出一根引线，这样才能方便充电和放电。这小小的莱顿瓶可是一个大发明，因为当时人们虽然能用摩擦起电机产生电荷，但却没法收集这些电荷，而莱顿瓶却能做到这一点，把摩擦起电机产生的电荷导入莱顿瓶，就能进行电学研究。

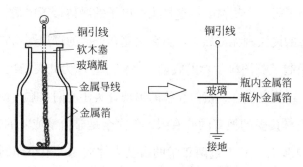

图 14-2　莱顿瓶及其对应的电容器充电原理（将莱顿瓶外面的金属箔接地，将摩擦起电机的一极接于铜引线上，即可对莱顿瓶进行充电，使莱顿瓶内外的金属箔上积蓄等量的异号电荷）

现在我们知道，只要在两个相距很近的金属板中间隔一层绝缘体就可以做成电容器。当给电容器的两个极板之间加上电压时，电容器就会储存电荷，一个极板带正电，另一个极板带负电。用导线连通电容器的两个极板，电容器就会放电。在那个流行公开实验表演的年代，法国电学家诺莱特就组织过一次莱顿瓶放电表演。1748 年，诺莱特在巴黎街头让几百名修道士手拉手站成一圈，他让队首的修道士拿住一个充了大量电荷的莱顿瓶，然后让队尾的修道士去碰触莱顿瓶的引线。队尾的人刚拿住引线，莱顿瓶放出的电流瞬间穿过几百名修道士的身体，使他们全都滑稽地跳了起来。在观众们的笑声中，诺莱特使人们见识到了电流的巨大威力。

却说富兰克林回家以后，别的什么都顾不上，赶紧把收集到闪电的莱顿瓶放在桌子上，开始了常见的电学实验。这些实验证明，从闪电中引入莱顿瓶的电荷和用摩擦起电机产生的电荷是完全一样的，他破解了闪电的秘密！

富兰克林并非心血来潮要研究闪电，在此之前，他早已是一个电学专家。电荷分为正电荷和负电荷就是他提出来的，电荷守恒原理也是他提出来的。1733 年，法国科学家杜菲通过实验区分出两种电荷，称之为"松脂电"（即负电荷）和"玻璃电"（即正荷），并发现了静电力的基本特性：同性相斥，异性相吸。1747年，富兰克林提出一个假设，他假设物体中都存在一种所谓的"电基质"，摩擦生电的时候，一部分"电基质"从一个物体转移到了另一个物体上，这样一个物体就带了正电荷，另一个物体就带负电荷，二者是等量的。富兰克林指出，电基质只能被转移而不能被创生，这就是电荷守恒原理。

那时候，人们还没有原子的概念，更不知道原子里含有电子了，所以说富兰克林的理论在当时来说是相当先进的。现在我们知道，电子带负电荷，摩擦生电的时候，一部分电子从一个物体转移到了另一个物体上，这样失去电子的物体带正电荷，得到电子的物体带负电荷，和富兰克林的说法别无二致*。当富兰克林把他的理论写信告诉远在大洋彼岸的英国皇家学会时，引起了英国科学界的震动，他们一直以为北美殖民地的人受教育有限，压根没料想那里的人还能搞科学，富兰克林的出现着实让他们大吃一惊。

事实上，富兰克林接受的教育的确有限，他完全是靠自学成才的！ 1706年，富兰克林出生在波士顿。12岁时，只上过两年学的富兰克林成为一个小印刷厂的学徒工。印刷厂虽然工作繁忙，但它却是一个现成的图书馆，各式各样的书都有。聪明好学的富兰克林在闲暇时间阅读了大量书籍，学到了很多知识。17岁时，富兰克林放弃学徒身份，辗转到了费城，找合伙人一起开办了一个属于自己的印刷厂。21岁时，富兰克林发起组织了一个名叫"共读社"的团体，成员们在一起读书、讨论，话题涉及有关自然科学和社会科学的各种问题，这个团体一度在当地颇有名气。随着财富与知识的积累，到富兰克林40岁时，他终于有了时间和资金来搞研究，第二年，他就一鸣惊人，提出"电基质"假设和电荷守恒原理，震动了英国皇家学会。有诗赞曰：

> 虽然上学只两载，刻苦自学久为功。
> 四十不惑探物理，大器晚成世人惊。

1752年10月，富兰克林把风筝实验的结果写信告诉了英国皇家学会，这一危险而神秘的实验让皇家学会彻底折服，很快，他就被授予皇家学会会员的资格。

---

* 注：原子由原子核和电子组成，原子核由质子和中子组成，质子带正电荷，中子不带电荷，电子带负电荷。由于电子是一个一个的，所以无论失去电子的物体还是得到电子的物体，其电荷量都是电子电荷量的整数倍，因此电子电荷量被称为元电荷，用 e 表示。

富兰克林早就认识到金属丝容易吸引电荷放电，风筝实验很好地证明了这一点。对这种"尖端放电"现象的认识促使富兰克林提出了他一生中最重要的发明——避雷针。1753年，他写了一篇文章《如何保护房屋免遭闪电破坏》。文中指出，只要把一根尖尖的金属杆立在屋顶，通过导线将金属杆与地面连接，如果附近有闪电，就会被金属杆的尖端吸引过来，并顺着导线流进大地中，这样房屋就不会被闪电击中。

避雷针安装起来太简单了，很快就在当地传播开来，人们发现，装有避雷针的房屋，真的不会遭受雷击了。人们纷纷称赞富兰克林的神奇，这一小小的装置也一传十、十传百，相继传到英国、法国、德国，最后普及到世界各地。从此，人类的建筑物再也不怕被雷击了。

避雷针的发明让富兰克林的声望达到了顶点，他的风筝实验也被人们传得神乎其神，把他誉为向天取火的"第二个普罗米修斯"。但是，当时人们可能没有意识到，这是一个极其危险的实验。1753年7月，俄国电学家李奇曼试图通过类似的实验来测量雷雨云携带的电荷量，结果被顺着导线传导下来的电流击中身亡。他用生命为代价让人们认识到了这个实验的可怕。

现在我们知道，闪电是天空中带有正电荷和带有负电荷的云层之间或带电云层与地面之间产生的一种击穿空气的放电现象。在雷雨天，含有冰晶、霰粒和过冷水滴的雷雨云中会聚集大量电荷，当电场足够强大时，就会击穿空气放电，发出耀眼的闪光。闪电电流能将空气加热到几万摄氏度，会导致空气电离，而且迅速膨胀的空气会发出雷声。闪电的电压高得吓人，竟然能达到几亿伏，所以，风筝实验是无比危险的。

2006年，美国一档科学电视节目《流言终结者》对富兰克林的风筝实验在实验室进行了验证，结果发现，使用48万伏特的电压就能使风筝线上产生足以致人死亡的电流。实际闪电的电压是48万伏特的成百上千倍，所以李奇曼被电击身亡实际上是不可避免的悲剧。那么，富兰克林到底是如何逃过一劫的呢？人们众说纷纭，但是《流言终结者》的另一个实验却给了我们启示。这档节目发现，把富兰克林的风筝放到天空，即使是大晴天，风筝线也能把云层中的电荷传导到钥匙上，获得微弱的电流。如此看来，富兰克林的风筝很可能只是引起了雷雨云的尖端放电，并非我们想象的那种电闪雷鸣般的闪电。不过，即便如此，也并不妨碍他在电学上取得的伟大成就。

1757年，富兰克林凭借他多年来积累的巨大声望步入政界，成为一名外交家，为美国的独立而奔走。他频繁前往英国谈判，前往法国争取支持，为美国最终脱离英国而独立做出了巨大贡献。但是，令他伤心的是，他的儿子威廉却选择支持英国。在整个美国独立战争期间，威廉都被关在监狱里。独立战争结束后，威廉离开了美国，去往伦敦度过了他的余生。父子二人虽然最终分道扬镳，都给对方造成了巨大痛苦，但他们所做的风筝实验却成为科学史上的一段佳话，广为流传，脍炙人口。对富兰克林父子而言，这也许是最好的慰藉吧。

第十五回

扭秤实验　库仑巧妙测电力
库仑定律　平方反比显神奇

在富兰克林的时代，人们对电荷有了最基本的定量认识，比如说像富兰克林提出的电荷守恒原理，就使人们认识到正负电荷是等量产生的。那时候，虽然人们并不知道原子以及电子*，对正电荷和负电荷的来源并不了解，但是当时已经认识到电荷有最基本的单位，一个物体所带电荷数量（即电荷量，旧称电量）的多少是由最基本的电荷单位积累而成的。这时候，对于这种同性相斥、异性相吸的神秘电力，人们已经不满足于定性的观察，而希望类似万有引力用万有引力定律描述一样，找到一个能定量描述电力作用的定律。

当时，不少人都猜测，磁力和电力可能和万有引力一样，也服从平方反比规律。

英国科学家约翰·米切尔（1724—1793）在1751年发表了一篇论文《论人工磁铁》，其中写道："每一磁极吸引或排斥，在每个方向，在相等距离，其引力或斥力都精确相等，并按磁极距离的平方的增加而减少。"简单来说，他提出磁力服从平方反比规律。但是这只是他的猜测，他在论文中也提到他并没有做足够的实验来下精确的定论。我们都知道，磁铁有南极（S极）和北极（N极），但是每一块磁铁的磁极都是一个区域，那磁极的精确位置到底如何确定呢？这些米切尔并没有提到。既然如此，他为什么敢下"平方反比"的结论呢？显然他的心中早已认定了万有引力的平方反比模式是普适的，从而敢于通过类比做出大胆的猜想。

同样，在1760年，瑞士物理学家丹尼尔·伯努利（1700—1782）也提出了电力服从

---

*　注：原子中电子带负电荷，质子带正电荷，电荷量大小都为 e（$e \approx 1.6 \times 10^{-19}$C）。因为正、负电荷相互抵消，所以原子是电中性的。任何带电体所带电荷量都是 e 的整数倍，所以 e 是电荷的基本单位。

平方反比规律的猜测。

伯努利大家一定听说过，他就是著名的"流体力学之父"。伯努利家族在当时可是赫赫有名，他们一家三代产生了 8 位数学家和科学家。这个家族原来居住在荷兰，后来迁居到了瑞士。伯努利的父兄都是数学家，他自己也在 25 岁就被聘为了俄国圣彼得堡的数学教授。33 岁那年，伯努利返回瑞士巴塞尔，在那儿成为解剖学和植物学教授，最后又成为物理学教授。

正因为伯努利做过解剖学教授，所以他研究流体力学竟然是从研究血液的流速与血压的关系开始的。当时人们已经发现了血液循环现象，即血液会在心泵的作用下循一定方向在心脏和血管系统中周而复始地流动。伯努利对血液循环很感兴趣，他认为血液在血管中流动，就有流动速度，心脏既然是一个血泵，就一定有压强，于是他发明了一种测量血压的方法。把一根很细的玻璃管插入人的动脉中，并使它保持垂直，这样，根据血液涌入玻璃管内的高度就能测得血液的压强。这种测量血压的方法虽然痛苦，但是准确度很高，在伯努利之后应用了 170 年之久。一直到 1896 年，一位意大利的医生发明了现在使用的血压计，伯努利的方法才被淘汰。

伯努利为了研究血液的流速与血压的关系，用玻璃管做实验，结果发现在粗细不同的一根管子里，越细的部分压强越小。如图 15-1 所示，玻璃管中间有一段较细的部分，伯努利就像测血压一样，在粗管和细管上方开孔插入竖直的玻璃管来测量水压。让水从左端流入，到细管部分时，水的流速一定更大，这是因为流过管内任一截面的水的体积不变，所以截面小的地方流速必须更快。结果伯努利发现，管子越细的部分压强越小，也就是说，流速越快压强就越小。当流速快到一定程度时，细管部分的压强可以降到大气压以下，这时空气就会被吸进管子里去［见图 15-1（b）］。

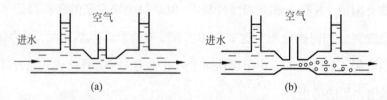

图 15-1 管道中水流速度与压强的关系（测压管中的水柱越高，说明压强越大）

就这样，伯努利发现了流体力学的一个普遍规律——流体的流速越大，压强越低。这个规律后来被称为伯努利原理。流体是液体和气体的统称，也就是说，伯努利原理对气体和液体都是适用的。正是依靠伯努利原理，后来人们在做飞机的机翼时，把机翼的上表面设计成弧形，这样，飞机起飞的时候，由于机翼上表面的空气流线长、流速大，空气气压就低，造成大气压强下高上低，从而把飞机推到天上去*。

　　1738年，在伯努利38岁的时候，他出版了一部著作《流体动力学》，从而成为流体力学的开山鼻祖。在这本著作中，他提出了著名的伯努利方程，这是一个描述流体流速、压强、势能之间关系的流体运动方程，由此方程即可推导出伯努利原理。

　　闲言少叙，书归正传。却说这伯努利从一个数学家变成一个解剖学家，又变成一个植物学家，最后又变成物理学家，可见其兴趣之广泛。成为物理学家以后，他的研究范围也十分宽泛，如前所述，他是第一个提出电力也服从平方反比规律的人，但是，和米切尔一样，他也缺乏严谨的实验证据。

　　时间来到了1784年，这一年，法国物理学家查利·奥古斯丁·库仑（1736—1806）开始研究静电力的作用问题。

　　库仑于1736年6月14日出生于法国西南部城市昂古莱姆。库仑小时候家境优越，受到了良好的教育，中学毕业后，先后就读于马扎兰学院和法兰西学院。库仑非常喜欢数学，他把大部分时间用在演算数学题和阅读数学书籍上。但这时候，他的家庭发生了变故，父亲生意失败，库仑的生活变得拮据起来。

查利·奥古斯丁·库仑

为了继续求学，也为了减轻家庭负担，他决定报考军校，去当工程兵。1760年，库仑考入梅济耶尔皇家军事工程学院，两年后顺利毕业，取得了陆军中尉的军衔。

　　1764年，库仑被派到西印度群岛的马提尼克岛，负责修建港口的军事要塞。库仑负责指挥修建的波旁要塞有1200多名工人，工程规模很大，在修建过程中很多人丢掉了性命，库仑自己也多次生病而徘徊在生死边缘，好在他终于挺过来了。库仑在这里干了8年，虽然工作异常艰苦，但他在修建要塞的过程中得到了锻炼，成长为实力过硬的军事工程专家，也为他后来从事力学研究奠定了坚实的基础。

　　1772年，库仑奉调回国，这一年，他以修建波旁要塞的经验为基础，撰写了一篇重要的建筑力学论文《论极大和极小法则在建筑力学中的应用》。在该论文中，库仑把极大

─────────────

*　注：飞机飞行除了利用伯努利原理，还有一个重要的动力，就是飞机与空气的作用力与反作用力。飞机飞行时机头略向上昂，机身对空气形成挤压，空气就反过来挤压飞机，这时候就会形成升力。飞机向上的倾斜角度称为迎角，迎角在十几度时飞机升力最大。正因为有迎角，飞机上下颠倒倒着飞也不会掉下来。

和极小原理应用于确定土压力，并由此发展出了当时最为先进的挡土墙理论。所谓挡土墙理论就是研究填土对墙壁压力的理论，是土力学的一项基本理论。现今有关教科书上所使用的挡土墙理论公式就是经过变换的库仑公式。

1779年，库仑又被调往罗什福尔督造工事。在这期间，他在当地的造船厂里进行了一系列摩擦实验研究。1781年，他写成《简单机械理论》一文，提交给法国科学院。这篇论文荣获了当年科学院一项与摩擦力有关的悬赏大奖，库仑也因此在同年当选为法国科学院院士。

摩擦是日常生活中很常见的一种力学现象，两个相互接触的物体在外力作用下沿接触面方向发生相对运动或具有相对运动趋势时，就会产生摩擦。如果只有相对运动趋势，叫静摩擦；如果产生相对运动，叫动摩擦。在《简单机械理论》在这篇论文里，库仑提出了关于滑动摩擦力的库仑摩擦定律：摩擦力的大小与垂直作用在接触面上的力的大小成正比，而与接触面积的大小无关*。对于摩擦力的成因，库仑解释为：物体表面都有粗糙度，两表面由于粗糙处相互啮合以致不能分开，所以当发生相对运动时，互相交错啮合的凸凹部分将阻碍物体的运动，摩擦力就是所有这些啮合点切向阻力的总和。在现代摩擦理论出现之前，库仑的摩擦理论一直处于统治地位，达一个半世纪之久。

1781年是库仑生活和事业上的一个重要的转折点，这一年，45岁的库仑不仅当选为科学院院士，而且被批准定居巴黎，并组建了自己的家庭。从此，工程兵库仑变成了一名正式的物理学家，可以把主要精力用于物理研究。

1784年，库仑开始研究静电力的作用问题。在我们日常生活中，最常用的力的测量工具是弹簧测力计，它是一种利用弹簧的形变与外力成正比的关系制成的测力装置。弹簧上端固定，下端和钩子连在一起，用力拉钩子，弹簧即伸长，力的大小即可从弹簧拉伸的距离读出。显然，要测量两个带电体之间的作用力，靠弹簧测力计是不行的，所以，摆在库仑面前的最关键的问题，是需要设计一种力的测量装置。弹簧测力计是利用弹簧的弹性形变来测力，而要想测量两个带电体之间微弱的作用力，需要一种更灵敏的弹性形变装置，经过精巧的构思，库仑发明了一种扭秤，这个扭秤可以测量 5×10^{-8} 牛的力。所谓扭秤，就是利用金属丝的扭转弹性来测量力的工具。他在一根长长的悬垂金属丝下

---

* 注：现在人们发现，对于某些极硬材料如金刚石，以及对于某些软材料如聚四氟乙烯，摩擦力与其所受垂直方向的力不呈线性关系。对于弹性材料和黏弹性材料，摩擦力和接触面积的大小也存在一定关系。

面挂上一根绝缘横杆，横杆的一端有一个小球 A，另一端贴一块圆纸片以保持横杆平衡（见图 15-2）。

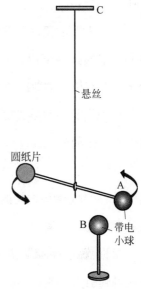

　　当时，为了让物体带电，共有三种方法，分别是摩擦起电、感应起电以及传导起电。为了让小球带电，库仑采用了传导起电的方法。库仑让一个与 A 相同的小球 B 带电，然后使 B 与 A 接触一下后分开，这样 B 带的电荷就分了一半给 A，两球带等量同号电荷。A 和 B 都带电以后，就可以测量静电力了。用 B 靠近 A，两球相互排斥，悬垂的金属丝就会扭转一个角度。悬丝顶端 C 处是一个螺旋测角器，旋转这个测角器使小球 A 回到原位，就能测出金属丝的扭转角度。金属丝有韧性，这个扭转属于弹性形变，扭转力矩与扭转角度成正比。随着 B 与 A 距离的不同，扭转角度就不同，这样可以研究静电力与两球距离的关系。

图 15-2　库仑扭秤示意图

　　经过仔细研究，库仑得出了结论：带同号电荷的两球之间的排斥力，与两球中心之间距离的平方成反比。他还同时得到了静电力与两球电荷量的乘积成正比的结论。1785 年，库仑发表论文，宣布了他的结论。

　　紧接着，库仑开始研究异号电荷之间的吸引力，但是，分别带正电荷和带负电荷的两个小球一不小心就会吸在一起，导致电荷中和而无法测量。于是，库仑发明了一套新的测量装置——电摆。他巧妙地通过测量电摆的振动周期来确定力与距离的关系，最终得出结论：带异号电荷的两球之间的吸引力，也与两球中心之间距离的平方成反比。

　　1787 年，库仑宣布了他的实验结果，至此，人们终于从实验上证明了静电力的平方反比规律，而不是仅仅靠猜测。同时，这一规律也被命名为库仑定律——真空中两个静止的点电荷之间的相互作用力，与它们的电荷量的乘积成正比，与它们的距离的平方成反比，作用力的方向在它们的连线上。库仑定律的问世，使电学研究从定性阶段进入定量阶段，从而奠定了静电学的理论基础。从此以后，静电力也被称为库仑力。

　　库仑定律的公式如下：

$$F = k\frac{q_1 q_2}{r^2}$$

式中，F 为真空中两个点电菏之间的静电力，k 为库仑常量，也叫静电力常量，q_1 和 q_2 分别为两个点电荷所带的电荷量，r 为它们之间的距离。

不久以后，库仑又通过扭秤法和摆动法测量了磁力，证明了磁力也与距离的平方成反比。

库仑发明的扭秤，不但对电力和磁力研究起了大作用，它还启发同时代的英国科学家亨利·卡文迪什（1731—1810）设计了一个测量万有引力的大型扭秤。1798年，他首次测出了万有引力常数以及地球的质量，成为"称量地球第一人"。

话说当年牛顿虽然发现了万有引力定律，但是引力常数到底是多大，却不得而知。万有引力定律的公式如下：

$$F = G\frac{m_1 m_2}{r^2}$$

式中，F 为两个物体之间的引力，m_1 和 m_2 分别为两个物体的质量，r 为两个物体之间的距离，G 就是万有引力常数。

根据公式，如果知道了两个物体的质量和距离，只要精确测定出二者之间的万有引力，就能得到引力常数 G。可是，万有引力太弱了，它的相对强度比电磁力还小30多个数量级，测量是极其困难的。比如，两个1公斤重的铅球，当它们相距10厘米时，相互之间的引力只有百万分之一克力，即使是空气中的尘埃，也能干扰测量的准确度。

卡文迪什是剑桥大学的成员，得知库仑发明扭秤之后，意识到可以利用扭秤来测量万有引力。但是，经过试验，他发现由于万有引力实在太弱，悬丝的扭转角度根本测不出来，怎么办呢？有一次，卡文迪什偶然间看到一个小孩子正在拿着一面小镜子反射太阳光玩，小镜子只要稍一转动，远处光点的位置就有很大的变化。卡文迪什一瞬间就想到了他的实验，借助小镜子就能使悬丝的扭转角度得以放大！1798年，67岁的卡文迪什改进了扭秤的设计，终于巧妙而准确地测定出了万有引力，并由此得到了万有引力常数（见图15-3）。得到了万有引力常数，就可以用任何一个物体所受的重力（即这个物体和地球之间的万有引力）来计算地球质量，卡文迪什算出来的地球质量是 5.976×10^{24} 公斤。现代科学家计算地球质量时，以旋转椭球作为地球模型，并进一步考虑了地球内部温度、压力的变化和物质分布不均等因素，结合动力学分析，最终得到的地球

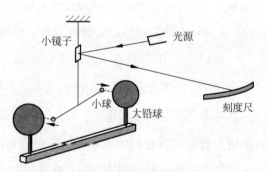

图 15-3 卡文迪什扭秤实验（两个悬挂的小球被两个质量几百公斤的大铅球吸引，使悬丝发生扭转，扭转角度通过光线反射得以放大，从而能精确地计算小球和大铅球之间的万有引力）

质量为 5.9472×10^{24} 公斤。可见 200 多年前卡文迪什的实验精度还是非常高的。

　　各位读者，你说万有引力、电力、磁力为什么都服从平方反比规律呢？这其中是否有什么神秘的联系？后来人们发现，平方反比关系适用于信号从一个点信号源向周围均匀传播的所有现象，如灯泡发出的光、台球撞击发出的声音、炉火发出的热量，等等。为什么会这样呢？人们逐渐认识到，平方反比规律与我们生存在三维空间有关。因为一个点发出的信号呈球面向四周扩散，当距离 r 增加时，球面面积按 $S=4\pi r^2$ 以平方规律增长，因此，信号强度就以平方反比关系衰减（见图 15-4）。这是由三维空间的几何性质决定的。正是：

平方反比显神奇，源于空间只三维。

假使空间多一维，反比变成三次方。

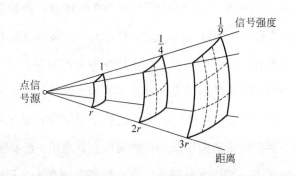

图 15-4　点信号源的信号强度以平方反比关系衰减

　　1789 年，法国大革命爆发。1791 年，国民议会开始着手解散或改组旧王朝制度下的机构。1793 年 8 月，法国科学院被撤销，库仑被免除了职务，并于同年 12 月和拉瓦锡、拉普拉斯等人一起被清除出国家标准计量委员会。1794 年，"现代化学之父"拉瓦锡作为包税官被送上断头台，库仑则回到乡下过起了隐居生活。1795 年 12 月，库仑重新当选为新成立的法兰西研究院的实验物理院士，他又重新回到巴黎。1799 年，拿破仑发动雾月政变，上台执政。1801 年，库仑当选为法兰西研究院的院长。1802 年，拿破仑任命库仑为教育委员会督察官，这期间，库仑为法国公立中学教育系统的建立做出了重要贡献。1806 年 8 月 23 日，库仑病逝，享年 70 岁。为了纪念库仑的贡献，后人把电荷量的单位命名为"库仑"，简称"库"（C）。

第十六回

电势有序　伏打发明起电堆
慧眼识珠　戴维发现法拉第

　　库仑定律的发现，是电学研究的一大突破，但这仍然属于静电学的研究范围，研究的是静止电荷以及它们之间的相互作用，而让电荷运动起来形成电流进行研究，在当时还是一个难题。我们现在看来稀松平常的"电流"，在 200 多年前却像脱缰野马一样让人难以驾驭，人们根本没办法获得平稳而持久的电流。费好大劲给莱顿瓶充上电，一放电，几秒、十几秒就放光了，很难有什么实际的用途。就在电学专家们绞尽脑汁地研究如何获得持续电流而不可得时，一个解剖学家的偶然发现却帮了他们大忙。

　　话说 1780 年的一天，意大利博洛尼亚大学的解剖学家伽伐尼（1737—1798）正在实验室做青蛙解剖实验。他把露出肌肉组织的青蛙腿放在铜盘里，正要继续解剖，一不小心，手里的解剖刀掉了。解剖刀一端搭在蛙腿上，另一端搭在铜盘上，还没等他捡起来，铜盘里的青蛙腿竟然像触电一样痉挛起来。伽伐尼大为吃惊，青蛙早就死了，蛙腿怎么可能动呢？他把解剖刀拿起来，蛙腿不动了，用刀碰触蛙腿的神经，仍然不动，但把解剖刀放下，蛙腿又动了。伽伐尼的好奇心上来了，经过不断尝试，他发现了让蛙腿痉挛的关键：铁制的解剖刀必须和铜盘接触。

　　伽伐尼大为惊异，接下来，他做了一系列实验来研究这一现象。他尝试用各种金属棒甚至玻璃棒、木棍等在蛙腿上做试验，最终得出结论：把两种不同金属做成的金属棒的一端与蛙腿接触，另一端相互接触时，蛙腿就会动。如果两根棒是相同的金属，蛙腿就不会动。

　　现在我们知道，伽伐尼实际上已经利用青蛙腿和金属棒构成一个很简单的电池。电池的基本结构如图 16-1 所示。两根不同的金属棒就是电池的两个电极，蛙腿的肌肉组织

液就是电解液，两种金属与蛙腿中的组织液形成了"电极|电解液|电极"这样一种结构，当两根金属棒相互接触时，相当于用导线把它们短接起来，电路导通，产生电流刺激蛙腿痉挛（见图 16-2）。实际上，如果把青蛙腿换成一个柠檬，柠檬的汁液照样可以当电解液，也能产生电流。但是，伽伐尼不可能知道这些，他以为青蛙腿里含有像电鳗一样的"动物电"。1791 年，研究了差不多 10 年以后，伽伐尼信心满满地写了一篇论文，详细地介绍了他的实验过程，并向世人宣布了他的新发现——"动物电"。

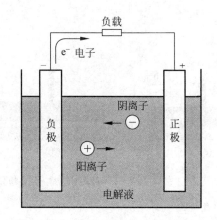

图 16-1　电池由正极、负极、电解液和外壳组成

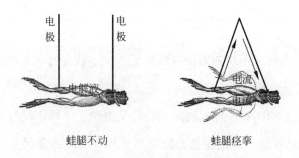

图 16-2　伽伐尼用金属棒刺激蛙腿痉挛的原理

伽伐尼的发现引起了生物学界和物理学界的广泛关注，科学家们纷纷重复这一实验，试图发现"动物电"的奥秘。这对青蛙们来说可真是一场灾难，好在不久以后它们就迎来了一位救星——伏打。

伏打（1745—1827）也是意大利人，他 14 岁就开始研究物理，16 岁就与一些著名的电学专家通信讨论电学问题，可谓神童一个。在 30 岁时，伏打发明了一种感应起电盘，这种起电盘利用静电感应原理在两个圆盘上产生电荷，最终构成一个带电电容器（见

图 16-3 ）。起电盘的作用和莱顿瓶一样，但用起来比莱顿瓶简单方便得多。这一发明让他名声大噪，一举成为欧洲知名的电学专家，被英国皇家学会接纳为会员，被法国科学院选为通讯院士。

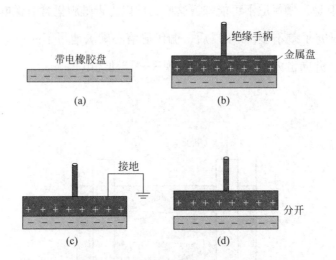

图 16-3 感应起电盘的工作原理（起电盘是一种利用感应起电使物体带电的装置，它由一个硬橡胶圆盘和一个装有绝缘柄的金属圆盘构成）

（a）先用毛皮摩擦硬橡胶盘，使它带负电；（b）然后把金属盘轻轻放在上面，由于静电感应，金属盘的下面带正电，上面带负电；（c）将金属盘上面接地，让上面的负电通过导线逸去，金属盘就只留下正电；（d）握住绝缘柄提起金属盘与橡胶盘分开，便得到了带电荷的电容器

伽伐尼的文章发表后，很快就被伏打读到了，这一新奇的电学现象引起了伏打极大的兴趣。他一直在为起电盘的电流无法持续而苦恼，发生在动物身上的电流让他看到了希望。他立刻着手重复伽伐尼的实验，意大利的青蛙们又遭殃了。好在没过多久，伏打就认识到"动物电"的说法是错误的，他把注意力集中到了两种不同的金属上。两年后，他不再用青蛙来做实验，而是用盐水或碱液来代替，他把不同的金属棒插在盐水中，终于得到了他梦寐以求的持续电流。

1800 年，伏打 55 岁这一年，他给英国皇家学会投去了一篇论文，正式宣布了他的新发明——伏打电堆。伏打在圆形的铜片和锌片之间放上一块用盐水浸湿的麻布片作为一组，一组组堆叠起来，用两条金属导线分别与顶面上的铜片和底面上的锌片焊接起来，则导线两端就会产生电压，铜片和锌片堆的越多，电压就越高，如果把铜片换成银片，盐水换成碱液，则效果更好（见图 16-4）。

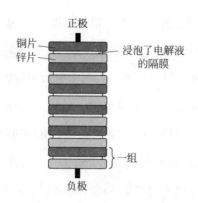

图 16-4　伏打电堆结构图 [每一组是一个单体电池，组与组之间的堆叠相当于单体电池的串联。把铜片换成银片（表面有氧化物），盐水换成碱液，实际上就是锌银电池（Zn-AgO 电池）。锌银电池直到现在还在使用]

　　这一发明一经宣布，就震惊了科学界，这是人类第一次获得持续而稳定的电流，意义非常重大。首先，伏打电堆已经具备了现代电池的所有基本要素——正极、负极、电解液和隔膜。此后，人们研究出各种类型的电池，并用电池开展电解、电镀等研究，极大地促进了化学的发展。其次，恒定电流的产生，推进了电磁学的研究，最终促成了电动机和发电机的发明，使人类迈入了电气时代。因此，伏打电堆可以说是人类历史上最重大的发明之一。正是：

　　　　　电荷古怪又精灵，难聚易散奈若何？

　　　　　可喜伏打造电堆，涓涓电流终可得。

　　为了比较不同金属组成电池的电压高低，伏打提出了电势差的概念。就像水可以从地势高的地方自动流向地势低的地方一样，正电荷也可以从电势高的地方自动流向电势低的地方，形成电流 *。伏打电堆首尾的两种金属之间的电势差叫电动势，就是电池的理论电压。伏打搞清楚了一些常见金属的电势高低，排出了一个序列，便于人们构造不同的电堆。伏打去世后，后人为了纪念他，用他的名字作为电压的单位。但不知何故，伏打的名字叫 Volta，电压单位却是 Volt（伏特），少了一个字母，好在简称是一样的——"伏"（V）。

----

　　* 注：负电荷与正电荷相反，它会从电势低处自动流向电势高处，电池的负极电势低，正极电势高，用导线连接正、负极以后，负极的电子会自动通过导线流向正极，同时电解液中也需要有离子移动，这样才能形成一个电流回路。正极和负极上发生得失电子的电化学反应是保证电流持续流动的基本条件。

却说这伏打电堆制作简单，使用方便，很快风靡开来，人们制造出大大小小的电堆，用来搞各种研究。在伏打发明电堆当年，就有人利用它进行了电解水的尝试，把电堆的两个电极插入水中，水会被分解成氢气和氧气在两个电极上冒出气泡。

电解水的成功让年轻的英国化学家亨弗里·戴维（1778—1829）发现了创新的机会，他意识到电解是产生新物质的一种手段，决定投身于电解研究。戴维很快熟悉了伏打电堆的构造和性能。1801年，只有23岁的戴维用200多个电堆串并联组装了一个巨型电池组，开始了他的电解探索之旅。在搞清楚电解水的原理之后，戴维有了新的想法，他想电既然能分解水，那它能不能分解盐呢？他决定尝试一下。

最开始，戴维将苛性钾（KOH）制成饱和水溶液进行电解，结果在两极上得到的仍是氢气和氧气。在仔细分析原因后，他认为是水从中作祟，于是决定在无水的条件下进行电解。经过不断地摸索，他成功了！他把苛性钾用一点点水润湿，然后通电电解，在强电力的作用下，苛性钾很快就熔融分解，在阴极上出现了具有金属光泽的、类似水银的小液珠，而且小液珠一经生成就会燃烧甚至爆炸。后来，戴维在密闭的坩埚中电解潮湿的苛性钾，终于得到了这种银白色的金属。戴维将它投入水中，发现它会在水面上迅速燃烧并熔化成球，冒着紫色的火焰，四处游动，嘶嘶作响。经过分析，戴维确认他发现了一种新元素，这就是金属钾。

现在我们知道，钾在63摄氏度就会熔化，在69摄氏度就会与氧气反应而着火燃烧，而且钾会与水发生化学反应，放出氢气和大量的热。因此，把钾投入水中后，钾与水反应放出的热量让它迅速熔化并与空气中的氧气反应而起火燃烧，与水反应生成的氢气推动钾在水面游动，同时氢气也被点燃。因此，我们就会看到上述现象。

1807年，戴维在英国皇家学术报告会上报告了他的新发现。这一发现引起了轰动，人们从来没见过能在水中燃烧的金属，而且这种金属软得像黄油一样，用小刀就能切开，和常见的金属大不一样。随后，戴维一鼓作气，在两年之内用电解熔融盐的方法发现了钠、钙、镁、钡、锶等新元素，使他成为历史上发现元素最多的人。

话说在1799年，英国成立了皇家科普协会，聘请知名科学家定期举办讲座，向公众宣传科学发现、普及科学知识。不久，经多人推荐，戴维也被皇家科普协会聘为讲座教授。戴维的加盟让科普协会的讲座一下子火了起来，戴维常常在讲座上一边做实验一边讲解，他以渊博的知识、通俗的讲解和非凡的口才赢得了人们的热烈称赞，获得了出乎意料的成功。人们因为戴维蜂拥而来，常把会场挤得水泄不通，连过道里都站满了人。很快，戴维就赢得了杰出讲演者的名声，成为伦敦的知名人士。那时候，听戴维的科学讲座，就像现在人们去看电影大片一样，成为一件时髦的事情。

1812 年 2 月到 4 月，戴维在皇家科普协会做了最后 4 次讲座，随后，因为身体欠佳，他辞去了讲座教授的职务。这一年 4 月，他被英国皇室授予爵士身份，可谓风光无限。

喧嚣过后，繁华落尽，日子归于平淡。圣诞节前一天，从实验室忙了一天回到家中，戴维疲惫地躺在沙发上，闭目养神，回想起自己做讲座时那意气风发的风光场景，心中不禁有一丝落寞。如果身体允许的话，他现在应该在万众瞩目之下做圣诞讲座，给公众演示自己的新实验，享受那众星捧月般的掌声，可现在，他只能躺在沙发上孤独地回忆往事。这时候，仆人轻轻敲了敲门走了进来，轻声说道："戴维爵士——"还没等他说完，戴维摆摆手打断他："我现在不想吃，你端走吧！"

仆人没走，他禀告道："戴维爵士，您误会了，我不是来送饭的。今天有人给您寄来一本书，请您过目。"

一听是书，戴维睁开了眼睛，他看到仆人手里捧着厚厚一本书，布面封皮、装帧精美。他一骨碌从沙发上翻身坐起来，拿过书翻看起来。首先映入眼帘的是封皮上的几个烫金大字：《亨·戴维爵士演讲录》。戴维心中奇怪：我的演讲录出版了？我怎么不知道？他翻开内页一瞧，这才恍然大悟，原来这并不是印刷的书，整本书竟然全是手写的！

书页里夹着一封信，戴维打开来一瞧，是一个署名迈克尔·法拉第（1791—1867）的年轻人写来的，这是一封自荐信。在信中，这个年轻人自述他是一个订书铺的订书匠，对电学和化学颇感兴趣，他听了戴维的最后 4 次讲座，被深深吸引，他每一次听完讲座都要回家做详细的笔记，现在整理成册，送给戴维作为圣诞礼物。法拉第在信中表达了自己对科学事业的无限憧憬，恳请戴维帮自己找一份与科学有关的工作，如果能到戴维身边工作那就更荣幸了，无论待遇多低他都愿意。

原来是一个订书匠，怪不得书籍装订得这么漂亮，可是，一个订书匠，能懂多少科学知识呢？带着疑问，戴维挥手让仆人退下，自己坐到书桌边，认真翻看起来。这一看不要紧，连戴维自己都被深深吸引住了，法拉第不但把他的演讲内容记录得井井有条，还补充了很多相关的内容，并绘制了精美的插图。短短 4 次演讲，法拉第竟然写了 300 多页，章节紧凑、逻辑严谨，对演讲精髓的把握十分到位。书里不但包含着虔诚与心血，也体现出法拉第的智慧与功力。这真是一个可造之材，戴维心中已经打定主意，一定要帮助法拉第走上科学道路，不要浪费了这个大好人才。想到这里，他提笔给法拉第写了一封回信：

法拉第先生：

　　承蒙寄来大作，读后不胜愉快。它展示了你巨大的热情、记忆力和专心致志的精神。最近我不得不离开伦敦，到明年一月底才能回来。到那时我将在你方便的时候见你。

　　我很乐意为你效劳。我希望这是我力所能及的事。

亨·戴维

　　1813 年 1 月底，戴维出差回来，马上通知法拉第到英国皇家研究院相见。法拉第激动不已，自从接到回信，他就沉浸在兴奋和焦急的等待之中，现在，这一天终于到来了。

戴维

　　在戴维的实验室里，法拉第见到了戴维。戴维热情地和他握手并请他坐下详谈。寒暄已毕，戴维抛出了心中的疑问："法拉第先生，我知道你是一个订书匠，但看得出来你的化学知识非常丰富。我想知道，你是从哪里学到这些知识的呢？"

　　法拉第回答说："戴维先生，不瞒您说，我家里穷，没上过几年学，13 岁时就被父亲送到订书铺当学徒了。不过这对我来说也许是一件好事，订书铺里到处是书，我在工余时间不干别的，就是读书，慢慢地就看了不少书。在这些书里，我很喜欢一本科普读物《化学漫谈》，我觉得化学实验太有趣了，就用零用钱买来最简单的化学实验仪器，参照书上的内容做了许多实验，因此掌握了一些化学知识。另外，我在装订《不列颠百科全书》时，看到了一些关于电学方面

法拉第

的论文，我觉得电学也很有意思，莱顿瓶和伏打电堆我都自己亲手做过，所以我也了解了一些电学知识。"

　　戴维赞许地点点头："自学成才！小伙子，你很有志气啊！"

　　法拉第谦逊地说："我了解的都是一些皮毛，跟您这样的专家相比，真是班门弄斧了。"

　　戴维说："从你身上，我看到了自己的影子。我十几岁时就到药店当学徒了，我的化学知识也是自学的。"

　　法拉第说："戴维先生，我也想像您一样，当一个化学家，您能给我一个机会吗？"

　　戴维说："小伙子，你刚刚学成出师，很快就能自己开一家订书铺了，如果来我身边，7 年的手艺就白学了，挣的钱也不多，你愿意做出这样的牺牲吗？"

　　法拉第坚定地回答说："戴维先生，我愿意！我对开店挣钱丝毫不感兴趣，我愿意当

您的助手，我希望像您一样，在科学的未知领域进行探索！"

"好！"戴维的大手拍到了法拉第的肩上，"从明天开始，你有空就先到我这里来帮忙，等我慢慢给你物色一个合适的职位。"

"太好了！太谢谢您了！"法拉第激动地站起身来，深深地鞠了一躬。

接下来的几天里，法拉第抽空就过来帮戴维整理实验记录。戴维做实验富于想象、有创造力，但比较杂乱，实验记录也十分潦草。而法拉第是一个严谨细致的人，经他整理的实验记录井井有条，深得戴维赞赏。法拉第在以后的工作中，一直保持着记录实验日志的习惯，当他去世以后，人们将他的工作日记命名为《法拉第日记》结集出版，竟然编了整整 7 大卷 3227 页 16 700 多个条目，此是后话不提。

却说戴维虽然让法拉第过来帮忙，但还没有找到合适的职位给他。好在事也凑巧，十多天后，戴维的实验室助理佩恩喝醉了酒，因为一点小口角就把皇家研究院的玻璃制造师打得鼻青脸肿，还打坏了不少瓶瓶罐罐，当场就被解雇了。法拉第的机会来了，戴维向皇家研究院理事会推荐了法拉第来接替佩恩的职位。大名鼎鼎的戴维给自己找助手，还是正好空缺的职位，理事会乐得做个顺水人情，很快就批准了戴维的建议。1813 年 3 月，21 岁的法拉第在皇家研究院正式入职，担任戴维的实验室助理，他终于实现了自己从事科学研究的梦想。正是：

> 看似冥冥有天意，实为功到自然成。
>
> 若无多载苦心学，机会岂能送上门？

第十七回

电流生磁　奥斯特发现磁效应
师徒反目　法拉第陷入剽窃门

却说法拉第成为戴维的助手以后，1813年10月，他随戴维到欧洲大陆作了一次科学考察，游历了法国、意大利和瑞士，历时一年半。这次旅行中，法拉第跟随戴维拜访了安培、伏打等多位著名的科学家，参观了不少工厂和实验室，还学会了法语和意大利语，收获颇丰。但是，这次旅行也让这对师生之间生出了一些不愉快，其原因主要在于戴维夫人。

戴维虽然出身贫寒，但却颇有些爱慕虚荣，所谓"金无足赤，人无完人"，这是戴维的一个缺点。成名之后，为了抬高门第，他娶了一个富商的寡居女儿为妻。这个女人倒也年轻漂亮，但戴维看上的主要是她的出身，她看上的也主要是戴维的名气，二人各取所需。这次旅行，戴维携妻子一同出游，但临行前，家里的仆人却死活不肯跟着去，怕被法国人打死（当时英法两国正在交战，但拿破仑特许戴维前来访问），戴维没办法，只好跟法拉第商量让他在路上干点仆人的活，法拉第同意了。没想到，戴维夫人却完全把法拉第当仆人使唤了，她是一个傲慢无礼、爱摆架子的贵妇人，根本瞧不起出身贫寒的法拉第，一路上不准法拉第和她夫妇俩同桌吃饭，让法拉第同车夫和侍女一起吃。这对法拉第来说倒也没什么，但戴维夫人对法拉第呼来喝去、颐指气使，让自尊心很强的法拉第颇为愤懑。虽然如此，法拉第碍于恩师戴维的面子，还是对她忍气吞声。有几次，戴维夫人实在太过分，法拉第顶撞了她几次，她就歇斯底里地冲法拉第大发脾气。戴维虽然知道自己的贵妇人老婆很过分，但为了讨好老婆，他睁一只眼闭一只眼，也不去管。

就这样一路上磕磕绊绊，这一天，戴维一行来到了日内瓦，拜访瑞士化学家德拉里弗（1770—1834）。德拉里弗早闻戴维大名，热情地接待了他们。第二天，为了尽地主之谊，德拉里弗带领戴维一行去郊外打猎。德拉里弗和戴维一路上边走边谈，说的都是当时化学界的前沿问题。到了猎场，法拉第把猎枪递给戴维，戴维等人兴致勃勃地打起猎来，德拉里弗和法拉第远远地看着。这时，法拉第突然说："德拉里弗先生，您刚才谈到的问题，我有一些不同的看法……"德拉里弗大吃一惊，他原以为法拉第就是一个普通的仆人，没想到他居然精通化学。吃惊之余，二人攀谈起来，法拉第知识广博、见解独到，令德拉里弗赞叹不已，他也了解到了法拉第当仆人的前因后果，为戴维如此糟蹋人才而感到不平。

打猎归来，德拉里弗宴请戴维一行，就在法拉第准备到厨房与下人们一起吃饭时，德拉里弗拉住了他。德拉里弗吩咐佣人在餐桌上多加一套刀叉，邀请法拉第与主人及宾朋一起用餐。法拉第推辞不过，只好就座。戴维夫人一看法拉第坐下了，觉得自己的尊严受到了冒犯，她是坚决不会和一个仆人一起吃饭的（她真的把法拉第当仆人看待了），她扭头就走，将自己关在房间里大发脾气，说她坚决不和法拉第一起吃饭，否则就绝食。戴维劝了半天，妻子说什么也不出来，他只好找德拉里弗商议，可德拉里弗的态度也十分坚决，坚决不让法拉第受委屈。最后，两人达成妥协，法拉第既不和戴维夫妇一同吃饭，也不和下人们一起吃饭，而是在自己的房间里单独用餐。当然，德拉里弗给法拉第准备的食物和宾朋们的食物是一样的。

德拉里弗的仗义执言让法拉第很是感动，从此以后，他们成了忘年交，一直保持着诚挚的友谊，经常通信。在德拉里弗去世后，他的儿子仍然与法拉第保持着非常要好的关系。此是后话不提。

却说法拉第一路上受尽了戴维夫人的气，要是几天几个月，法拉第也就忍了，可是这段旅行长达一年半，法拉第后来忍无可忍，他也不忍气吞声了，对于戴维夫人的无理要求坚决回绝，两人都对对方冷冰冰的，互不理睬。戴维夹在中间左右为难，无可奈何。

好在回到英国后，法拉第不用再受戴维夫人的气了，他天赋过人，很快就成了戴维实验上的好帮手。1815年，他协助戴维完成了安全矿灯的发明。这在当时是一项重大发明，因为那时候没有电灯，矿灯的火苗经常从灯罩中窜出，导致瓦斯爆炸，而安全矿灯用细密的金属丝网罩住煤油灯的灯芯，有效地阻止了火焰外溢，避免了瓦斯爆炸，挽救了成千上万矿工的性命。这一发明受到了矿工们的高度赞扬，英国政府还专门为此召开了一次庆祝大会，祝贺安全矿灯的发明。戴维更是放弃了专利申请，无偿将自己的发明提供给矿工们使用，实现了他科学为人类服务的愿望。

从1816年开始，法拉第除了协助戴维搞研究外，他也开始就自己感兴趣的问题搞一些独立的研究。从1816年发表第一篇论文起，短短3年间，法拉第发表了近20篇化学和物理方面的论文，开始在科学界崭露头角。

1821年9月，法拉第作出了一项重大发现——通电导线在磁场中的旋转现象，简称电磁旋转现象。这一现象揭示了电动机的原理，从技术角度来讲，他已经完成了电动机的发明。但是，1823年3月6日，在英国皇家学会的例会上，戴维却做了一段异乎寻常的发言，让法拉第陷入了涉嫌学术剽窃的舆论旋涡。

戴维汇报了自己关于电磁旋转效应的最新研究，在开场白中，他表示自己的发现是在"法拉第先生关于电磁旋转方面的精巧实验"的启发下获得的。然而，在报告的最后，戴维突然话锋一转，说道：

"我在结束本报告的时候，如果不提一下电磁学发展史上的一件事情，那是不妥当的。这件事本学会的许多会员是很清楚的，然而我相信，它从未公布过。这件事就是，当磁铁接近一根通电导线的时候，导线有可能绕着自己的轴作电磁转动，这个思想应该归功于沃拉斯顿爵士的睿智。1821年年初，我曾经目睹了他所做的产生这一效应的不成功的实验。要不是这个实验由于实验装置上的偶然事故而失败，那么他本应成为这个现象的发现者。"

这寥寥数语，不但将法拉第对电磁旋转现象的发现降格成了仅仅是对沃拉斯顿（1766—1828）思想的实验验证，更暗示法拉第有剽窃沃拉斯顿思想之嫌。事实果真如此吗？戴维为什么要攻击自己的学生呢？他们之间到底发生了什么？这一切，还要从1820年说起。

话说伏打发明电堆以后，电学研究从"静电"发展到了"动电"（即电流）。经过大约20年的研究，到了1820年前后，大量成果开始涌现出来。

电荷有两种，同性相斥、异性相吸；磁体有两极，也是同性相斥、异性相吸。因此不少人猜测电和磁之间可能有一定的联系，其中就包括丹麦物理学家汉斯·奥斯特（1777—1851）。从1812年开始，奥斯特就想找到电和磁之间的联系，但一直没能成功。1820年4月，奥斯特在一次讲座中边做实验边讲解，讲着讲着，他脑海中灵光一闪，出现了一个新想法，就即兴演示起来。他把一根长导线两端和伏打电堆的正负极连接起来，中间加一个开关，然后把导线平行放置于一个小磁针（像指南针一样可以灵活转动的小磁体）的上方，当他合上开关以后，他看到小磁针偏转了一个角度（见图17-1）。真是踏破铁鞋无觅处，得来全不费工夫，奥斯特终于发现了他苦苦追寻多年的电和磁的联系，他发现了电流的磁效应！

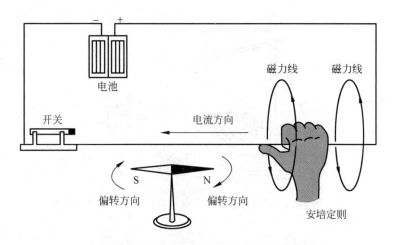

图 17-1　奥斯特的电流磁效应实验

　　1820 年 7 月，奥斯特描述这一实验的论文发表，引起了欧洲科学界的轰动。法国科学家阿拉果（1786—1853）认识到了这一发现的重大意义，于 9 月 4 日向法国科学院汇报并演示了这一实验。台下的安培（1775—1836）听了报告后，第二天就开始研究这一实验。很快，他就意识到，通电导线周围会产生磁场，正是在电流磁场的作用下，小磁针才发生偏转。两周后，他就提出了判断电流磁场方向的右手螺旋定则（如图 17-1 所示），对于直线电流，用右手握住导线，让伸直的大拇指所指的方向跟电流方向一致，则弯曲的四指所指的方向就是磁感应线（又称磁感线、磁力线）环绕方向，这就是我们所熟知的安培定则。不久，他又发现，通电的线圈（环形电流）与磁铁相似（见图 17-2）。

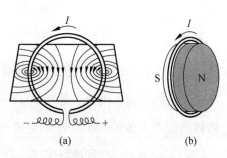

图 17-2　环形电流与磁铁的相似之处

（a）环形电流的磁感应线分布；（b）环形电流相当于如图所示的一块磁铁

　　电和磁、磁和电，安培翻来覆去来回捣腾，很快，他又发现把一根直导线悬挂在马蹄形磁铁中间，通电以后导线就会移动（见图 17-3）。后来，人们把通电导线在磁场中受的力称为安培力。之后，他又报告了两根载流导线存在相互作用——相同方向的平行电流彼此相吸，相反方向的平行电流彼此排斥（见图 17-4）。显然，无论是通电导线与磁铁的相互作用，还是通电导线之间的相互作用，都是因为通电导线周围产生了磁场。

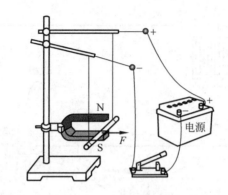

图 17-3　开关闭合后，导线将受到图示方向的安培力

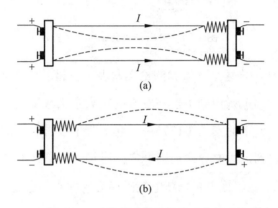

图 17-4　两根载流导线之间存在相互作用

（a）相同方向的平行电流彼此相吸；（b）相反方向的平行电流彼此排斥

　　通过一系列经典的、简单的实验，安培认识到磁是由运动的电产生的，磁性的本质来源于电荷的运动，因此，他提出了一种解释物质磁性来源的"分子电流"假说。他提出，物体内部有大量的微小的环形电流——分子电流，每一个分子电流就相当于一个小磁铁［见图 17-2（b）］，在普通物体中，分子电流是杂乱无章的，所以整体不显磁性，而在磁性物体内部，这些环形电流朝同一方向排列，宏观上形成一个磁场，于是就有了磁性。要知道，当时人们并不知道原子里有电子存在，安培的假说可以说十分超前。后来，电子被发现以后，人们才意识到，分子（或原子）中电子的运动形成的总效应就相当于一个环形电流，和安培的"分子电流"假说正好吻合！

　　磁性的本质来源于电荷的运动，这是科学界对于磁性来源的重大突破性认知，对于研究电场和磁场间的相互作用起到了非常大的推动作用。后来，安培把研究"动电"的理论称为"电动力学"，并且出版了《电动力学现象的数学理论》一书，该书用数理理论描述和总结了当时已知的电磁现象，在思想方法上与牛顿的《自然哲学之数学原理》遥相呼应，成为电磁学史上一部重要的经典论著，安培也因此被誉为"电学中的牛顿"。

　　那个年代，电流的大小还没有精确的测量方法。电流的磁效应发现以后，德国物理学家欧姆（1787—1854）发现磁针的偏转角度随电流的大小而变化，于是意识到可以通过磁针的偏转角度来测量电流的强弱。他自己动手设计制作了一个巧妙的电磁扭秤，据此来研究导体中流过的电流大小与其两端电压和电阻的关系。电流就是电荷的流动，电压负责提供动力，电阻则带来阻力。1826 年，欧姆发现了著名的欧姆定律：电压 = 电流 × 电阻（$U=IR$）。

　　在短短的几年间，电学研究已经进入了一个全新的境界。后来，人们为了纪念这几位电磁学先驱，将磁场强度的单位命名为"奥斯特"（电磁学单位，不是国际单位制单位），简称"奥"（Oe）；将电流的单位命名为"安培"，简称"安"（A）；将电阻的单位命名为"欧姆"，简称"欧"（Ω）。

　　闲言少叙，书归正传。却说奥斯特发现电流的磁效应这一消息传到英国后，英国科学家沃拉斯顿立刻进行了逆向思考：既然通电导线能使磁针转动，那么磁铁能不能让通电导线转动呢？他琢磨来琢磨去，觉得磁铁靠近通电导线时，电流应该会受到磁体的作用力，从而使导线绕轴自转。1821 年 4 月，沃拉斯顿来到皇家研究院找到戴维，跟戴维说了他的想法。戴维一听，觉得很有道理，两人立刻来到实验室，一起做实验。他们折腾了一上午，但无论怎么尝试，导线都一动不动，两人只好放弃，坐在沙发上讨论实验失败的原因。这时候，法拉第从外边回来了，听到了二人的谈话。这番谈话对法拉第的影响有多大已经无从得知，我们只能猜测，作为一个善于思考的科学家，法拉第应该会有所触动。但他当时正在研究氯气的反应，还无暇认真思考这一问题。

　　过了不久，法拉第接到一份稿约，一家杂志请他写一篇电磁学方面的综述——《电磁学历史概要》。为了写这篇文章，法拉第查阅了大量资料，为了验证资料中各种说法的真伪，他还亲自做了很多验证实验，这让他对当时的电磁学理论和实验有了深刻的理解。写完这篇文章后没多久，他就发现了电磁旋转现象，时间是在 1821 年 9 月。通过巧妙的设计，法拉第能让一根通电导线围绕磁铁的一端磁极（即南极或北极）旋转（见图 17-5）。这一装置可谓世界上最早的电动机，

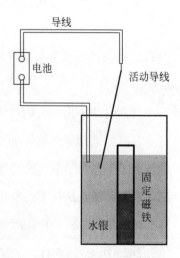

图 17-5　法拉第的电磁旋转装置图（磁铁固定在水银槽中，电池接通后，电池与水银、导线形成电流回路，这样活动导线会绕着磁铁作圆周运动）

现在的电动机仍然采用电磁旋转原理，不过装置已经完全不同了。

有读者要问了，法拉第的这个发现和沃拉斯顿的思想一样吗？答案是：不一样！沃拉斯顿提出的是导线绕自身的轴线自转，而法拉第发现的是导线以一个外部磁极为中心公转，两种运动的受力方式完全不同，而其中隐含的对磁场与导线之间作用方式的认知更是存在本质的区别。

那么，作为沃拉斯顿实验的亲历者，戴维应该对二者的区别心知肚明，可是，他为什么还要公开对法拉第发难呢？其原因主要是因为另一件事。

1823年年初，法拉第在研究氯气的液化，戴维来看了他的实验后，建议他把氯气的水合物晶体放在密封试管里加热分解试试看，结果这一次果真得到了液态的氯，他们开创了气体在高压下液化的新方法。3月5日，法拉第写了一篇氯气液化的论文初稿交给戴维审阅，结果戴维一看就生气了，法拉第在论文中竟然完全没有提到自己的贡献。按理说，论文还没发表，让法拉第补上就行了。但是，这时候戴维的心理已经发生了变化，此时法拉第的名声已经不亚于戴维，这让戴维对这个昔日寄于自己篱下的学生竟产生了几分嫉妒。现在一看这篇论文，他认为这是法拉第已经不把他这个老师放在眼里的表现，因此气愤难耐，决定教训一下法拉第。于是，在3月6日的皇家学会例会上，出现了本回前面所述的那一幕，戴维对沃拉斯顿一事旧事重提，以散布法拉第早已有贪天功为己有的先例。然后，在隔了一周的例会上，戴维宣读了法拉第氯气液化的论文，但他加了很长一段开场白和结束语，明确表示氯气液化是他的发明，法拉第只不过是在自己的指导下才取得了成功。

这两件事一出，人们对法拉第议论纷纷，各种舆论指责他不应该把别人的贡献占为己有。自己的老师竟然这样公开攻击自己，让法拉第也气愤难平，在征得沃拉斯顿同意后，他发表了一份关于电磁旋转发现过程的声明，向一些误会比较深的同行进行了解释。沃拉斯顿也表态承认法拉第的发现的确与他的想法不同。最终迫于压力，戴维不得不承认其在3月6日的发言是"不准确和不恰当的"。

1823年6月29日，法拉第收到了来自戴维的一张便签，上面写着："亲爱的法拉第，我愿真心做你的祝福者与朋友。"这场师徒间的争执至此终于画上了句号。此后，法拉第仍然像往常一样经常去拜访戴维，但是，二人再也不可能回到过去了。1824年1月，法拉第当选英国皇家学会会员，在全部选票中，只有一票反对，由于是无记名投票，人们无从得知这位反对者是谁。1825年2月，戴维因健康情况恶化，辞去了担任20多年的皇家研究院实验室主任一职，并指名由法拉第接任。看来，戴维已经彻底改变了态度，开始真心地承认法拉第所取得的成就了。法拉第担任皇家研究院实验室主任以后，也像戴维当年一样，开设了面向大众的科普讲座，同样深受民众欢迎。正是当年的科普讲座，让台下的法拉第和台上的戴维走到了一起，现在，法拉第也站在了讲台上，以这种特殊的方式，完成了这对师徒间的衣钵传承。

　　1829 年，戴维因病去世，享年 51 岁。在他临终前，有人问戴维他一生中最伟大的发现是什么，戴维说："我最伟大的发现就是发现了法拉第！"人之将死，其言也善，作为最了解法拉第的人，戴维说出了心里话。这句话也永远流传了下来，成为戴维对法拉第的最终评价。而当年那场师徒间的争执，早已随着时间烟消云散了。正可谓：

　　　　　　人生在世多纷争，各有苦辣与酸甜。

　　　　　　百年之后再回首，可笑往事如云烟。

第十八回

电磁感应　法拉第发明发电机
场与力线　物理学建立新图像

　　各位读者都知道，现在我们研究磁现象，"磁场"和"磁感线"是两个自然而然就会引入的图像。比如奥斯特实验中，磁针偏转的原因是通电导线周围产生了磁场，安培的右手螺旋定则实际上是确定了磁感线的环绕方向（见图17-1）。但在当年，人们根本没有这样的认识，磁场和磁感线（当时叫作磁力线）这两个概念，是后来法拉第在长年累月的研究中逐渐总结出来的。

　　法拉第没有受过正规教育，数学能力有所欠缺，但他对物理图像的天才洞察力弥补了这一不足。"力线"的概念就是一种极为出色的非数学化的图像式想象，而在"力线"基础上提出的"场"的概念则奠定了现代物理学的基础。现在我们知道，磁体周围有磁场，电荷周围有电场，物体周围有引力场，而"力线"则直观地显示出场的存在。今天，演示磁力线的实验已经为大众所熟知。将细铁屑洒在一张纸上，纸下放一块磁铁，轻轻弹动这张纸，纸上的铁屑就会在磁场作用下按一定弧形线条排列起来。法拉第说，铁屑所排成的形状就是磁力线的形状。图18-1给出了条形磁铁、马蹄形磁铁和通电螺线管（像弹簧一样一圈圈绕起来的导线）的磁力线分布图。

　　通电导线周围会产生磁场，这就是电流的磁效应。如果你仔细观察，就会发现图18-1中通电螺线管的磁力线分布和条形磁铁是一样的。实际上，它的确能当磁铁使用，这就是最原始的电磁铁，这一现象是安培在1822年发现的。1823年，人们发现，如果在螺线管中间插入一根铁棒，磁场会大大加强，于是人们把导线缠绕到铁棒上，制成了实用化的电磁铁。电磁铁的磁性大小可以通过电流的强弱和线圈的匝数来控制，比天然磁铁方便多了，因此它的用途非常广泛。

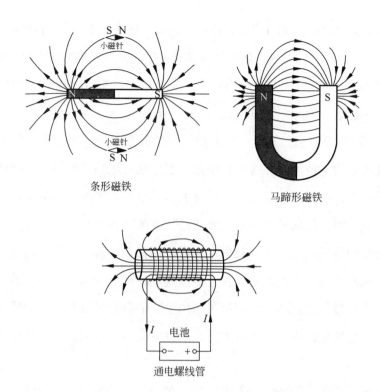

图 18-1　条形磁铁、马蹄形磁铁和通电螺线管的磁力线分布图［在磁铁外部，磁力线从磁铁的北极（N）指向南极（S），每条磁力线都会形成一个闭合回路，因此磁铁内部也有磁力线，从螺线管看得比较清楚］

我们先把"磁场"和"磁力线"的概念抛出来，是因为如果没有这两个概念，接下来所讲的故事就根本没法说明白。而当年法拉第就是在这两个概念还一片空白的情况下，作出了影响人类历史的又一项重大发明——发电机。

话说 1821 年发现电磁旋转现象以后，法拉第仔细分析了电流、导线、磁铁之间的关系：首先，通电导线能使磁铁运动，这是奥斯特发现的；反过来，磁铁能使通电导线运动，这是自己发现的；那么，如果让导线在磁铁周围运动，是不是就会产生电流呢？法拉第认定，从理论上来说，这一设想是可行的。从 1822 年起，他就开始研究这一问题。

但是，法拉第没有想到，这一看似简单的推论，在实验上却怎么也做不出来。1822—1831 年，他尝试了很多种方法，但就是观察不到电流的出现。实际上，当时除了法拉第以外，还有好几个科学家在做类似的实验，但是谁也没有发现磁场感应出来的电流。为什么呢？因为当时大家都有一个误区，以为磁场感生出来的电流是持续的，所以等他们摆弄好实验装置，慢吞吞地去看电流表时，那转瞬即逝的电流已经消失了。

这时候，就看出来坚持的可贵。要是换作别人，研究了 10 年还没有结果，可能早就放弃了，事实上，后来人们发现，瑞士物理学家科拉顿曾经离成功就差一点点，但他却最终放弃了。而法拉第不是一个轻言放弃的人，他仍然在不断地改进实验装置，反复尝试。他下定决心，一定要从磁场中获得电流。

1831 年 8 月 29 日，法拉第又一次开始了他的探索之旅。当他给一块电磁铁通电的一瞬间，他发现旁边一根闭合导线（就是把一根导线首尾相连形成一个闭环）下方的小磁针好像动了一下，但小磁针摆动一下后马上就复原了。导线下方的小磁针摆动，这不就是电流的磁效应吗？说明导线里有电流通过！电流产生了！法拉第心中一阵激动。可是，如果电流是持续的话，小磁针就不会复原，那就意味着，产生的电流只是瞬时的！他赶紧重复了几次实验，果然，只有在电磁铁通电和断电的瞬间，旁边的线圈里才会出现瞬时的电流。经过仔细思考，法拉第想明白了，电磁铁通电和断电的瞬间，它周围的磁场会变化，正是变化的磁场导致旁边的线圈里感应出了电流，当磁场稳定以后，就没有电流了。

变化的磁场可以在闭合线圈中感应出电流，这是法拉第的第一个发现。根据这个发现，他很快就设计了一个更方便的产生变化磁场的装置。他在一个纸筒上用铜线缠绕了好几圈，把铜线两端接在电流表上，组成一个闭合线圈。然后拿来一根条形磁铁，往纸筒里一插，果然，电流计的指针偏转了一下［见图 18-2（a）］。这是因为纸筒里原来没磁场，现在有了，磁场的变化就感应出了电流。同理，把磁铁往外一拔，电流计的指针又会偏转一下，不过跟插进去时候方向相反。这是因为纸筒里原来有磁场，现在又没了，同样会感应出电流。这样插插拔拔，法拉第像捣蒜一样忙得不亦乐乎，电流计的指针也来来回回不停地摆动。忙活完了，法拉第静下心来一想，如果把磁铁固定，线圈上下穿梭不也一样吗？这不就是导线在磁铁周围运动产生出来的电流嘛！自己早就想到了这一点，却没弄明白到底该怎么做，真是应了那句话：众里寻他千百度，蓦然回首，那人却在灯火阑珊处。想通了这一点，法拉第又设计了一个更简单的装置，他用线圈中的一根导线在一块马蹄形磁铁中来回穿梭，果然也产生了电流［见图 18-2（b）］！

短短几个月时间，法拉第发现了这么多种磁生电的方式，真是让他又惊又喜。喜的是，自己多年的梦想终于实现了；惊的是，怎么会有这么多种方式？自己最初发现变化的磁场可以在闭合线圈中感应出电流，可是在图 18-2（b）中，磁铁的磁场并没有变化，怎么也会感生出电流呢？这其中到底有什么联系呢？苦苦思索之后，他的脑海中渐渐形成了一个图像——磁力线！他意识到，在图 18-2（b）中，导线和电流表所围成的闭合回路内，随着导线的来回运动，它包围的磁力线数量在变化；同理，在图 18-2（a）中，随着磁铁的插入和拔出，线圈中包围的磁力线数量也在变化。他终于弄明白了，所有这些磁生电的方式其实都是同一种现象：当穿过闭合线圈的磁力线数量发生变化时，就会感应出电流。他给这种现象起了个名字——电磁感应。

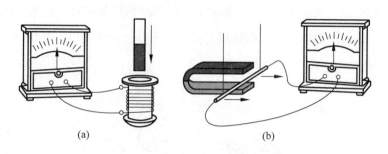

(a)　　　　　　　　　　　　　　(b)

图 18-2 法拉第的电磁感应实验

（a）磁铁插入线圈感应出电流；（b）线圈中的一根导线在磁场中移动感应出电流

　　弄明白了磁生电的原理，法拉第很快就做出了世界上第一台发电机（见图 18-3）。它是一台直流发电机。虽然这个发电机很简陋，需要用手不断摇动手柄以使磁场中的一个铜盘转动来发电，产生的电流也很弱，但这是人类用电史上的又一个重大进步，因为通过机械运动来产生电流，要比电池持久得多，规模也能大得多，而有蒸汽机的帮助，让一个圆盘或者线圈不停地转动可谓易如反掌。

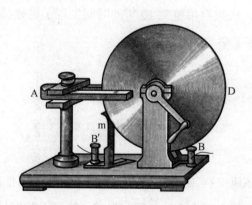

图 18-3 法拉第发明的手摇式圆盘发电机（需要用手不断摇动手柄以使磁场中的一个铜盘转动来发电。其中 A 为马蹄形磁铁，D 为铜盘，铜盘中心轴与一个铜片紧贴，引出 B 接线端。铜盘边缘与铜片 m 紧贴，引出 B′接线端。电路闭合后，铜盘旋转时切割磁力线产生感应电动势和感应电流；如果电路不闭合，则只产生感应电动势）

有一次，法拉第在向公众演示他的发电机时，台下的一位贵妇人问道："先生，你发明的这玩意儿就像是一个玩具，能有什么用呢？"法拉第微微一笑，反问道："夫人，那你说说一个新生的婴儿有什么用呢？"如果这位贵妇人能穿越到现代来看一看，估计她再也不会提这样愚蠢的问题了。现在，新生的婴儿已经长成了巨人。现代发电机的基本原理还是电磁感应，让一个线圈在磁场中转动，因为线圈里通过的磁力线数量在不断变化，就可以产生持续的电流（见图18-4）。线圈除了可以用蒸汽机带动外，还可以利用河流的水位落差来冲击叶轮转动发电，或者利用风力带动风车叶片旋转发电，环保又经济，这就是水力发电和风力发电。

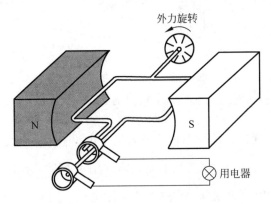

图 18-4　发电机基本原理［通过外力（蒸汽机、水力、风力等）输入机械运动使线圈在磁场中转动，通过电磁感应产生电流。也可以固定线圈让磁铁转动，道理相同］

从电动机到发电机，法拉第用整整 10 年的时间发现了电磁感应现象，而这两个发明也为电力时代的到来打下了坚实的基础。正是：

电生磁来磁生电，电磁感应殊为奇。

电力时代由它启，电动发电两相宜。

法拉第像他的老师戴维一样，没有为他的新发明申请专利。他们都是为科学而生的人，对金钱并不在意。法拉第能有这么多的发明与发现，除了天赋以外，还与他的科学思维方式分不开，他曾经这样说道："自然哲学家（即科学家）应当是这样一种人：他愿意倾听每一种意见，却下决心要自己作出判断；他应当不被表面现象所迷惑，不对某种假设有偏爱，不属于任何学派，不盲从大师；他应该重事不重人。如果有了这些品质，再加上勤勉，那么他就有希望走进科学的圣殿。"

　　法拉第最早明确提出"磁力线"的说法是在他发现电磁感应那一年，即 1831 年，而此后十几年，他一直在完善这一思想。直到 1844 年之后，他的力线思想才渐渐成熟，并且伴随着力线思想的成熟，"场"的思想也逐渐形成和确立。法拉第的力线思想是其场思想的基础，没有力线，场就无从谈起，力线体现了场的存在，是场的形象表示。1850 年，法拉第正式提出"磁场"的说法。1852 年 6 月，法拉第发表了《论磁力的物理线》一文，对磁力线进行了详细探讨。1857 年，法拉第发表了《论力的守恒》一文，该文标志着他的力线思想和场思想的完全成熟。从 1831 年到 1857 年，整整 26 年时间，法拉第依靠自己惊人的直觉及高度的抽象思维能力，终于建立起物理学中最重要的物理图像——场。这一图像意义重大、影响深远，不亚于牛顿运动定律对物理学的影响。

　　自从有了磁场的概念以后，电场和引力场的概念也就自然而然地建立起来了。电荷会激发出电场，质量会激发出引力场。场是物质存在的一种基本形式，物体会影响场的分布，场与物体之间有力的作用，电场施力于带电荷物体，引力场施力于有质量物体。像磁场一样，电场和引力场的分布图像也可以用力线来表示。图 18-5 给出了点电荷以及均匀电场的电场线（也叫电力线）分布图，电场线的方向为从正电荷指向负电荷。图 18-6 给出了地球表面的引力场线分布图。

　　就像有质量的物体在地球引力场里有重力势能一样，带电物体在电场里也有电势能。观察图 18-5（c），你要把正电荷从 B 平面移动到 A 平面，你必须克服电场力做功，就像你克服重力把石头推到山上，石头就具有了更大的重力势能一样，这时候正电荷在 A 平面就具有了更大的电势能；同理，负电荷在 B 平面具有更大的电势能。

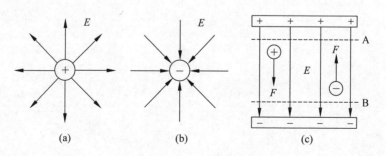

图 18-5　电场线示意图

　　（a）正电荷的电场线分布图；（b）负电荷的电场线分布图；（c）均匀电场的电场线分布图及带电粒子受到的电场力方向

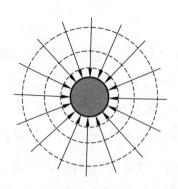

图 18-6　地球表面的引力场线分布图（虚线是等势面）

　　法拉第惊人的物理直觉还不止于力线和场，早在 1832 年，也就是他发现电磁感应现象的第二年，他就预言了电磁波的存在。但是由于他没有相关理论推导与实验佐证，只是一种预测，于是就给英国皇家学会写了一封密信，在信中阐述了这一思想，并声明将来等他用实验证实这一现象后，他有权利宣布这一现象的发现日期是写密信的日期。遗憾的是，法拉第最终也没有完成电磁波的理论与实验，他的接力棒被另一个人接过来了，这个人出生于 1831 年，正是法拉第发现电磁感应那一年，名叫麦克斯韦。

第十九回

偶遇奇缘　小花园里订终身
电磁理论　麦克斯韦建大厦

1831 年 6 月 13 日，在英国苏格兰的首府爱丁堡，当地一个颇有名望的家族里诞生了一个小男婴——詹姆斯·麦克斯韦（1831—1879）。和法拉第不同，麦克斯韦从小就接受了良好的教育，他在数学方面的天赋很早就显现了出来。

詹姆斯·麦克斯韦

14 岁那年，麦克斯韦接触到一个简单的游戏。把一个钉子钉在木板上，把一根细绳系在钉子上，细绳的另一端连着炭笔，用炭笔拉紧绳子转一圈，就能画出一个圆来。圆规就是利用这个原理，这没什么稀奇的，关键的是下一个图形的画法。如果再加一个钉子，把两颗钉子钉在木板上，然后把一根绳子的两端分别系在两个钉子上，用炭笔将绳子挑起来拉紧，缓缓地在木板上转一圈，就能画出一个漂亮的椭圆（见图 19-1）！

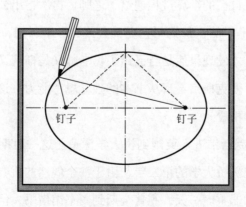

钉子　　　　　钉子

图 19-1　在木板上用钉子和线绳画椭圆，两个钉子就是椭圆的两个焦点

麦克斯韦被这个游戏迷住了，他并不满足于这两个简单的图形，他想：能不能用钉子和绳子画出别的曲线呢？小小的麦克斯韦整天在木板上画来画去，终于，他发现了卵形曲线和多焦点广义椭圆曲线的画法，并为他画出的图形一一列出了对应的方程。于是，麦克斯韦自己写了一篇论文——《关于蛋形曲线及多焦点曲线的绘制》。他父亲看了啧啧称奇，就把论文拿给爱丁堡大学的数学教授看，教授们不相信这是一个14岁孩子的发现，结果查遍了资料，只发现笛卡儿做过类似的工作，而麦克斯韦的方法比笛卡儿的简单得多。这些数学教授们终于被折服了，他们在爱丁堡皇家学会专门组织了一次数学报告会，宣读麦克斯韦的论文。不久，这篇论文在《爱丁堡皇家学会学报》上发表了。苏格兰最高学术机构的学报刊载一个中学生的论文，这还是破天荒第一次。

1847年，16岁的麦克斯韦中学毕业，考进了爱丁堡大学，专攻数学物理。麦克斯韦是班上年龄最小的学生，坐在最前排，他总是在书包里揣着彩色陀螺，下了课就玩陀螺。你可别以为麦克斯韦贪玩，他在玩耍之余，更关注的是色彩在陀螺旋转时发生的变化。大家都玩过陀螺，知道它一旋转起来，各种颜色叠加起来就会变颜色，麦克斯韦希望搞清楚其中的原理。18岁时，他设计了一种叫色陀螺的仪器，来研究色彩的叠加，后来，他证明人类的眼睛只有三种感光器：红、绿、蓝。正是这三种色彩的叠加产生了千变万化的颜色。根据三原色原理，1861年，麦克斯韦拍出了人类历史上第一张彩色照片。

麦克斯韦思维敏捷，聪颖过人。有一次上物理课，麦克斯韦发现老师写在黑板上的一个公式有错误。起初他以为是老师的笔误，课间休息时，他找到老师请求核对。老师核对了讲义，肯定地说没错，这个公式他已经教了好几年了，从来没人提出过异议，他也没发现有什么问题。在下半节课上，麦克斯韦将公式反复验算，证明老师写的这个公式确实有错。下课后，麦克斯韦将自己的推算过程递给了老师，再次指出公式确实有误。老师不以为然地嘲笑说："如果你是对的，我就叫它麦氏公式！"不料想，这位老师回到家里，仔细一看麦克斯韦的推算，才发现果然是自己错了！老师又是惭愧又是高兴，第二天在课堂上当众作了纠正，表扬了麦克斯韦不盲从书本的独立思考能力。这件事让师生们对这个年龄最小的大学生再次刮目相看。

1850年，19岁的麦克斯韦进入英国剑桥大学深造。这一时期，麦克斯韦课上课下阅读了大量的数学专著。在剑桥大学的第二年，由于一个偶然的机会，麦克斯韦引起了著名数学家霍普金斯的注意和器重。一天，霍普金斯到图书馆借书，但他要借的一本数学专著恰好被麦克斯韦借去了。在霍普金斯看来，那本数学专著专家看起来都费劲，更别说学生了。是什么样的学生会看这本书呢？在好奇心的驱使下，霍普金斯找到了麦克斯韦，发现麦克斯韦正在边看书边埋头做笔记，他是真的能看懂！霍普金斯意识到自己发现了一个好苗子，当即就收麦克斯韦为自己的学生。在霍普金斯的指导下，麦克斯韦的数学能力又更进一步。同时，麦克斯韦还师从流体力学专家斯托克斯（1819—1903），学习数学和流体力学。在这两位导师的指导下，麦克斯韦在两年多时间里掌握了当时最前沿的数学方法，为他以后的发展打下了良好的基础。

1854 年，23 岁的麦克斯韦以优异的成绩从剑桥大学毕业。毕业后，麦克斯韦留校工作，不久，他就开始了对电磁现象的研究。他把法拉第的经典著作和论文通读了一遍，对法拉第的力线和场的思想深感佩服。可是，这样清晰的物理图像，却没有用相应的数学公式表示出来，实在是太可惜了，他不由得为法拉第感到惋惜。于是，他决定由此入手，完成法拉第没有完成的工作，他要把力线和场的概念用数学方法精确地表示出来。第二年年底，他的论文《论法拉第的力线》问世了。在论文中，麦克斯韦把法拉第的力线与流体力学中的流线进行了类比，提出了力线的数学形式，并据此导出了一系列电磁学物理量的数学表达式。这篇论文一经宣读就引起了广泛关注。不久，麦克斯韦收到了法拉第的亲笔来信，对他的研究表示赞赏与支持，这也让麦克斯韦深受鼓舞。

就在麦克斯韦准备大干一番时，家乡却传来父亲病重的消息。麦克斯韦是个大孝子，他 8 岁丧母，一直与父亲相依为命，听到消息，他果断地辞去剑桥大学的工作，赶回家乡照顾父亲。遗憾的是，几个月后，他父亲还是病故了。麦克斯韦安葬父亲后，受聘到离家乡不远的阿伯丁市的马里沙尔学院任自然哲学教授。那时候的"自然哲学"其实指的就是"自然科学"，"科学"这个词在 19 世纪末才开始出现。

第一次上讲台，麦克斯韦就把台下的学生们搞得目瞪口呆。他思维敏捷，跳跃性大，有时候没等学生反应过来，他就从一个问题跳到另一个问题，有时候突发奇想，会不会这样，会不会那样，直接就在黑板上演算起来。他讲课语速还快，自己滔滔不绝，台下听众一头雾水。一节课讲完，望着台下那一双双茫然的眼睛，麦克斯韦知道，自己这堂课并不成功。下课了，学生们一哄而散，麦克斯韦尴尬地望着前来听课的学院院长。院长走上前来拍了拍他的肩头说："没关系，以后讲慢一点就好了。"

院长走了，麦克斯韦暗下决心，要改变自己的说话习惯，放慢语速。第二天一大早，他就穿过晨雾，来到院子里的小花园里练习语速，他拿着讲稿，对着想象中的学生讲起课来。正讲得起劲时，身后传来一阵银铃般的笑声，麦克斯韦回头一看，只见一个身材苗条的姑娘正对着他笑。麦克斯韦不好意思了，尴尬地笑了笑，停止了练习。姑娘走上前来，大方地问道："你就是麦克斯韦先生吧？"

麦克斯韦惊奇地问道："你怎么知道？我们见过面吗？"

姑娘笑了："我听说，学院来了一个大才子，叫麦克斯韦，但讲课太快，把学生都吓跑了。刚才听你在这儿极力放慢语速练习讲课，我猜一定就是你了。"

麦克斯韦更惊奇了："我才讲了一次课，你就听说了？谁告诉你的？"

姑娘调皮地说道："保密！"

望着姑娘那明亮的双眸，麦克斯韦一时语塞，不知道该说什么好。姑娘反而问道："你对着空气讲课能练好吗？为什么不找个听众帮你把把关？"

麦克斯韦自嘲地摇了摇头："有谁愿意陪我在这儿浪费时间呢？"

姑娘嘴角一翘："我怎么样？"

"你？"麦克斯韦愣住了。

"怎么，不欢迎吗？"

"不不不，哦，欢迎，欢迎——"麦克斯韦忙不迭地说。

"那还等什么呢，来吧，开始吧！"姑娘说着，坐在旁边的长条凳上，热切地望着麦克斯韦。

麦克斯韦脸颊有点发烫，他鼓起勇气，在姑娘面前讲了起来。讲着讲着，他的语速不自觉地又快了。姑娘打个手势让他停下来，对他说："麦克斯韦先生，你又控制不住了！"

麦克斯韦挠挠头说："我也不想这样，可是舌头好像不听使唤，一讲起来就收不住。"

姑娘认真地对他说："我替你想个办法吧，当你觉得控制不住语速时，就咬住舌头，整理一下思路，然后再往下讲。"

麦克斯韦试了一下，果然有效。时间过得真快，不一会儿，一节课就讲完了，姑娘站起身来，向他伸出大拇指："麦克斯韦先生，你今天进步很大，明天继续加油哦！"说罢，莞尔一笑，转身翩翩离去。

麦克斯韦呆呆地望着姑娘的背影，突然才想起来点什么，连忙喊道："姑娘，你明天还来吗？""明天见——"姑娘的声音飘了过来。麦克斯韦会心地笑了。

第二天，麦克斯韦早早来到小花园里。果不其然，不一会儿，昨天的姑娘也如约而至。两人见面后，麦克斯韦搓着手，说出了他心中一天的疑问："姑娘，我昨天太粗心了，都忘了问你的芳名了。"

姑娘莞尔一笑："我叫凯瑟琳·玛丽·迪尤尔。"

"迪尤尔？"麦克斯韦一愣，她竟然和学院院长一个姓，"你是？"

凯瑟琳笑了："我是院长的女儿。"

"哦，怪不得呢，我的糗事你第一时间就知道了。"麦克斯韦也笑了。

"我父亲可夸你是一个不可多得的人才呢！"凯瑟琳望着他的眼睛说。

麦克斯韦连忙摆手："不敢当，不敢当。"

凯瑟琳被他慌乱的样子逗笑了："好了，别谦虚了。来吧，我们上课吧！"说着，她又坐在昨天的凳子上，微笑地看着他。

麦克斯韦拿起讲义刚要讲，突然又想起什么，他把讲义放下，问道："凯瑟琳，我讲的东西你能听懂吗？"

凯瑟琳摇了摇头，瞪大眼睛一摊手："你讲的每个字我都能听懂，但组合在一起就不懂了。"

麦克斯韦若有所思，问道："你喜欢看书吗？"

凯瑟琳点点头，说："喜欢，我最喜欢看小说和诗歌。"

"那这样吧，以后你就带着小说和诗歌来这里看书，我练习讲课，你要听着语速不对就提醒我一下，要是正常你就专心看书，省得你觉得没意思，好吗？"麦克斯韦说。

凯瑟琳心中暖暖的，麦克斯韦不但有才华，还很会体贴人，她伸出手掌："成交！"麦克斯韦局促地伸手和凯瑟琳轻轻击了一下掌，两个年轻人的心中都荡起了波澜。

两个月后，麦克斯韦兴高采烈地写信给剑桥大学的朋友说："谢天谢地！两个月来我在讲台上总算没再闹过笑话。一旦我感到要'走火'了，就咬住舌头，于是马上就控制住了。"就这样，麦克斯韦在马里沙尔学院开始了他戏剧性的教学生涯。

两年后，也就是1858年，麦克斯韦结婚了，新娘不是别人，正是凯瑟琳。夫妻俩琴瑟和谐，恩爱有加，对对方都好得不得了，真是羡煞旁人。不过，刚过两年，两人的爱情就遭到了严峻的考验。1860年，麦克斯韦不慎染上了一种烈性传染病——天花，在那个缺医少药的年代，天花的致死率非常高。凯瑟琳完全将自己的生死置之度外，毅然与丈夫共渡难关。她不让仆人们进入病室，以免他们被传染，而她自己则冒着风险，一个人守在病室里，日夜悉心照顾麦克斯韦。在凯瑟琳的精心照料下，麦克斯韦终于转危为安，康复如初。可以说，是凯瑟琳拯救了麦克斯韦，同时也拯救了物理学的未来。在这场生命攸关的考验中，凯瑟琳证明了她对爱情的坚贞。同样，麦克斯韦对妻子也是一样情深义重。据身边的朋友回忆，凯瑟琳后期身体不太好，麦克斯韦尽管工作繁忙，但仍然对妻子照顾得无微不至。有一段时间，凯瑟琳的身体很虚弱，常常需要护理，麦克斯韦曾经有一次连续3个星期都没上床睡觉，而是睡在凯瑟琳床边的椅子上，一边写手稿，一边照看她。对于凯瑟琳和麦克斯韦这对真心爱人，有诗赞曰：

花前月下易，海枯石烂难。

麦氏贤伉俪，情深比金坚。

却说在马里沙尔学院，麦克斯韦暂时放下了电磁学研究，转而用数学和物理方法解决了一个天文学难题——土星光环问题。土星是一个奇特的行星，它的周围有一条明亮的光环带，很漂亮，而且这个光环的形状从地球上看呈周期性变化。多年来，天文学家们对土星光环的组成和运动有种种猜测，但一直无法令人信服。麦克斯韦经过严密的分析和计算，写出了《论土星光环运动的稳定性》这篇论文，论文近70页，有200多个方程式，成功地论证了土星光环是由一群离散的小碎块构成。他的这一结论在38年后才被天文观测所证实。

1860年年初，马里沙尔学院与阿伯丁皇家学院两所大学合并成了一所学校，合校后只能保留一个自然哲学教授名额，尽管麦克斯韦才华横溢，但他却意外地落选了。虽然不少人为他抱不平，但麦克斯韦却坦然受之。这时候，麦克斯韦的母校爱丁堡大学又传来消息，要聘请一位自然哲学教授，麦克斯韦决定申请这个职位。应聘的共有3人，遗憾的是，麦克斯韦又落选了。走投无路之际，麦克斯韦想到了4年前给自己写信的法拉第，他决定写信向法拉第求助。法拉第深知麦克斯韦的才华，收到来信后，他想到了自己当年向戴维求助的那一幕，他决定像自己的老师那样，帮助这个年轻人。他很快就写了回信，邀请麦克斯韦到自己所在的皇家研究院任教。

1860年初夏，麦克斯韦夫妇告别家乡，来到了伦敦。在皇家研究院安顿妥当后，麦克斯韦立即去拜见法拉第，但不巧的是，法拉第外出度假了。是年秋天，法拉第回到了伦敦，麦克斯韦再次去登门拜访，这两位电磁学界的实验大师与理论大师终于见面了。这一年，法拉第已经69岁，两鬓斑白，而麦克斯韦刚刚29岁，正值盛年。围绕着如何把力线和场数学化的问题，两人相谈甚欢。最后，麦克斯韦请法拉第指出自己那篇《论法拉第的力线》的论文的缺点，法拉第沉吟片刻，说："你不要仅仅停留在用数学的方法来解释我的观点，你要力争突破它！""力争突破它！"法拉第的话，像一把金钥匙，开启了麦克斯韦的思维之门。麦克斯韦意识到，自己站在巨人的肩上，理应看得更远，这是历史的使命，也是前辈的期望。他暗暗下定决心，要集中全部精力进行电磁学的理论探索，不负法拉第的重托。

在法拉第的鼓励下，1862 年，麦克斯韦发表了他的第二篇电磁学论文《论物理力线》，创造性地提出了"涡旋电场"和"位移电流"两大假设，揭示出变化的磁场产生电场（麦克斯韦称之为涡旋电场），变化的电场（麦克斯韦称之为位移电流）产生磁场，由此，电场和磁场被统一成一个有机的整体。1865 年，麦克斯韦发表了他的第三篇电磁学论文《电磁场的动力学理论》。这是一篇关于电磁场理论最重要的总结性论文，在这篇论文中，麦克斯韦明确宣告他提出的理论可以称为"电磁场理论"。

"变化的磁场激发电场，变化的电场激发磁场"是麦克斯韦电磁场理论的核心，以这两条假设为基础，麦克斯韦依靠自己强大的数学功底，整合并扩展了前人发现的各种电磁方程，提出了后来以他的名字命名的电磁学方程组——麦克斯韦方程组。麦克斯韦方程组是由四个方程组成的，简单来说，第一个方程描述电，第二个方程描述磁，第三个方程描述磁如何生电，第四个方程描述电如何生磁。正如牛顿运动方程能完全描述质点的运动过程一样，麦克斯韦方程组能完全描述电磁场的产生、分布与变化过程。麦氏方程组不但能解释当时已知的所有电磁实验现象，还预言了电磁波的存在——交变的电场和磁场环环相扣、相互激发，因此，只要某处发生电磁扰动，电磁场就会迅速传播开去，形成电磁波（见图 19-2 ）。

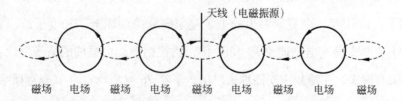

图 19-2　电场和磁场的交替激发形成电磁波（图中只画出一个方向，实际上电磁波是以振源为中心，向空中任何方向以光速传播的球面波）

那么，如何发生电磁扰动，或者说，电磁波怎么才能产生呢？你知道，如果你在水面上来回摇动一根木棍，水面上将产生水波，同理，如果你在空间中来回摇动一根带电棒，空间中就会产生电磁波。麦克斯韦用理论推导证明，电磁波的产生是与电荷的加速运动相联系的。也就是说，电荷静止和作匀速直线运动不能产生电磁波，但电荷加速运动会产生电磁波，无论是直线加速还是向心加速都行。

更令人吃惊的是，麦克斯韦计算出电磁波的传播速度恰好等于光速，麦克斯韦认为这不是偶然的巧合，他做出了一个大胆的推测：光波和电磁波是同一种波。后来人们发现，他是对的！麦克斯韦不仅统一了电和磁，还统一了电磁学与光学，揭示了光就是电磁波，电磁波就是光。可以说，麦克斯韦的电磁理论是物理学历史上继牛顿统一天上地下的力学以后的第二次大统一。

"变化的磁场激发电场，变化的电场激发磁场"，这是麦克斯韦在没有充分经验事实的情况下，单纯依据抽象的、数学上的对称性而得出的结论。麦克斯韦方程组的对称性对近代物理的另一个启示，是让人们思考磁单极子存在的可能性。自然界有单独存在的正或负的电荷，却没有单独存在的 N 极或 S 极的磁荷（磁单极子），这似乎不满足对称性的思想。假如磁荷存在，电磁场就能实现完全对称，因此，人们总想寻找磁单极子。可是，迄今为止，人们发现，无论磁体多么小，都是 N 极和 S 极同时存在。如果你把条形磁铁分成两半，每半块磁铁仍然表现得和完整的磁铁一样；再次分成两半，你就有了四块完整的磁铁；哪怕你把磁铁分成一个个的原子，它依然有两个磁极。直到现在，人们也没找到磁单极子。值得一提的是，由于没有单独的磁荷，磁场就成了无源之水，无本之木，这也促使爱因斯坦去思考磁场的本质来源，进而引导他发现了狭义相对论。根据相对论，电场和磁场只不过是一个统一的实体——电磁场在不同参考系中的不同分量而已，二者没有本质区别，此是后话不提。

1864 年，法拉第辞去了皇家研究院实验室主任的职务，由于年老体衰，他已不大在社会上露面了。1865 年，麦克斯韦也辞去了皇家研究院的职务，和妻子返回家乡，专心致志地创作电磁学专著《电磁通论》。1867 年，法拉第坐在书桌前的椅子上睡着了，这一觉，他再也没有醒来，在睡梦中安然地去世了，享年 76 岁。1871 年，麦克斯韦重出江湖，受命为剑桥大学筹建卡文迪什实验室，并一直在这里工作直到去世。1873 年，《电磁通论》出版，这部巨著建立了电磁理论的宏伟大厦，具有划时代的意义，可与牛顿的《自然哲学之数学原理》相提并论。1879 年，麦克斯韦因病英年早逝，享年 48 岁。7 年后，凯瑟琳也辞世而去，人们将她与麦克斯韦合葬在一起，共用一块墓碑。在天愿为比翼鸟，在地愿为连理枝，这句诗就是这对夫妻的真实写照吧。

随着法拉第和麦克斯韦的去世，一个时代落幕了，但是另一个时代又拉开了序幕。电磁学理论的发展，带动了一大批实用技术的诞生——电报、电话、电灯、无线电，等等，使人类社会快速步入了电力时代。正是：

科学理论打头阵，技术脚步紧跟随。

人类社会大发展，全靠科技大作为。

第二十回

千里挑一　爱迪生发明白炽灯
交直之战　特斯拉险胜爱迪生

话说法拉第虽然发明了最原始的发电机和电动机，但是它们真的就像一个婴儿一样，这个婴儿还需要慢慢长大。由于发电机和电动机都是靠电磁感应原理工作，因此，获得强大的磁场是这两样东西实用化的基本前提，电磁铁这时候就派上了大用场。1831 年，美国物理学家亨利（1797—1878）造出了能吸起一吨重的铁块的电磁铁，其磁场之强令人咋舌。

1834 年，德国物理学家雅可比（1801—1874）用电磁铁做转子，制成了世界上第一台实用的直流电动机。1867 年，德国工程师西门子（1816—1892）发明了世界上第一台自励式发电机。所谓"自励"，就是发电机的电磁铁用它自己产生的电流来供电，不用外加笨重的电池组来供电了，从而使发电量大大增加。此后，电能价格大大下降，逐渐开始受到人们的青睐。1873 年，西门子公司的工程师又发明了交流发电机。自此，直流发电机、交流发电机、直流电动机都被造出来了，经过人们不断改进，它们的效率也越来越高。但是，唯有交流电动机还没有出现。

同时，人们对于电路的认识也越来越清楚。1845 年，年仅 21 岁的德国物理学家古斯塔夫·基尔霍夫（1824—1887）提出了分析电路网络中电流、电压、电阻之间关系的基尔霍夫电流定律和电压定律。电流定律是：在任一时刻，流入某一节点的电流之和等于流出该节点的电流之和。电压定律是：在任一时刻，在电路中任一闭合回路上各段电压的代数和恒等于零。

电流定律反映了汇合到电路中任一节点的各支路电流间的相互制约关系，即流向节点的电荷必然等于由节点流出的电荷，在节点上不能堆积电荷。电压定律反映了一个回路中各段电压间的相互制约关系，即从回路中任意一点出发，沿回路循行一周回到出发点时，该点的电势是不会发生变化的，电势升高之和必然等于电势下降之和。

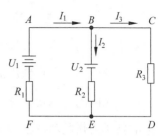

基尔霍夫定律使人们可以清晰而条理地分析复杂电路，解决了当时电器设计中存在的电路方面的难题，基尔霍夫也因此被称为"电路求解大师"。图 20-1 给了一个简单的例子。

图 20-1　复杂电路分析示例［高电压的电池 U_1（内阻 R_1）和低电压的电池 U_2（内阻 R_2）并联以后向 R_3 供电，假设两个内阻 R_1、R_2 相等且远小于 R_3。根据基尔霍夫定律，通过节点 B 的电流之和为零。而 $ABEFA$、$BCDEB$ 以及 $ACDFA$ 三个回路中的电压代数和均为零，据此可以求出 R_3 两端的电压约等于 $(U_1+U_2)/2$ ］

话说人们虽然对电路分析得头头是道，但令人尴尬的是，当时竟然连电灯泡都没有。自古以来，照明就是最让人类头疼的问题，蜡烛、煤油灯、煤气灯亮度有限，还容易失火，很难让人满意。无论是划破夜空的闪电，还是黑暗中摩擦出的电火花，都让人们意识到，电是可以用来照明的。因此，自从伏打发明电堆以后，人们就开始研究用电来照明。

第一个取得突破的人是戴维。1821 年，戴维发明了电弧灯。他把连接在 2000 个电池上的两个碳电极靠近，在距离大概 10 厘米时，两电极间出现击穿空气放电的电弧，耀眼夺目，因此得名"弧光灯"。戴维形容其"极其明亮，胜过阳光"。弧光灯耗资巨大，灯光又太过耀眼，根本无法走进寻常百姓家，因此，大家用的还是煤气灯。后来，人们又发明了原始的白炽灯，但性能很差，基本没有推广价值。直到 1878 年，美国发明大王托马斯·爱迪生（1847—1931）把目光瞄向了电灯，人类才真正迎来了电力时代。

爱迪生和法拉第一样，从小没念过几年书，但动手能力却极强。由于家庭拮据，爱迪生 12 岁就出来赚钱养家，在火车上卖零食和报纸。有一次，爱迪生从列车呼啸而来的铁轨上救下一个小男孩。正所谓好人有好报，男孩的父亲是一个电报员，为了感谢爱迪生，教会了他电报收发技术。于是，16 岁那年，爱迪生成了一名"流浪"电报员，在美国各地的电报公司辗转打工。爱迪生善于钻研，他研读了大量电学资料，对电报机做出了好几项改进发明。22 岁那年，爱迪生"流浪"到了美国的金融之城——纽约。在这里，他发明了一种股票行情自动收报机，受到财大气粗的华尔街老板们的青睐，爱迪生也因此小赚了一笔。从此，他有了资金来实现自己的梦想——搞发明。

托马斯·爱迪生

1869 年，爱迪生 23 岁那年，招募了几个志同道合的年轻人，成立了一家公司。这家公司不干别的，专门搞发明。各大企业有什么急需解决的电力方面的技术难题，来找爱迪生，爱迪生的团队很快就能做出他们想要的东西。很快，这家公司声名鹊起，到 1876 年，爱迪生团队已经取得了 200 多项专利，也积累了大量的资金。这一年，爱迪生在离纽约很近的新泽西州的门罗公园建立了自己的实验室。这个实验室是世界上第一家"发明工厂"，它打破了以往科学家个人独自从事研究的传统，把许多不同专业的人组织起来，有科学家、工程师、技术人员、工人等，共 100 多人，由爱迪生出题目并分派任务，共同致力于同一项发明，从而开辟了现代科学研究的新途径，彻底改变了发明的流程。

爱迪生组建的这个大团队一出手就不同凡响，他们首先改进了美国发明家贝尔于 1876 年发明的电话，使电话传送的声音质量大大提高，推动了电话的普及。1877 年，爱迪生团队又发明了世界上第一台留声机。当人们听到机器竟然可以把人的声音录下来再重新播放出来时，简直不敢相信自己的耳朵，以为是爱迪生施展的魔法，从此，爱迪生赢得了"门罗公园的魔法师"这一美誉。留声机的发明在当时引起了轰动，爱迪生也因此名声大噪，不过，爱迪生很快就把这个著名发明抛到脑后，开始迎接新的挑战——制作耐用的电灯泡。

1878 年，爱迪生开始研究白炽灯。白炽灯起源于 1840 年，英国人格罗布把通过强电流的铂丝置于真空玻璃容器中使其发光，这是最早的白炽灯原型。1845 年，美国人斯塔研制出两种供幻灯机使用的电灯泡，一种是把铂丝密封在真空玻璃瓶中，另一种是用碳棒代替铂丝。1860 年，英国化学家斯旺设计出一种低电阻的碳丝电灯，但灯光并不亮，灯泡寿命也很短。斯旺的灯丝是用纸和丝绸碳化而成的。

白炽灯的原理并不复杂，我们知道，烧红的铁块在黑暗中会发光，也就是说，物体被加热时会发光，这就是白炽灯的发光原理。当物体被加热到 500 摄氏度以上时就会发出可见光，而灯丝在电流作用下，温度可高达两三千摄氏度，因此能发出强光照明。爱迪生要解决的是，什么样的东西做成灯丝既能耐得了几千度的高温，又能持久工作而不被烧断。而要想使灯丝达到几千摄氏度的高温，它就必须具有非常高的电阻，电阻越高，电流经过时发热量越大，温度才能越高。于是，爱迪生开始满世界寻找高电阻、长寿命的灯丝材料。

也许是受到斯旺碳丝电灯的启发，爱迪生经过一段时间的初步筛选后，最终把目标锁定在了碳化物上。所谓碳化，就是把含碳化合物（一般为有机物）在隔绝空气条件下加热分解为碳和其他气体产物。所以爱迪生寻找的灯丝也属于碳丝。碳材料可以耐 3000 摄氏度以上的高温，很适合做灯丝，爱迪生带领手下的 100 多名专家和技术人员，开始了大海捞针似的筛选。芦苇、树叶、木头、纸张……所有含纤维的东西都拿来碳化。这时的爱迪生，脑子里只剩下两个字："碳化。"无论什么时候，只要看到和想到某种物质没有试验过，他总会大声喊道："将那玩意儿马上碳化！"

1879 年 11 月，在经过一年的奋战之后，爱迪生团队终于找到了一种碳化棉线作为灯丝，能使灯泡发光 45 小时，这是整个团队试验了 1600 多种材料才找到的最好的灯丝。但是，爱迪生并不满足，他的目标是 1000 小时。在为碳化棉线灯泡申请了专利以后，团队继续奋战。终于，在经过 6000 多种材料的试验后，他们发现竹子纤维在碳化后，寿命非常长。爱迪生立即派人挑选世界各地的竹子来试验，最终选定了一种日本竹子，这种竹子碳化后做成灯丝，发光时间可长达 1200 小时。

在研制白炽灯的过程中，爱迪生一直采用直流电源。经测试，他发现如果电压太高，脆弱的灯丝很快就会过热断裂；如果电压不足，灯光则会闪烁不定。他最终选定 110 伏电压，这一电压标准在美国一直沿用至今。读者应该都知道，我国用的是 220 伏电压，和美国不一样。

1880 年 5 月，新灯泡研制成功，至此，爱迪生终于发明了可实用化的电灯泡。随后，爱迪生的灯泡（见图 20-2）开始大规模生产。

现在人们一提到爱迪生，首先想到的就是电灯泡。但实际上，爱迪生对电力时代最大的贡献并不仅仅是电灯泡，还有让灯泡步入千家万户的一整套电力照明系统。

试想，如果光给你一个电灯泡，你还得自己去买发电机，你会用电灯吗？还不如买个煤气灯算了。为了取

图 20-2　爱迪生公司在 1881 年和 1882 年生产的竹碳丝灯泡

代当时的煤气灯，爱迪生就面临着这个问题，他必须为电灯提供配套技术，包括墙上开关、在城市路面下为电灯输送电力的电线，以及为一个电灯小区供电的发电机，等等。这是一套庞大而耗资巨大的系统，但爱迪生从来不会退缩，他迎难而上，在 1880—1881 年，先后成立了生产灯泡的灯泡厂、制造发电机的机器厂、铺设地下线路的电力管道公司，以及生产灯座和开关等配件的工厂。

1882 年 9 月 4 日，激动人心的时刻到了，经过几年的建设，爱迪生在纽约华尔街地

区的电力照明系统正式投入使用。发电站就坐落在街区中心，由蒸汽机带动 6 台直流发电机发电，点亮了约 0.6 平方公里范围内的所有电灯。此刻，爱迪生踌躇满志，希望将来用他的电力系统照亮整座城市！

遗憾的是，爱迪生很难实现他的雄心，其关键原因，就在于他使用的是直流发电机。当时的直流发电机发出的电压比较低，低电压的直流电在传输的过程中损耗严重，只能为发电厂周围一两公里的范围供电。为了把电能传输到远方，必须降低在传输电线上的损耗，这就需要提高发电的电压。在传输功率不变的情况下，电压越高电流就越小（功率 = 电压 × 电流）。电流越小，电线发热量就越小，能量损耗也就越小，这样才能实现远距离输电。但是，当时的技术水平有限，高电压往往使得发电机的线圈无法承受，还给用户的使用带来困难。因此，对爱迪生而言，远距离输电存在巨大的技术障碍。

尼古拉·特斯拉

1884 年，爱迪生的团队迎来了一位新成员——尼古拉·特斯拉（1856—1943）。特斯拉出生于塞尔维亚，从小酷爱工程技术，大学期间专攻工程学。他大学毕业后曾经在爱迪生设在巴黎的分公司工作过，后来，出于对爱迪生的仰慕，他决定远涉重洋直接去美国，投奔爱迪生。

1884 年 6 月的一天，28 岁的特斯拉踏上了美国的土地。他的口袋里装着一封巴黎分公司的主管写给爱迪生的介绍信，打听好地址后，他兴冲冲地迈入了纽约的街道。路过一家店铺门口时，他看见老板正对着一台坏了的机器发愁，于是停下脚步，主动上前帮忙修理。鼓捣几下，特斯拉就把机器给修好了，老板喜出望外，给了他 20 美元作为酬谢。特斯拉吹了一声口哨继续上路了，这对他来说是小意思。

爱迪生这一年刚满 32 岁，但由于操劳过度，他的头发已经开始花白了。这时候，他正对着空荡荡的办公室发愁，一个街区发生了电力故障，他把所有工程师都派去维修了，但事不凑巧，船舶公司又打来电话，说船上的发电机坏了，让爱迪生立刻派人来修理。爱迪生硬着头皮答应下来，但是他已经无人可派了。

爱迪生咬咬牙，看来得自己亲自出马了。他找出工具箱，背在身上，嘱咐秘书如果有工程师回来立刻去船厂协助他。刚要出门，门外传来了敲门声。爱迪生拉开门，一个瘦高的年轻人站在他面前。

"您就是爱迪生先生吧？"年轻人问道。

"我就是，先生有何贵干？"爱迪生着急出门，语气有些不耐烦。

来人正是特斯拉，他拿出介绍信，向爱迪生说明来意。爱迪生接过介绍信草草一看，原来是在巴黎干过的工程师，便问道："你会修发电机吗？"

特斯拉说："小意思。"

这年轻人口气倒不小。爱迪生打量了特斯拉一眼，把工具包交到他手上说："你要能把船上的发电机修好，我就录用你！"

特斯拉说："没问题！"

爱迪生让秘书带着特斯拉去了船舶公司，他在办公室来回踱着步，有点后悔这事做得太冒失，自己对特斯拉一点儿不了解，万一特斯拉把事情搞砸，那就砸了自己的招牌。

特斯拉一夜未归。

第二天一大早，爱迪生来上班，特斯拉已经在会客厅等着了。爱迪生一看到特斯拉，赶忙问道："怎么样？修好了吗？"

特斯拉微微一笑，说道："两台都修好了。"

爱迪生悬着的心终于放了下来，他问道："修了多长时间？"

"熬了个通宵。"特斯拉说道。

这个年轻人不但技术好，还能吃苦，爱迪生心中暗喜，他拍拍特斯拉的肩膀："干得好，伙计，你被录用了！"

很快，特斯拉就凭借过硬的技术获得爱迪生的赏识。爱迪生给特斯拉以几乎完全自主权，由他全权处理新工厂的设计和运行方面的各种问题。

几个月以后，特斯拉来找爱迪生，他对爱迪生说，他能提高直流发电机的工作效率。爱迪生虽然知道特斯拉能力出众，但他不相信特斯拉一个人能抵得上他的整个团队。爱迪生认为他的团队已经把直流发电机设计得很完美了，他觉得特斯拉是在吹牛，就对他说："你要真能做到，我就奖励你 50 000 美元。"

特斯拉兴奋异常，50 000 美元在当时可是一笔大数目，相当于特斯拉 50 年的工资。本来，特斯拉并没想要这么多报酬，但爱迪生给出了赏金，特斯拉的活力被完全激发出来了。他没日没夜地钻研苦干，经过几个月的努力，终于实现了诺言，通过技术改进，直流发电机的效率果然大大提高。大功告成以后，特斯拉请爱迪生来验收，爱迪生看了很满意。可是，爱迪生却没有表示出要奖励特斯拉的意思。特斯拉心想，可能是爱迪生还要再考察一段时间吧，于是就耐心等待着。

过了一段时间，改进后的直流发电机运转良好，特斯拉觉得是时候让爱迪生兑现诺言了，于是他去找爱迪生，要那 50 000 美元奖金。

没想到，爱迪生接下来的话语让特斯拉大吃一惊。爱迪生说："特斯拉，你太没有幽默感了，你不知道我们美国人爱开玩笑吗？我当时是跟你开玩笑呢，你怎么还当真了？"

特斯拉被爱迪生激怒了，他没想到爱迪生居然出尔反尔，言而无信。但是，空口无凭，没签任何协议，他也没法找爱迪生理论，只好自认倒霉。

很快，特斯拉就从爱迪生的公司辞职了，他只在爱迪生身边工作了 10 个月。除了奖金食言的原因以外，还有一个原因就是他和爱迪生对电力未来发展方向的看法存在巨大分歧。特斯拉已经看出了直流输电系统的局限性，他曾大胆地向爱迪生提议，建议公司发展交流电系统。然而爱迪生的态度是冷淡的，在爱迪生看来，他制造的直流电系统已足够使用了，只需在此基础上进行改进即可。直流发电系统给爱迪生带来丰厚收入的同时，也让他产生了坐享其成的想法，不愿意大动干戈再去搞交流电。于是，特斯拉决定辞职，自己去研究交流电。

特斯拉为什么看好交流电呢？原来，交流电能完美地解决远距离输电问题。直流电是电流方向一直不变的电流，而交流电则是电流方向来回变化的电流（见图 20-3），像我们用的 50 赫兹交流电，每隔 0.01 秒电流就变换一次方向。交流电有个特点——可以用变压器改变电压！变压器的基本原理如图 20-4 所示。1883 年，人们研制出了达到实用化水平的变压器。变压器使得人们可以随意地将电压变高或变低，于是，可以采用低压的交流发电机发电，经过变压器升压后输送出去，升压后传输功率并不变，于是电流就会减小，损耗减小。到达用户端以后，再通过变压器降压，用户就可以用上安全可靠的低压电。这样，就完美地解决了远距离输电问题，输送范围可达到几百公里。

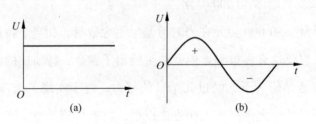

图 20-3 两种电流的区别

（a）直流电；（b）正弦交流电

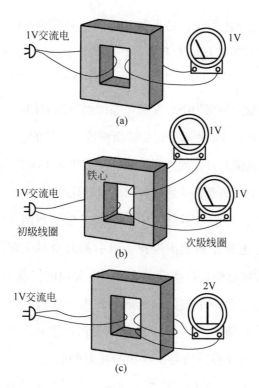

图 20-4　依靠电磁感应原理工作的变压器（a）、（b）次级线圈与初级线圈匝数相同，感应出相同电压；（c）次级线圈匝数是初级线圈的两倍，感应出两倍的电压（变压器虽然可变电压，但功率是不会变的，即初级线圈的输入功率等于所有次级线圈的总输出功率）

那么，爱迪生为什么不采纳特斯拉的建议呢？除了不愿意放弃已经投入巨资的直流电系统以外，还有一个重要的原因，就是当时还没有交流电动机。电动机已经成为工厂必不可少的设备，如果没有交流电动机，交流电就没法为工厂服务，所以他否决了特斯拉的建议。有读者问了，没有交流电动机，发明一个不就完了吗？爱迪生手下有一大堆工程师，搞这个发明很难吗？是的，的确很难。当时绝大多数人都认为交流电动机是不可能制成的，除了特斯拉。

事实上，早在来美国的前一年，特斯拉就研制出了世界上第一台小型交流电动机的模型，如果他不辞职的话，这一发明也许就归爱迪生的公司了。特斯拉辞职以后，一度在经济上十分困难，甚至沦落到在大街上挖地沟、扛麻袋以维持生计，但是，他并没有放弃他的交流电动机研发计划。1885 年，他发明了多相交流电技术。1887 年，他为自己掌握的交流供电系统和交流电动机申请了 7 项专利。在申请到专利以后，他的发明引起了企业家威斯汀豪斯的注意。威斯汀豪斯在 1886 年成立了一家公司（后来的西屋电气公司），专门研发交流供电系统，特斯拉的专利正是他寻觅已久的东西。1888 年，威斯汀豪斯找到特斯拉，买下了他的专利，并聘请特斯拉到他的公司工作，继续完善改进交流电系统。

在威斯汀豪斯和特斯拉的努力下，交流电系统悄然发展起来，在爱迪生看来，这是对他的直流电网的一种公然挑战。而对手正是特斯拉这个昔日的手下，更让爱迪生感到难堪，如果特斯拉成功了，就意味着自己的判断失误。爱迪生为了维护自己在直流电系统上的巨额投资和利益，也为了挽回颜面，开始向其对手发动猛烈的攻击。

在爱迪生的授意下，一个名不见经传的电气工程师布朗开始大肆宣扬交流电的危险性，他当众用交流电电死纽约的流浪狗，以引起公众对交流电的畏惧心理。他还建议纽约市采用电刑来代替绞刑，并且建议使用西屋公司的交流电来执行死刑。1890 年，一个死刑犯凯姆勒成为了第一个被处以电刑的犯人。在法庭上，凯姆勒的律师对电刑提出质疑，爱迪生亲自到场作证，说 1000 伏的交流电能让人迅速死亡，且没有任何痛苦，法官采纳了爱迪生的证词。结果，在执行死刑的时候，第一次持续了 17 秒的电击并没有使犯人死亡，于是，又进行了第二次电击，为了保证效果，这一次持续了 62 秒，倒霉的凯姆勒终于被电死了。这一糟糕的行刑过程被媒体报道以后，也引起了人们对交流电的恐惧。

威斯汀豪斯和特斯拉并不甘示弱，他们很快就展开了反击，他们四处公开演示，让公众看到，只要电力公司处理得当，交流电的安全性是可以保证的。

这场交直流大战的转折点出现在 1893 年，这一年，西屋公司以低于爱迪生公司报价一半的价格，拿下了芝加哥世界博览会的照明工程系统订单。这次博览会通过交流电点亮的几十万只灯泡灯火辉煌，让西屋电气大获全胜，也成为社会大众改变对交流电认识的转折点。博览会结束后不满一年，美国国内新订购的电器、电动机有超过一半使用交流电，爱迪生的直流电系统大势已去。

随着时间的推移，直流电退出了竞争，交流电进入了千家万户，点亮了一座座城市，带动了一座座工厂，一直延续到现在。

爱迪生退出电力市场以后，并没有放弃直流电，转而研究电动汽车。电动汽车是靠电池带动，电池发出的还是直流电。经过几年的研究，他发明了一种铁镍蓄电池，并造出了用铁镍蓄电池带动的电动汽车。从 1910 年开始，爱迪生的电动车开始畅销起来。

以当时的物价水平来看，汽油相当昂贵，而电动车不需要汽油，电动车也比内燃机汽车容易发动，当时的内燃机车必须手摇曲柄发动，很费力气。在这段时间里，爱迪生似乎已经东山再起。

然而命运又跟爱迪生开了一个玩笑，没过几年，炼油工艺的大幅改进降低了汽油价格，而汽车启动器的发明，也使得引擎发动变得很容易。1920 年年初，福特汽车公司批量制造的低价位 T 型汽车对电动汽车发起了致命一击，人们争相购买福特车，电动汽车销量大幅下滑。1930 年以后，爱迪生的电动汽车被市场淘汰了。

1931 年 10 月 18 日，84 岁的爱迪生在家中去世。在第三天晚上 10 点左右，全美国几乎所有电灯都被关掉一分钟，以悼念爱迪生。虽然这时候的白炽灯灯丝已经换成了钨丝（1910 年发明），但这并不影响爱迪生的灯泡在历史上的地位。后人有诗评曰：

电力时代由他创，夜色流光自他明。

交直之战虽败北，无碍青史第一名。

特斯拉终身未婚。1943 年 1 月 7 日，他在一个旅馆里由于心脏衰竭去世，享年86 岁。2000 多人参加了他的葬礼。现在，塞尔维亚的货币上还印着特斯拉的头像。为了纪念他，后人将表征磁场强弱的物理量——磁感应强度的单位命名为"特斯拉"，简称"特"（T）。

话说，爱迪生和特斯拉的电流战争虽然结束了，但这并不是直流电和交流电战争的结束。随着电力工程技术的发展，人们发现其实直流电在高压传输时损耗比交流电更小，而且直流输电只要正、负两根电线，交流三相线路输电则需要三根电线，显然直流输电成本更低。但是，直流电如何升压呢？人们发明出了可以把交流电变成直流电的整流器，以及把直流电变成交流电的逆变器。这样，升压的工作交给交流做，交流升到高压以后，转变成直流传输，到了目的地后，再把直流转换成交流，就能降压使用了（见图 20-5）。也就是说，交直流结合才是最佳方案。目前世界上电压等级最高、水平最先进的输电工程是我国的准东—皖南 ±1100 kV 特高压直流输电工程。工程线路全长 3324 公里，每千公里输电损耗只有约 1.5%。

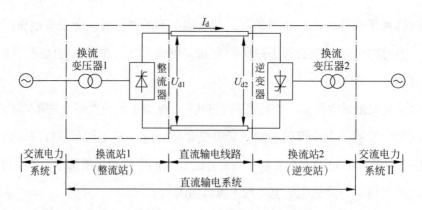

图 20-5 高压直流输电系统原理图

近年来，爱迪生那被燃油车打败的电动汽车也重出江湖，大有和燃油车一较高下之势。虽然电池换成了更高级的锂离子电池，但电动汽车靠电池驱动的本质没变。令人唏嘘的是，现在美国最出名的电动汽车品牌竟然名叫"特斯拉"。不知爱迪生泉下有知会作何感想。后人叹曰：

风水轮流转，世事总无常。

笑看古今事，云卷云又扬。

第二十一回

能量守恒　焦耳定热功当量
熵增无序　热力示时间箭头

从 18 世纪开始，随着欧洲工业革命的兴起，人们掀起了制造永动机的热潮，然而，热力学的发展，打破了人类的幻想，人们终于意识到，永动机永远也造不出来。

在热学现象中最基本的两个概念是温度和热量，历史上人们用了很久的时间才将它们区分开来。其实，只要做一个很简单的实验，我们就能看出温度和热量的区别。把 1 升水放在火焰上加热，假设它的温度从 25 摄氏度升高到 100 摄氏度需要 1 分钟。如果在同一个容器中装上 2 升水并且用同样的火焰来加热，要使它升高到 100 摄氏度就需要 2 分钟。显然，虽然 1 升水和 2 升水温度变化一样，但是 2 升水吸收的热量是 1 升水的 2 倍。

热量与温度一经辨别清楚，人们就意识到，温度和热量应该有各自独立的度量单位，温度用温度计来测量，热量应该用量热器来测量。1709 年，波兰人华伦海特（1686—1736）发明了酒精温度计，1724 年又制成水银温度计，定出了历史上第一个经验温标——华氏温标，使温度测量第一次有了统一的标准。我们熟悉的摄氏温标，是瑞典人摄尔修斯（1701—1744）在 1742 年创立的。温度计的发明，是热学进步的第一步，而量热器的发明，则是热学进步的第二步。1760 年，英国人布莱克发明了冰筒量热器，从而使热量有了测量方式。英国人将 1 磅纯水温度升高 1 华氏度所需的热量规定为一个热量单位，叫"英热单位"（BTU）；法国人则将 1 克纯水温度升高 1 摄氏度所需的热量规定为一个热量单位，叫"卡路里"，简称"卡"（cal）。

在蒸汽机那一回我们说过，能量交换有两种形式：传热和做功。需要注意的是，物体内部并不包含热量，就像物体内部不包含功一样，热和功都是能量的传递过程。那么，物体内部包含的能量叫什么呢？叫内能。内能是物体内部所有能量的总和。当物体吸收热量，它的内能就会增加；当物体放出热量，它的内能就会减少。对物体做功，它的内能就增加；物体对外做功，它的内能就减少。

事实上，我们上面写的这一小段话，在今天看来平淡无奇，但科学家们却探索了相当长的时间。在很长一段时间内，科学家们既不知道热的本质，也不知道热是一种能量。

在 18 世纪，对于热的本质有两种对立的观点。一种观点认为热是一种没有质量的特殊物质，称之为热质。他们认为低温物体与高温物体接触后会被加热，是因为高温物体的热质流向了低温物体所致，就像水能从高处往低处流一样。另一种观点认为热是物体内部粒子运动的结果。当时热质说占主流地位。

但是，到了 18 世纪末，热质说的破绽被人找到了。1798 年，英国人伦福德（1752—1814）在一家兵工厂监制大炮镗孔，他注意到铜炮被钻头钻削时会产生大量的热，钻削下来的铜屑更热，用水冷却，竟然能使水沸腾。这就奇怪了，钻头、铜炮、铜屑都发热，它们的热质是从哪传过来的？只要继续钻下去，热会源源不断地产生，所有物体都在发热，热的来源似乎是无穷无尽的。显然，这是有悖常理的。据此，伦福德对热质说提出了质疑。

很快，科学家们就推翻了热质说，运动说终于获胜了。人们从摩擦生热现象中认识到，热的本质也是运动，正是摩擦和碰撞引起了物体内部粒子（分子或原子）的特殊运动或振动，才会产生热。

虽然认清了热的本质，但人们还是不知道热是一种能量。直到焦耳的热功当量实验的出现。

焦耳（1818—1889）是英国人，他是一个啤酒厂厂主的儿子，后来他子承父业，自己也当了啤酒厂的老板。不过他的主要兴趣并不在啤酒厂上，而在物理学上。焦耳年幼时体质羸弱，因此没有上学，从小在家里由家庭教师教授学业。不过，到了 16 岁时，长成小伙子的焦耳不再羸弱，于是就离开家乡，和他的哥哥一起到著名化学家道尔顿（1766—1844）门下求学。焦耳在道尔顿那里学了两年，道尔顿教给了他数学、哲学、化学和物理方面的知识，还教会了他

焦耳

理论与实验相结合的科学研究方法，并鼓励他从事科研工作。这段经历影响了焦耳的一生，虽然焦耳回家后就开始参与经营自家的啤酒厂，但他坚持在家里做实验，他把家里的一间房子改成实验室，成了一名业余的科学家。

当时正值电磁感应现象发现不久，磁电机刚刚出现。弄一个线圈，用外力让它在电磁

铁的磁场中旋转，就能产生电流，相当于发电机；反过来，用电池给这个线圈供电，线圈就会在磁场里自动旋转，相当于电动机。发电机和电动机的构造相同，就是输入和输出对象互换，所以当时统一叫磁电机。焦耳对磁电机非常感兴趣，他开始自己在家里研究磁电机。在实验过程中，他发现电路中的导线经常热得发烫，他对此产生了兴趣，想搞清楚其中的规律，就开始进行通电导线热效应的研究。

可是，怎么才能测出导线的发热量呢？这就要用量热器了，他自己精心设计了各种量热器，通过待测物与水的热量交换来测量热量。他将导线绕成螺旋状放入装有一定量水的容器中（与外界隔热以防热量损失），通电后用温度计测量水产生的温度变化，即可测出导线放出的热量（见图 21-1）。经过大量实验，他得出了"电流通过导体所放出的热量，与电流强度的平方、导体电阻、通电时间成正比"的结论（$Q = I^2Rt$）。这就是著名的焦耳定律。

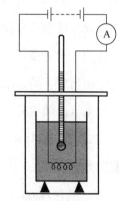

图 21-1　通电导线热效应实验装置

1840 年到 1841 年，年轻的焦耳在《论伏打电流所生的热》和《电的金属导体产生的热和电解时电池组所放出的热》这两篇论文中发表了他的实验结果。在论文中，他不但提出了焦耳定律，而且已经初步体现出电池的化学能转化成电能，电能又转化成热能的思想。

用电热水壶烧水我们觉得很正常，可是，如果给你两个秤砣，你能烧水吗？焦耳就做到了。接下来，焦耳巧妙设计了一个热功当量实验，如图 21-2 所示，把一个铜制搅拌桨放在量热器里，上面有一个转轴，转轴上缠上绳线，绳线两端绕过两个定滑轮，挂上两个大秤砣。当秤砣在重力作用下下落时，带动搅拌桨旋转起来。靠着桨叶的搅拌，水温逐渐上升。就这样，焦耳通过重力做功产生了热，也就是说，他直接让重力势能转化成了热能！通过秤砣的下降高度和水的温度上升，焦耳精确地测量出了热

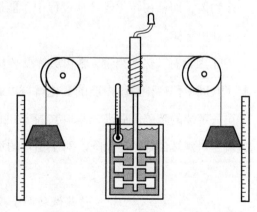

图 21-2　焦耳的桨叶搅拌实验装置

和功的转化关系，也就是所谓的热功当量："使 1 磅水温度升高 1 华氏度所需的热量，相当于把 772 磅重的物体提升一英尺所做的功。"

后来，焦耳又用了好几种不同的方法来测定热功当量，尽管所用的方法、设备、材料各不相同，但结果都相差不远，并且随着实验精度的提高而趋于同一数值，焦耳由此得出结论：热功当量是一个普适常数。

1844 年，焦耳申请在英国皇家学会上宣读自己的论文，但因为他只是个酿酒师而遭到拒绝。1847 年，他又申请在牛津的科学促进协会上宣读论文，这一次没遭到拒绝，但会议只允许他做一个简单的介绍。不过，焦耳的介绍引起了一些与会科学家的关注，焦耳的工作终于开始受到重视。1849 年，焦耳全面整理了他几年来的实验结果，做了一个题为《热功当量》的总结报告，由此名声大噪。第二年，曾经拒绝他宣读论文的皇家学会接纳他为会员，两年后，他又被授予了皇家勋章。

1854 年，焦耳卖掉了啤酒厂，开始了自由生活。不过由于没有了收入来源，他的经济状况大不如前，幸而他获得了一笔每年 200 英镑的养老金，才使他得以维持中等的生活。1878 年，当焦耳 60 岁时，他发表了最后一篇论文。在这几十年里，焦耳做过的热功当量实验不下 400 次，为热和功的相当性提供了可靠的实验证据，为能量守恒定律的建立作出了贡献。1889 年 10 月 11 日，焦耳逝世，终年 71 岁。

通过焦耳的实验，人们逐渐认识到了热能、电能、化学能这些概念，并且焦耳实验揭示了机械能、热能、电能、化学能这些原本各不相同的东西，其实都是可以互相转化的能量。后来，人们认识到了更多种类的能量，比如光能、声能、核能等，这些能量既不能凭空产生，也不能凭空消失，只能从一种形式转化成另一种形式，或者从一个物体转移到另一个物体，而且在转化或转移过程中，能量总量保持不变。这就是热力学第一定律，也叫能量守恒定律。

正因为有了热功当量，热和功就没必要使用两套物理学单位了，只要用一种单位即可，有了共同单位后，系统内能的变化就可以通过传热和做功直接相加减得到，这也成为热力学第一定律的基础。后来，热、功、能量的国际单位被统一命名为"焦耳"，简称"焦"（J）。这就是对焦耳最好的纪念吧。对于焦耳的贡献，有诗赞曰：

> 传热做功两手段，内能变化看总和。
>
> 多亏焦耳测当量，能量守恒自此得。

热力学第一定律说能量既不能被创造也不能被消灭，它说明了能量转化的数量关系，但是，它并没有指明能量转化的方向。在焦耳的桨叶搅拌实验中，我们都知道重物下降会搅拌水使水的温度升高、内能增加，但是如果这个过程逆过来，水会不会自动降温释放内能带动重物上升呢？虽然它并不违反能量守恒定律，但我们可以立即断定这样的过程是不可能的。这就说明，能量转化是有方向性的。人们通过研究发现，一切与热相联系的宏观自发过程都是不可逆的。

1850 年，德国物理学家克劳修斯（1822—1888）提出，热量不能自发地从低温物体传到高温物体，这就是热力学第二定律。另外，克劳修斯提出，热力学第二定律可以表述成熵增加原理，其中"熵"是用来度量体系混乱程度的一个参量。根据热力学第二定律，一个不受外界影响的系统会不断地趋于混乱，最终达到混乱程度最大的平衡状态，这就是熵增加原理。比如你把一块方糖放到一杯水里头，方糖就会自动溶解，分子会以最大程度分散，但是你永远不会看到这些分散的分子重新聚合成一块方糖。"熵"的概念后来在统计物理中有很重要的应用。

事实上，热力学第二定律还指明了时间的流逝方向。根据我们自身的体验，似乎空间本身并无方向，而时间却有个箭头，时间是不可逆流的。为什么呢？热力学第二定律告诉了我们答案。比如说你打碎一个杯子，杯子的混乱度（熵）就增加了，这是一个不可逆过程，杯子不会自动从无序的碎片状态再返回来变成有序的整体状态，如果这样的话熵就减少了，就违背了热力学第二定律。所以这条定律所强调的核心是自然过程的不可逆性，熵只能增加不能减少，这就清楚地指明了时间流逝的方向。

有人说，照这么说，宇宙本身就是一个孤立系统，它应该朝着混乱度增大的方向演化，那为什么会出现太阳、地球乃至人类这样高度有序的物体呢？

实际上，这种说法忽视了一点，那就是引力的作用和空间膨胀的作用，导致宇宙是远离平衡态的。根据非平衡态热力学的耗散结构理论，当系统远离平衡时，整体的熵以极快的速率增长，这是与第二定律一致的，然而在局部区域却允许自发产生极其有序的自组织结构，使得太阳、地球乃至人类得以出现。打个比方来说，系统整体熵增加了100，可能有一个很小的区域熵减少了50，而剩余区域熵增加了150，这样一来，系统整体熵还是增加的，但熵减少了50的区域就会允许有序结构的自发出现。

研究热力学离不开温度，人们发现，温度没有上限，却存在下限，绝对零度就是温度的下限，是不可能达到的。这就是热力学第三定律：不可能通过任何操作使物体温度降到绝对零度。第三定律是由德国科学家能斯特（1864—1941）提出来的。

我们在生活中习惯用摄氏度（℃）来计量温度，而绝对零度是热力学温标"开尔文"（K）的零点，绝对零度就是 0 开，它等于 –273.15 摄氏度。虽然显示的数值不同，但这两种温标对于温度变化的计量是一致的，也就是说，温度变化 1 摄氏度，相当于变化了 1 开。

有读者要问了，为什么绝对零度不可能达到呢？其原因就在于温度反映的是物体内部分子的运动，运动剧烈程度没有上限，但却有下限。就像一个人，我们不知道他能跑多快，却知道他能跑多慢，静止在原地就是他的最慢速度。那么在绝对零度下，物体中的原子和分子是不是就绝对不动了？还不是。绝对零度下原子和分子仍有所谓的"零点能"，这是最低的能量，但不为零 *。

对于热力学的四个定律，有一首诗说得好：

零定律定义温度，一定律能量守恒。

二定律熵增原理，三定律零开无门。

---

* 注：因为温度越高，分子热运动越剧烈，所以当物体被加热时，会由固体变成液体再变成气体，当温度继续升高时，气体分子将由于激烈碰撞而离解为电子和正离子（或原子核），这就是物质的第四态——等离子体，我们的太阳就是一个大的等离子体球。反过来，当温度下降时，物体就会由气体变成液体再变成固体，当温度降到绝对零度时，所有物体都会变成固体（氦除外），由量子力学计算可知，这时候固体内的粒子振动达到一个最低值，但是不为零，这就是零点能。

第二十二回

电流振荡　赫兹发现电磁波
原子之争　玻耳兹曼留遗恨

却说在 1879 年麦克斯韦去世以后，电磁学还留有一处遗憾，那就是，人们还没能从实验上证实电磁波的存在。

根据电磁理论，当电荷被加速时就会产生电磁波。虽然从理论上来说，你在空中来回摇动一根带电棒，空间中就会产生电磁波，但那功率太微弱了，根本探测不到。除非你能快速摇动电荷，达到每秒钟几百万次，就能产生可接收的电磁波了。那么，怎样才能做到这一点呢？

1879 年，德国柏林科学院向科学界提出一个悬赏课题：证明或否定电磁波的存在。实际上，当时还是有很多人怀疑麦克斯韦的电磁场理论，因为麦克斯韦的理论里存在一些假设，他并没有提出具体的实验方案来验证其假设的正确性，以至于一些持反对意见的人不断发难："谁见过电磁波？它是什么样子？拿出来看看！"所以，人们急需找到实验证据，要么证实麦克斯韦的理论，要么推翻它。

几年过去了，大科学家们都没有什么进展，历史的重任落到了一个年轻人头上——海因里希·赫兹（1857—1894）。

赫兹是德国汉堡人，从小就喜欢数学和自然科学，还喜欢自己动手做实验。20 岁时，他考入了慕尼黑大学，第二年，转学到柏林大学，师从著名物理学家亥姆霍兹（1821—1894）进行电磁学研究。很快，赫兹就在实验物理方面取得了优异成果，学校特别授予他一枚金质奖章予以表彰。转学短短两年后，赫兹就取得了博士学位，然后留在亥姆霍兹身边当助手。1883 年，赫兹被基尔大学聘为讲师，

海因里希·赫兹

147

两年后，转任卡尔斯鲁厄大学的物理教授，不久，他就开始做验证电磁波的实验。

正所谓名师出高徒，当时赫兹的老师亥姆霍兹和另一位物理学家亨利发明了一种 *LC* 振荡电路，就是用电感线圈 *L* 和电容器 *C* 组成的一种电路，电路中可以产生方向不断变化、来回往复振荡的电流。赫兹意识到，这种振荡电流变化速度极快，每秒钟方向变换可达数百万次，正是用来产生电磁波的绝佳发射器，如果把电容器的极板掰开，电磁波就能辐射出去了。然后再找到一种接收器，就能验证电磁波的存在了！

说干就干。赫兹是得过金质奖章的实验能手，经过不断尝试，他设计了一种振荡器（见图 22-1）：把一根短而直的铜杆截为两段，并在截口处留出缝隙，装上两个小铜球 A 和 B，两端又各焊一个大金属球 E 和 F，以增加存储的电容量。他用这种振荡器产生了频率极高的电振荡（每秒钟几亿次）。然后，他设计了一台谐振器（共振检波器），其频率与振荡器相一致，如此，当电磁波到达谐振器时，该回路内将产生谐振作用，从而会在空隙处出现电火花。

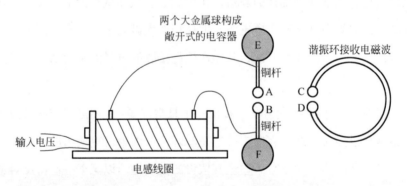

图 22-1　赫兹实验简图(一旦 A 与 B 间电压足够高，会击穿空气产生电火花，这时两段铜杆就会导通，成为一根电流在其中往复振荡的直导线，实际上这就成了一根天线，从而向外辐射电磁波；谐振环位置适当，就会接收到电磁波并在 C 与 D 间出现电火花)

1887 年 10 月，激动人心的时刻来临了，赫兹在暗室中清楚地观察到，谐振器出现了微弱的电火花，实验成功了！电磁波真的存在！

电磁波的发现使赫兹一举成名，为了纪念赫兹的功绩，后来人们把他的名字"赫兹"定为频率的单位，简称"赫"（Hz）。以最常见的正弦波为例，把一次完整的往复运动称为振动一次，那么每秒钟振动一次频率就是 1 赫，每秒钟振动两次频率就是 2 赫，以此类推。比如，我们经常听广播，如果一个电台的频率是 100 兆赫，说明它发射的是每秒钟振动 10^8 次的电磁波。反过来，完整振动一次的时间称为周期，比如说 2 赫的波，它的周期就是0.5秒。波在一个周期内传播的距离称为波长（见图22-2）。

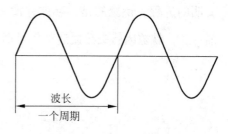

图22-2　正弦波的波长与周期

发现电磁波后，赫兹并没有停下研究的步伐，随后，他又用实验确定了电磁波的传播速度等于光速，并证明电磁波具有与光波一样的直线传播、反射、折射、偏振等性质，从而证明了光波就是电磁波，全面验证了麦克斯韦的电磁理论。至此，麦克斯韦的电磁理论才被人们普遍承认。

赫兹的实验显示，电磁波能隔空传递信号，于是就有人考虑是不是能用电磁波进行无线通信。德国工程师胡布尔写信向赫兹请教，赫兹在回信中说到："如果要用电磁波进行无线通信，得用一面和欧洲大陆差不多大的巨型反射镜才行。"事实上，赫兹不知道的是，地球大气层外侧有一层由等离子体组成的电离层，是某些波段电磁波的天然"反射镜"（见图22-3），这面"反射镜"可比欧洲大多了。

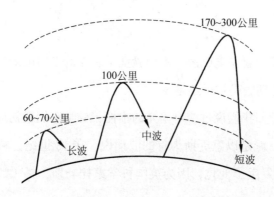

图22-3　不同电磁波段在大气层中的反射（60公里以上的整个地球大气层都处于部分电离或完全电离的状态，其中存在相当多的自由电子和正离子，能使无线电磁波发生折射、反射和散射，长波、中波和短波分别从不同高度反射）

尽管赫兹否定了电磁波无线通信的可能，做了错误的判断，但世界上总有不信邪的人。1895年，意大利人伽利尔摩·马可尼（1874—1937）发明了天线（见图22-4），成功实现了两公里距离的无线电通信。到了1901年，无线电波成功飞跃3600公里，跨过大西洋，从英国直达美国，人类向往已久的远距离无线通信终于实现了。此后不久，各种无线电技术，如无线电报、无线电广播，甚至电视、雷达等相继涌现。这些技术深刻地改变了人类文明的进程。遗憾的是，赫兹并没有看到这一幕。1894 年，在马可尼实现无线电通信的前一年，赫兹因感染败血症英年早逝，年仅 37 岁，真是天妒英才，令人扼腕叹息。

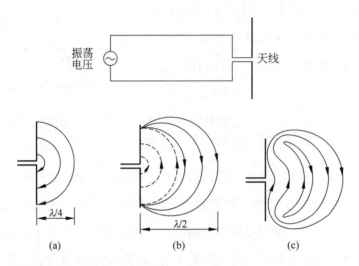

图 22-4 简单的线天线（将两根传输导线末端弯曲而成）及其电磁波的发射

（a）1/4 周期时产生的电场线；（b）1/2 周期时产生反向电场线；（c）正反电场线闭合后脱离天线，电场和磁场相互激发形成电磁波向外传播

却说这赫兹证明了光就是电磁波，不但验证了麦克斯韦的电磁理论，而且还了结了当时的另一桩公案——光到底是粒子还是波？

读者还记得，第十回我们说过，对于光的本性，科学家们最初分为两派，一派是以牛顿为首的粒子说，另一派是以惠更斯为首的波动说。在 18 世纪，粒子说占了上风，但是到了 19 世纪初，情况发生了变化，因为英国科学家托马斯·杨（1773—1829）发现了光的干涉现象。

干涉是波特有的一种性质。如果两列波相遇，它们会叠加起来，形成干涉图样。当一列波的波峰和另一列波的波峰重叠时，波动就会加强；一列波的波峰和另一列波的波谷重叠时，波动就会抵消，这就是波的干涉（见图 22-5）。

托马斯·杨做的实验叫作杨氏双缝干涉实验（见图 22-6）。他把一束单色光照射到两条平行狭缝上，如果按照牛顿的光粒子理论，这束光只能在两条狭缝后

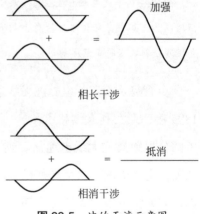

图 22-5 波的干涉示意图

的屏幕上照出两条亮条纹，但实验结果却是整个屏幕上都出现了明暗相间的条纹，这不就是波的干涉条纹吗？托马斯·杨终于找到了支持波动说的有力证据：光波弥散在空间中，从两条狭缝中通过后，先发生衍射形成两列波，然后这两列波叠加在一起发生干涉，波峰和波峰叠加形成亮条纹，波峰和波谷叠加形成暗条纹（见图 22-7）。

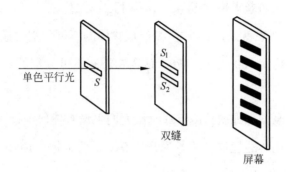

图 22-6　杨氏双缝干涉实验示意图（用单色平行光照射一个窄缝 S，窄缝相当于一个线光源。S 后放有与其平行且对称的两狭缝 S_1 和 S_2，双缝之间的距离非常小，双缝后面放一个屏幕，可以观察到明暗相间的干涉条纹）

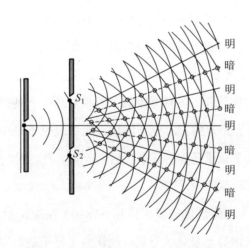

图 22-7　杨氏双缝实验中波的干涉示意图

1802 年，托马斯·杨成功地完成了光的干涉实验，并由此测定了光的波长，从而为光的波动性提供了重要的实验依据。由此，波动说又占据了上风。但是，光到底是一种什么波呢？当时人们还是不太清楚。直到 1887 年，赫兹一锤定音——光就是电磁波！至此，波动说彻底击败了粒子说，光的本性终于被弄清楚了，至少当时人们都是这样认为的。当时恐怕谁也不会料到，他们还是小瞧了光的神秘，看似普普通通的光里其实还隐藏着大秘密，最后需要一个叫爱因斯坦的人来解开谜团，此处暂且按下不表。

花开两朵，各表一枝。却说当一路科学家在对电磁学孜孜探索之际，另一路人马则在另一片科学领域展开战斗——探究物质的最小组成单位。

就像房子是由砖块垒起来的一样，自古以来，哲学家们就有"复杂的万物由最简单的元素组成"的思想，比如老子说："道生一，一生二，二生三，三生万物。"墨子说："端，体之无序最前者也。"意思就是说，"端"是组成物体的不可分割的最小单元。再如古希腊哲学家德谟克利特（约前460—约前370）认为物质有不可分割的最小组成部分，他称之为"原子"。

德谟克利特的"原子"纯属猜测，那时候人们也没有任何证据可以证明原子的存在。但是到了近代，随着化学的发展，原子说开始有了实验证据。19世纪初，英国化学家约翰·道尔顿（1766—1844）正式提出了原子说。

道尔顿发现，在化学反应中，参加反应的物质总是按照一定的比例组合的。他认为这一事实只能用原子论来解释。1808年，他出版了《化学哲学新体系》一书，指出物质存在着基本组成单元——原子，不同单质由不同种类的原子组成。他认为原子是一个个不可分割的坚硬的小球，当这些原子按一定比例组合时，就能产生出各种不同化合物。由于化合物是由各种原子组成，而原子又是不可分割的，所以化合物的各种元素配比必定是简单的整数比例，如1∶1或者2∶3，而化学反应就是反应物的原子重新排列组合变成生成物的过程。接下去，道尔顿计算了各种元素原子的相对质量，他把最轻的氢原子质量作为单位质量1，然后计算其他元素的相对原子质量，比如氧原子是16，铁原子是56，等等。道尔顿对十几种元素建立了原子量表，其中包括氢、氧、氮、碳、磷、硫、铜、铁，等等。从此，原子论正式登上了科学舞台。

1811年，意大利科学家阿伏伽德罗（1776—1856）在原子论的基础上提出了分子的概念以及原子与分子的区别等重要化学问题。他认为，分子是由原子组成的，单质分子由相同元素的原子组成，比如氢气分子（H_2）由两个H原子组成，氧气分子（O_2）由两个O原子组成；化合物分子由不同元素的原子组成，比如水分子（H_2O）由两个H原子和一个O原子组成。在化学变化中，分子中的原子会进行重新组合，因此会生成新物质。

原子论成功地解释了化学反应的本质，然而，当时所有的证据都是间接证据，并没有原子存在的直接证据，因此，还是有不少知名物理学家怀疑原子的存在。

1827年，苏格兰植物学家罗伯特·布朗（1773—1858）用显微镜观察悬浮在水里的花粉颗粒时，发现了一种不同寻常的现象。他看见花粉、灰尘等微小颗粒在水中持续地、杂乱无章地移动和跳动，这一现象被称为布朗运动（见图22-8）。当时没有人能解释这种看起来永不停止的运动，直到1905年，才由爱因斯坦搞清楚了这个问题。他根据分子运动论，用统计物理学方法从理论上证明，悬浮在液体中的花粉颗粒，会不断地受到液体分子从各个方向的撞击，由此导致了花粉颗粒随机的无序运动。分子是由原子组成的，布朗运动证明了液体分子的存在，由此也证明了原子的存在。在这篇文章

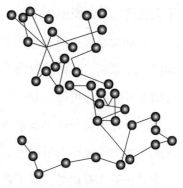

图22-8　花粉颗粒在水里作杂乱的布朗运动

中，爱因斯坦给出了测定分子大小的方法，并希望实验物理学家们予以检验。

　　1908年，爱因斯坦的论文引起了法国物理学家让·佩兰（1870—1942）的注意，他开始着手研究布朗运动。1909年，佩兰用实验证实了爱因斯坦的理论，并且根据爱因斯坦给出的公式，精确地测定了阿伏伽德罗常数（表征物质中原子或分子数量的一个常数）。至此，人们才彻底接受了原子和分子的概念。佩兰也因此获得了1926年的诺贝尔物理学奖。现在，人们已经可以通过放大倍数达到上千万倍的显微镜直接看到一个个原子（见图22-9），原子的存在是无可置疑的。

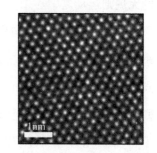

图22-9　晶体硅的Si原子排布电镜图像

　　原子之所以难以观察，是因为以我们人类的尺度来衡量，原子实在是太小太小了！一个原子的尺度只有0.1～0.2纳米，一滴水里就包含了大约10万亿亿个（10^{21}个）原子。打个比方来说，如果原子有网球那么大，那么网球就会变得像地球一样大！

　　如果佩兰能早一点从实验上证明分子的存在，物理学史上的一大悲剧——玻耳兹曼自杀——也许就不会上演了。玻耳兹曼是什么人？他为什么会自杀呢？且听我慢慢道来。

　　话说当原子和分子假说提出来以后，尽管有人质疑，但是也有人很快就接受了这一理论并加以发展。原子和分子有个特点，它们总是处于持续不断的运动中。在固体中，它们在某个位置附近振动；在液体中，它们会从一个地方迁移到另一个地方；在气体中，它们的迁移速度更快。于是，一些科学家意识到，"热"可以从分子运动的角度得到解释。他们指出，热是构成物质系统的大量分子的无规则运动的宏观表现，温度反映了物体内部分

子无规则运动的激烈程度。

比如说摩擦生热。当两个物体相互摩擦时，它们表面分子间的碰撞越来越剧烈，分子动能不断增加，从而导致物体表面温度升高，热能增加。当然，由于分子数量庞大，因此人们不可能去分析每个分子的运动，只能用统计学的方法，以每个分子遵循的力学定律为基础，研究大量分子的运动表现出的宏观效应，利用统计规律来导出宏观的热力学规律，由此发展出了统计力学这门学科。统计规律是大量随机事件表现出的整体规律，因此它仅对大量分子才有意义，分子数目太少就不适用了。由于气体分子运动比较自由，所以统计力学最初的研究主要集中在气体上。

气体由大量分子或原子组成，在标准状态下每摩尔气体大约有 6.02×10^{23} 个分子，常温下分子运动的平均速率可达几百米每秒，运动过程中又要不断地与其他分子碰撞，一秒钟内一个分子与其他分子的碰撞次数达几十亿次之多。所以说，气体分子是处于永不停息的无规则运动之中。

早在 1854 年，德国物理学家克劳修斯（1822—1888）就首先尝试用气体分子的撞击来解释压强。他认为压强是分子撞击容器所致，虽然每个分子的撞击力微乎其微，但数量高达兆兆亿亿个分子的撞击力就不可忽略了！在一个密闭容器里，温度升高，分子运动加剧，撞击力加大，宏观上就会表现出压强增大。

到了 1859 年，麦克斯韦偶然读到了克劳修斯的论文，深受启发，从而涉足这一领域。他采用数学统计的方法，经过计算发现，气体中分子间的大量碰撞，会使分子的速率从小到大呈现出一种概率分布，每一个速率都有一个固定的概率。这和克劳修斯主张的所有分子的速率会达到一个平均值是背道而驰的，他的推导过程受到了克劳修斯的批评，也引起了其他物理学家的怀疑。直到 1866 年，他才找到了一种更严格的推导过程证明他的结论是正确的，并且以《气体的动力理论》为题发表了论文，正式建立了气体分子的速率分布规律——麦克斯韦速率分布律。图 22-10 显示出不同温度下的麦克斯韦速率分布，温度越高，分子的无规则热运动越剧烈，速率较大的分子也就越多，曲线的峰值就会向速率大的方向移动，但由于总概率恒为 1（曲线下的总面积恒等于 1），所以温度升高时曲线变得较为平坦。

有趣的是，麦克斯韦速率分布和一种改装后

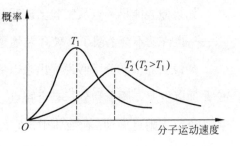

图 22-10 不同温度下的麦克斯韦速率分布曲线

的伽尔顿板统计规律很相近。如图 22-11 所示，在一块竖直平板左侧规则地钉上许多钉子，右侧下部用隔板隔成等宽的狭槽，木板顶部有漏斗形入口，把小球投进去，它经过多次碰撞会落在狭槽里。虽然投入一个小球它落在哪个狭槽内随机的，但是如果将大量小球投入入口，则小球按狭槽的分布情况是确定的，换句话说，大量小球整体按狭槽的分布遵从一定的统计规律。以横坐标表示狭槽的水平位置，纵坐标表示狭槽内积累的小球高度，就可以清楚地看出小球在狭槽内的分布规律。

改装后的伽尔顿板
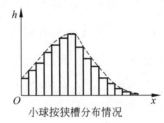
小球按狭槽分布情况

图 22-11　伽尔顿板游戏

1866 年，年轻的玻耳兹曼（1844—1906）刚从维也纳大学博士毕业，他是奥地利人，当时刚刚 22 岁。麦克斯韦的论文发表不久，就引起了玻耳兹曼的极大兴趣，但他发现麦克斯韦速率分布律是理想气体在平衡态时没有外力场作用下的分子速率分布情况，而实际气体处于重力场中，气体的分子数密度和压强不再是均匀分布了，显然麦克斯韦速率分布律还有进一步发展的空间。于是，他开始研究分子运动论。1868 年，玻耳兹曼推广了麦克斯韦速度分布律，建

玻耳兹曼

立了平衡态气体分子的能量分布律——玻耳兹曼分布律。随后，玻耳兹曼又在统计力学中取得了越来越多的成就，提出了玻耳兹曼输运方程、熵的统计诠释等重要内容，建立了完整的理论体系。成为统计力学最重要的奠基人。

但是，作为气体动理论的奠基人和统计力学的带头人，玻耳兹曼也承受着巨大的压力。那时候，德国著名化学家奥斯特瓦尔德（1853—1932，1909 年诺贝尔化学奖获得者）、奥地利著名物理学家马赫（1838—1916，研究超音速运动的专家，他的名字被用来表示音速）等实证主义学派领袖认为原子、分子学说是"有害的假说"，既不是来自直接经验，又无法用实验验证，因此应在扫荡之列。于是以玻耳兹曼为首的原子论学派与实证主义学派展开了一场旷日持久的论战。这场论战在 1895 年德国自然科学协会第 67 届年会上达到了最

高潮。此时，克劳修斯和麦克斯韦均已去世，统计力学三巨头仅剩玻耳兹曼一人孤军应战。玻耳兹曼说话比较啰嗦，声音也不够洪亮，在论战中处于下风，使他颇感沮丧。激烈的争论和紧张的工作，使玻耳兹曼的身心受到了严重的损害。

玻耳兹曼患上了严重的气喘和心绞痛。除了身体的病痛外，他的心里也非常痛苦。德国和奥地利强大的反对原子论的势力，使势单力薄的玻耳兹曼成了"失败者"，自己奋斗半生的成果得不到承认，常使他陷入巨大的恐惧中，导致精神出现了问题。1905 年秋，玻耳兹曼甚至被送到精神病院住了几天。1906 年 9 月 5 日，悲剧发生了，带着妻子和女儿到一个小村庄度假的玻耳兹曼，趁妻女外出时，在旅馆的房间里上吊自杀，时年 62 岁。

玻耳兹曼死后三年，原子论被佩兰由实验证实，原来的反对者们不得不接受了原子论。1909 年，奥斯特瓦尔德多少有一些歉意地说："在科学事业上，玻耳兹曼是一位比我们都更敏锐、更认真的人。"可惜，这迟来的道歉玻耳兹曼已经听不到了。有诗叹曰：

> 黎明之前多黑暗，坚持才能见光明。
> 一念之差留遗恨，空余江河万古流。

第二十三回

发现电子　原子还能再分割
隔物透视　未知射线掀热潮

原子的发现，是人类对物质世界组成最重大的认识。原来，黄金是由金原子组成的，铁块是由铁原子组成的，水是由氢原子和氧原子组成的，世界上所有物质都是由各种原子组合构成的。随着科学家们对各种物质的深入分析，新的原子不断被发现。这时候，科学家们提出了新的疑问：地球上到底有多少种原子？这些原子之间有没有什么联系？

1869年，俄国化学家门捷列夫（1834—1907）根据元素的原子量及其化学性质近似性，提出了世界上第一张元素周期表，并预言了一些尚未发现的元素。周期表告诉人们，原子之间是有联系的，它们之间存在一些周期性的规律，但是，当时人们还不知道这个规律，因为这个规律隐藏在原子内部，如果你认为原子是不可分割的，那么你永远也找不到这个规律。

让我们回到1858年，这一年，德国物理学家尤利乌斯·普吕克（1801—1868）在研究稀薄气体放电时，发现了一种奇怪的现象。他做了一根密封玻璃管，管内两端嵌着两个金属电极，管里的空气抽得非常稀薄。当在两电极间通过外加直流电源通上几千伏特的高压时，他发现在阴极（连接外电源的负极）对面的玻璃管壁上出现了绿色荧光。人们无法解释这一现象，不过对这个管子感兴趣的人越来越多。1879年，英国科学家克鲁克斯（1832—1919）改进了这种管子，把里边抽成近乎完全真空，阴极一侧加了一块带有狭缝的挡板，挡板后连着一块长条形的荧光屏。结果发现，通电以后，在荧光屏上出现了一条漂亮的绿色射线，像一道"绿光"一样从阴极射向阳极（见图23-1）。更使人惊奇的是，如果把磁铁靠近管子，这道"绿光"还能偏转。人们给这道"绿光"起了个名字——阴极射线。

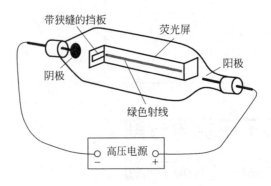

图 23-1　克鲁克斯管示意图

阴极射线如此漂亮又迷人，吸引了大量物理学家的目光，有人说它就是一道光，以赫兹为代表；有人说它是粒子流，以克鲁克斯为代表。德国人都支持赫兹，英国人都支持克鲁克斯，大家争论不休，莫衷一是。

1884 年，剑桥大学卡文迪什实验室主任瑞利（1842—1919）因健康原因辞职，并推荐年仅 28 岁的 J.J. 汤姆孙（1856—1940）接任主任和物理学教授的职位。读者还记得，这卡文迪什实验室建在剑桥大学校内，是麦克斯韦在 1871 年筹建的，他也是第一任主任。麦克斯韦去世后，瑞利接任为第二任主任，现在，汤姆孙成了第三任主任。

J.J. 汤姆孙

28 岁的汤姆孙成为大名鼎鼎的卡文迪什实验室主任，引起了许多人的疑虑，他能胜任吗？要知道，这时候，汤姆孙才刚刚从剑桥大学毕业四年，虽然显示出一定才华，但还没有做出什么重大贡献，人们怀疑他的能力也是正常的。

俗话说，姜还是老的辣，目光老辣的瑞利没有看错人。汤姆孙很快就表现出非凡的才智和领导能力，他把实验室管理得井井有条，他培养出来的学生后来竟有 9 人获得了诺贝尔奖。人们现在常常称许卡文迪什实验室为"诺贝尔奖的摇篮"，获得这一美誉，汤姆孙功不可没！

汤姆孙不但带学生厉害，自己搞研究也是响当当的。从 1890 年开始，他把目光盯向了人们多年来争论不休的阴极射线，誓要搞清楚这道神秘射线的本质。

却说大名鼎鼎的赫兹为什么反对阴极射线是一种粒子呢？他指出，如果阴极射线是一种粒子，那它不仅能在磁场中偏转，还应该能在电场中偏转。但赫兹给克鲁克斯管加上电场，却发现阴极射线根本不偏转。因此，他反对阴极射线是粒子流的说法。但是，如果按

第二十三回　发现电子　原子还能再分割
隔物透视　未知射线掀热潮

他的说法，阴极射线是一种光，反而解释不了阴极射线能在磁场中偏转的事实。

汤姆孙最初做实验时，也发现阴极射线在电场中不偏转，但经过仔细分析，他认为问题出在放电玻璃管里的真空度上。当汤姆孙采用当时最先进的高真空技术，把玻璃管里的真空度进一步提高时，阴极射线果然在电场中偏转了。由此，赫兹对粒子流的反驳不攻自破了。

接下来，汤姆孙又测出阴极射线的传播速度远低于光速，进一步否定了阴极射线是一种光的说法。然后，汤姆孙设计了一种新的阴极射线管，通过这个新的实验装置，利用阴极射线在磁场中的偏转，他精确地测定了射线粒子所带电荷量与其质量之比（比荷，又称荷质比，是带电粒子的基本物理参数），最终确定这是一种质量比氢原子的千分之一还小的带负电的新粒子，他把它命名成电子。1897 年，汤姆孙向英国皇家学会报告了他的发现。1906 年，他获得了诺贝尔物理学奖。

1909 年，美国物理学家密立根设计了一种油滴实验装置，利用重力和电场力的平衡来测量油滴上所带的电荷量。经过 8 年的研究，他精确测出了电子的电荷量，并根据荷质比计算出了电子的质量。

电子的发现，证明物质内部存在比原子还小得多的粒子，既然物质都是由原子组成的，那么电子只能存在于原子中了，从此，原子不可分割的神话被打破了，原来，原子也是有内部结构的！正是：

小小原子渺无形，组合能生物万千。

莫道原子不可破，内部别有小洞天。

各位读者，虽然人们从 1800 年伏打电堆发明以后就开始研究电流，但过了近 100 年，直到电子被发现以后，人们才逐渐弄明白，原来金属导线里的电流并不是正电荷的流动，而是电子的流动。在电压作用下，金属内有一部分电子会从原子里分离出来，作定向移动，从而形成电流。由于电子带负电荷，所以它的流动方向正好和人们指定的电流方向相反。在导线中，电子的移动速度非常慢，只有 0.1 毫米每秒左右，比蜗牛还慢，但我们一按开关电灯马上就亮了，为什么呢？实际上，这并不是电流有多快，而是接通电路时，以光速传播的电场几乎同时在整个电路中建立，整个电路各处也几乎同时有了电流。也就是说，电能是靠电场传输的，而不是电子的漂移运动。

159

电子的发现是一个重大的物理成就，它被人们称为 19 世纪末物理学的三大发现之一。那么，其他两大发现是什么呢？我们还得从阴极射线说起。

却说就在汤姆孙研究阴极射线的同时，很多科学家也在研究克鲁克斯管里这道神秘的射线，其中就包括德国物理学家威廉·伦琴（1845—1923）。

威廉·伦琴

1895 年 10 月，50 岁的伦琴开始研究阴极射线，当时他已经是颇有名气的实验物理学家，并担任德国维尔茨堡大学的校长。伦琴的本意和汤姆孙一样，本来也是想搞清楚阴极射线的本质，但他无意中却做出了一个震动科学界的伟大发现。

这一天，伦琴像往常一样，在暗室中给阴极射线管通上电，开始研究这道神秘的绿光。不经意间，他的眼角一瞟，发现一块离管子一米多远的荧光屏上闪现出淡绿色的荧光。咦？这是哪来的闪光？伦琴有点疑惑，他伸手把放电管的电断了，一看，荧光消失了，再一通电，又有了。伦琴的第一反应是，难道是阴极射线跑出来了？但是他马上否定了这一想法，因为科学家们早已证实，阴极射线在空气中只能穿越几厘米，绝不可能打到一米远处。伦琴的好奇心上来了，他把荧光屏移到两米远处，荧光屏仍有荧光发出。他又拿几张黑纸把放电管包得严严实实，荧光仍然存在。这时，伦琴已经能确定，这绝不是阴极射线，而是一种穿透力极强的新射线！

伦琴欣喜若狂，阴极射线到底是什么他也顾不上研究了，他发现了新的未知的射线，他要研究这种新射线。他把实验室能找到的东西都拿来，试着阻挡这种射线。书柜里最厚的大词典拿来放在荧光屏前，挡不住；30 毫米厚的木板拿来，也挡不住；15 毫米厚的铝板，挡住一大部分，但还有微弱的荧光；1.5 毫米厚的铅板，终于挡住了！看来铅是阻挡这种射线的绝佳武器。就在他拿着一样一样东西挡在荧光屏前做试验时，又一个影像把他惊呆了，他看到荧光屏上出现了手骨的暗影。透视！这是伦琴脑海中的第一反应。他赶忙扔掉手里的东西，伸开五指把手放在荧光屏前，果然，屏上出现了手骨暗影和淡淡的外围组织轮廓。他张动五指，暗影也跟着移动。伦琴觉得太不可思议了，他竟然可以透视到自己的骨骼！这是只有科幻小说才敢幻想的事情啊！

接下来的几个星期里，伦琴废寝忘食，吃住都在实验室，紧张地进行着新射线的研究。他发现，新射线不会在磁场中偏转，和阴极射线完全不同。他当时也没搞清楚新射线到底是什么，干脆就以 X 射线来命名。我们做数学题时，经常把未知数设为 X，伦琴的 X 射线就是未知射线的意思。当然，后来人们知道了，原来这 X 射线是阴极发出的电子流打到阳极金属板上激发出的高频电磁波。现在我们知道，电磁波与光就是同一事物的两种不同叫法（这儿的光指的是广义的光，可见光只是其中的一部分）。人们把光分为很多波段，比如波长 400 ～ 770 纳米的光是可见光，也就是人类肉眼能识别的电磁波；波长 0.01 ～ 10 纳米的光就是伦琴发现的 X 射线（也可称为 X 光），等等（见图 23-2）。

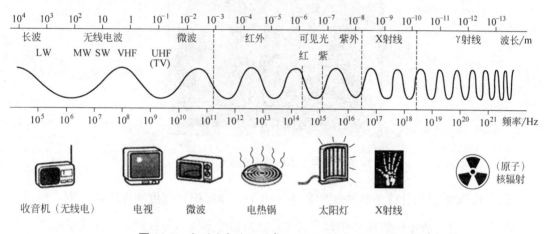

图 23-2　电磁波各波段的常见名称及其对应的波长和频率

12 月的一天，伦琴的夫人找到实验室来了。自己的丈夫痴迷于物理研究，经常泡在实验室不回家，她也习惯了，但这一次都几个星期了还不回家，这是以前从来没有过的，她决定到实验室来一探究竟。当她敲开门后，伦琴一看是自己的夫人来了，拉着她的手就往里屋的暗室走去，边走边说，要给她看一样魔法。弄得夫人一头雾水，怎么搞物理还搞出魔法来了，伦琴不是累糊涂了吧。

伦琴把夫人拉进暗室，让夫人把手放在一张照相底片上，再用黑纸包裹起来，然后，他打开了阴极射线管，用 X 射线对准她的手照射起来。夫人疑惑地望着伦琴，不知道他到底在搞什么鬼，伦琴也不说话，只是示意她不要动。过了 15 分钟，伦琴关闭了射线管，开始冲洗底片。显影后，伦琴把底片递给妻子。伦琴夫人拿起来一看，底片上面竟是一只白骨森森的手，无名指上戴着的一枚戒指显得突兀又硕大（见图 23-3）。她吓得惊叫起来，这是自己的手吗？她赶紧扔掉底片，仔细查看自己的手，确认毫发无损，这才放下心来。"这就是你的魔法？"她心有余悸地问道。伦琴微笑着点点头："亲爱的，我要让全世界都看到你这张照片，这是世界上第一张 X 射线照片！"

图 23-3 伦琴夫人的手骨 X 射线照片

却说这 X 射线为什么能透视呢？原来，由于人体组织有密度和厚度的差别，所以当 X 射线透过人体各种不同组织结构时，它被吸收的程度不同，导致到达荧屏或胶片的 X 射线量有差异，就形成了黑白对比度不同的影像。

1895 年 12 月 28 日，伦琴向维尔茨堡物理医学协会提交了论文《一种新的射线》，正式公布了他的发现。1896 年 1 月 4 日，伦琴在柏林物理学会的会议上展出了他拍摄的 X 射线照片，其中就包括他妻子的手骨照片。维也纳《新闻报》立即在头版以《耸人听闻的发现》为题，率先作了报道。这种可以直接看到人的骨头的透视照片立即引起了公众的兴趣，被传得沸沸扬扬，很快就传到了皇帝耳朵里。1 月 13 日，伦琴被召到柏林皇宫，在德国皇帝威廉二世面前亲自表演了拍摄人的手骨照片的实验，威廉二世大为震惊，当即授予他一枚二级普鲁士皇宫勋章予以表彰。伦琴和他的 X 射线名声大噪。

接下来，科学界掀起了一股研究 X 射线的热潮，仅 1896 年 1 年内，关于 X 射线的研究论文竟达 1000 多篇。在 X 射线发现 3 个月后，医生们就开始用 X 射线来检查人体内断骨的位置。很快，X 光照片就被正式应用到临床医学上，用来检查骨、肺等方面的疾病，促进了医学诊断技术的大发展。当时人们并不知道，X 射线会伤害人体细胞，长时间大剂量照射有导致白血病的风险。后来，随着 X 射线技术的发展，影像质量大大提高，辐射量也大大减少，可以检测的疾病也越来越多。再后来，人们又发明了 CT 扫描技术，用精准的 X 射线束对人体进行断层扫描，使医学影像诊断技术又上了一个新台阶。

这 X 射线不光在医学方面大显身手，在材料学、化学、物理学、生命科学等方面也是大放异彩。1912 年，德国物理学家冯·劳厄（1879—1960）发现了 X 射线在晶体上的衍射现象，随后劳厄和英国的布拉格父子开创了通过 X 射线衍射进行晶体结构分析这一学术新领域。现在，利用 X 射线衍射仪进行晶体结构测定已成为最基本的晶体研究方法，通过这种方法，人们可以确定晶体中原子的排列情况。

1901 年，伦琴因 X 射线的发现，当之无愧地获得了首届诺贝尔物理学奖。后来人们分析科学史，才发现伦琴之前已经有好几位科学家与 X 射线擦肩而过。比如 1887 年，克鲁克斯发现放在阴极射线管附近的照相底片莫名其妙地变得模糊不清，实际上，这是 X 射线所致，但他误以为是底片质量有问题，反而向厂家要求退货。后人戏称克鲁克斯是退掉第一枚诺贝尔物理学奖章的科学家。俗话说，机会总是留给有准备的人，克鲁克斯没做好准备，而伦琴做到了。正是：

有心栽花花不开，无心插柳柳成荫。

莫道幸运是偶然，偶然之中有必然。

第二十四回

铀盐感光　无意发现核辐射
夫妻同心　合力探究放射性

　　却说伦琴发现 X 射线以后，引起了各国学者的关注。1896 年 1 月 20 日，法国科学院院士庞加莱（1854—1912）在科学院每周一次的例会上，将伦琴的发现介绍给了与会学者。庞加莱的报告激起了荧光专家贝克勒尔（1852—1908）的兴趣，他询问庞加莱，X 射线是如何产生的。那时候 X 射线才刚发现一个月，人们并没有搞清楚它的产生机理。庞加莱回答说，也许 X 射线和荧光具有相同的机理，也许荧光物质在光照下会产生 X 射线，但这只是他的猜测。

　　说者无心，听者有意。贝克勒尔第二天就开始做实验，验证庞加莱的说法是否正确。他是荧光专家，手头有很多种荧光和磷光物质，他把它们挨个拿来做试验，尝试看能不能在阳光照射下使底片感光。经过不断尝试，他发现大多数物质都不起作用，无法使底片感光，但有一种物质例外——铀盐。

　　1896 年 2 月 24 日，贝克勒尔向科学院汇报了他的实验结果：用两张黑纸包住一张感光底片，底片即使在太阳光下晒一天也不会感光；而在黑纸上洒一层铀盐，拿到太阳光下晒几个小时，底片上就会显现出黑影。因此，他认为太阳光照射铀盐后，铀盐能发出类似于 X 射线的辐射，穿透黑纸而使底片感光。

　　接着，贝克勒尔打算进行进一步的研究。然而，天公不作美，从 2 月 26 日起，巴黎一直阴云密布，不见太阳。他只好把底片用黑纸包好，把铀盐也包好搁在底片上面，一起放在抽屉里，等待天气转晴。几天后，太阳出来了，贝克勒尔打算继续他的实验。在实验前，他先冲洗了一张底片，想检查一下底片的质量。不料，冲洗结果让他大吃一惊：被包裹得严严实实的底片，已经明显地被感光了，底片上铀盐包的轮廓十分清晰（见图 24-1）。

这一出乎意料的现象，使贝克勒尔马上意识到，铀盐的辐射与阳光的照射无关，应该是铀盐自身发出的某种射线。

接下来，经过仔细研究，贝克勒尔发现，只要是含铀的物质，都会产生新射线，而纯金属铀的辐射要比含铀化合物强得多。他还发现，这种铀射线能使验电器放电。现在我们知道，贝克勒尔发现了核辐射！但当时人们都不清楚这到底是什么射线，他的发现也没有像伦琴射线一样引起轰动，这让贝克勒尔一度深感失落。

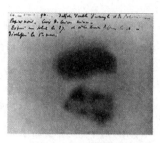

图 24-1　铀盐包在底片上的显影

贝克勒尔的发现虽然没引起轰动，却引起了巴黎索邦大学一位女博士的关注，她就是居里夫人（1867—1934）。

居里夫人原名叫玛丽·斯可罗多夫斯卡，1867 年出生在波兰首都华沙的一个教师家庭。那时候，波兰已经被周边列强瓜分多次，大部分领土被并入沙皇俄国，亡国已经 70 多年了。玛丽从小聪明好学，尽管当时沙俄在波兰学校中强行推行俄文教育，但很多老师还是偷偷的教孩子们波兰文，教孩子们了解波兰的历史和民族英雄。在这样的教育环境下，玛丽很好地掌握了本民族的语言，也培养了她强烈的爱国心。16 岁那年，玛丽以优异的成绩高中毕业，但因为当地的大学不允许招女生，所以她无法继续求学了。当时，玛丽的姐姐在法国巴黎留学，哥哥在华沙上大学，家里经济十分困难，为了补贴家用，玛丽决定做家庭教师。

17 岁那年，玛丽只身去远离华沙的乡村，到一个农场主家去做家庭教师，用自己微薄的收入资助姐姐留学。在乡村家庭教师生涯中，她除了要教主人的 3 个孩子外，还挤出时间教当地十几个农民子女读书。她给这些孩子们秘密开设波兰文课，她像她的老师们那样，教这些孩子学本民族的语言和历史。要知道，这是冒着极大风险的，如果被人告发，就会被捕入狱或者流放西伯利亚，但她还是义无反顾地投入到这项工作中。当然，村里不但没人告发她，村民们还都非常支持这个勇敢的女孩子，替她保守秘密。3 年半后，玛丽的乡村教师生涯结束，她回到华沙城，又在城里一户人家继续做家庭教师。

1890 年 9 月，玛丽结束了自己的家庭教师生涯，回到了家中。这时候，家里的经济条件已经大为改善，学医的姐姐在巴黎组建了自己的家庭，还开了一家小诊所，她邀请玛丽也到巴黎来留学，提议妹妹住在她家里，方便互相照顾。姐姐的提议让渴望求学的玛丽看到了希望，父亲也鼓励她去留学，并推荐她先到一家"工农业博物馆"去"充充电"。

"工农业博物馆"是波兰一位青年科学家柏古斯基建立的，表面上是一座博物馆，但实际上是一个地下实验室。因为沙俄禁止波兰人设立实验室，但不反对建博物馆，所以才取了这个名字来掩人耳目。柏古斯基深谙科技强国的道理，他一直尽力组织崇尚科学的波兰青年在一起学习科学知识，每到晚上或周末，青年们就聚在这里做科学实验。玛丽第一次来到这里，就被这些实验仪器深深地迷住了，她成了这里的常客。正是在这里，玛丽向未知的科学世界迈出了第一步。多少年后，她回忆说，自己在实验研究方面的爱好，正是在"工农业博物馆"的初步尝试中培养出来的。

1891年初冬，24岁的玛丽踏上了前往巴黎的火车。她当初估计不会想到，这一决定会使她的人生发生多么大的变化，会为她的祖国带来多少荣誉。

1891年11月3日，玛丽正式成为巴黎索邦大学理学院的一名学生。索邦大学是欧洲少数几家允许女生入学的大学，玛丽深知机会来之不易，学习相当刻苦。姐姐家离学校远，每天来回就要花两个小时，为了节省路上的时间用来学习，玛丽自己在学校附近租了一间小阁楼。小阁楼冬天非常冷，屋里脸盆中的水在夜晚常常结冰。为了睡得暖和一些，她把所有的衣服全压在被子上才能勉强御寒。她也没时间做饭，每天就是靠面包、鸡蛋、水果来充饥。虽然生活很艰苦，但能有一个离学校近的、安静的地方用来学习，玛丽甘之如饴。

1893年7月，玛丽以优异的成绩获得了物理学位，并获得了一笔奖学金。经过考虑，她决定继续攻读数学学位。1894年春，她争取到了一项科研课题，研究各种钢铁的磁性。为了搞研究，她必须分析各种矿物，但是，学校里没有实验室供她使用，让她陷入了困境。俗话说，天无绝人之路，这时候，有朋友建议她向一位年轻的法国学者——皮埃尔·居里（1859—1906）寻求帮助。

皮埃尔年轻有为，那时，他刚刚35岁，是巴黎市理化学院的物理实验室主任。皮埃尔和玛丽见面后，两人聊得十分投机，都对对方的学识赞赏不已。皮埃尔带她去找理化学院的校长，请求校长允许玛丽使用物理实验室，校长答应了。于是，玛丽天天去皮埃尔的实验室里做实验，在科研工作顺利进行的同时，两个才华横溢的年轻人也悄悄相爱了。

1894年7月，玛丽获得了数学学位。第二年，也就是伦琴发现X射线那一年，皮埃尔和玛丽喜结良缘，这一年，玛丽28岁，皮埃尔36岁。根据欧洲人的习俗，女子成婚后要改姓夫姓，从此，玛丽更名为玛丽·居里，居里夫人也成为她的新称呼。

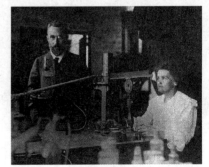

居里夫妇

1896 年 8 月，居里夫人应聘到理化学院，夫妻二人在同一个实验室工作，真是如鱼得水，琴瑟和谐。1897 年，居里夫人关于钢铁磁性的研究结束，她开始寻找新的课题，准备作为自己的博士论文研究课题。当时正值未知射线大发现的年代，居里夫人注意到了贝克勒尔关于铀射线的论文。这种铀射线从何而来？还有没有别的物质能放出这种射线？这都是未解之谜。就是它了！居里夫人暗下决心，要破解铀射线之谜。

皮埃尔对妻子选择的研究课题也很感兴趣，两人约定，一起攻关。他们找校长要了一间小屋子作为研究室，尽管这间小屋子原来只是一个小小的储藏室兼机修间，但能有自己的一片小天地，他们已经心满意足了。

兴奋劲儿还没过去，两人就遇到了难题。居里夫人想定量地测量铀射线的放射强度，但贝克勒尔的方法是看射线能否使底片感光，并对比感光的强弱来确定放射性的大小，这是根本没法精确判断放射强度的。两人苦苦思索着这一难题，整日茶饭不思。

这一天，皮埃尔一觉醒来，发现妻子不知什么时候已经起来了，正坐在书桌前不停地写写画画。他起床走到妻子身边问："玛丽，你在写什么呢？"

居里夫人转过头来，兴奋地向丈夫说道："皮埃尔，我有主意了！"

"什么主意？快说来听听。"皮埃尔想都没想，就知道她在说铀射线的事，因为他们昨晚讨论到半夜才睡。

居里夫人说："我们前几天一直在考虑铀射线的感光性质，却忘了它还有另一种性质——使空气电离！"

皮埃尔略一思索："你是说，利用空气电离后的导电性？"

"对！皮埃尔，你总是一点就通。"

"别给我戴高帽了，快说说你的方法。"

"我想，我们可以设计这样一台仪器，在一个电流回路中插入两块金属极板，这时电路是不导通的，但是，如果我们在极板上撒一些铀化合物，由于铀射线能使极板间的空气电离，这样两极板就导通了。放射强度不同，对空气的电离程度就不同，于是通过的电流强度就不一样，用电流计测量电流强度，就能分辨放射强度了。"

"太棒了，玛丽，你真是个天才！"皮埃尔兴奋地抱起妻子原地转了一圈。

"你也在给我戴高帽了。"居里夫人笑着挣扎了出来。

"那我们赶紧去实验室，快动手做吧！"皮埃尔拉着妻子就要走。

"等等，还有问题呢！"居里夫人说道。

"嗯？怎么啦？"皮埃尔不解。

居里夫人拿起桌上的纸："你看，我算了一早上了，这个电流是非常非常微弱的，用普通电流表根本测不出来！"

"哎呀，这算什么困难！"皮埃尔接过来一看，笑了："为夫十几年前就解决了这个问题！"

"真的？"居里夫人惊喜地问道。

"那还有假？"皮埃尔得意地说，"我和我哥哥十几年前发现了晶体的压电效应，有些晶体受到压力时会产生电压，这是一种极为灵敏的效应。利用这种效应，我们发明了一种石英晶体压电静电计，这种静电计可以测量几十亿分之一安培的电流，肯定能满足你的需求！"

"哇，皮埃尔，你真是太了不起了！你是上天派来帮我的吗？"居里夫人激动得扑向丈夫的怀抱。

"也许，这就是缘分吧！"皮埃尔轻轻拍拍妻子的后背，感慨地说。

"走，我们现在就去实验室！"居里夫人拉着丈夫，向门外跑去。

夫妻二人来到那间小小的实验室，开始动手组装实验装置。有道是夫妻同心，其利断金，经过不断尝试，他们终于组装成一套可以精密测定放射强度的仪器（见图24-2）。这下子，居里夫人有了得心应手的武器，可以向未知的科学领域发起冲锋了。正是：

工欲善其事，必先利其器。

做出金刚钻，敢揽瓷器活。

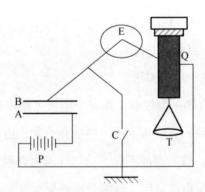

图24-2 居里夫妇设计的放射强度测量装置示意图（当开关C闭合时，电池组P对电容器两极板A、B间施加电压。将磨细的放射性物质粉末置于A极板上，两极板间空气电离将产生一个电流。断开C，则带电的B极板会使静电计E的指针发生偏转。通过增加托盘T的重量来向压电石英晶体Q施加压力可以产生电压，由此产生的电荷可以抵消静电计E的指针偏转，这样就能计算出空气电离产生的微弱电流）

　　几个月后，经过耐心细致的测量，居里夫人证实了铀射线的强度仅与铀化合物中铀的含量成正比，既与化合物的组成无关，也不受光照、加热、通电等因素的影响。这样，居里夫人得出结论：铀射线的发射是铀原子的自身特性，是由原子内部产生的。

　　接下来，居里夫人想知道还有没有别的元素能放射出与铀射线类似的射线。于是，她把当时已知的近80种元素，无论是纯元素还是化合物，全都拿来分析了一遍。结果，又发现含钍元素的物质也能放射出类似的射线。现在，居里夫人能断定，这种射线是某一类元素的普遍性质，并非铀所独有，于是，她给这种现象起了个名字——"放射性"。很快，这一名称便被广泛使用开来。人们把具有放射性的元素叫作"放射性元素"，比如铀和钍都是放射性元素。

　　电子的发现、X射线的发现和放射性的发现，并称19世纪末物理学三大发现。发现放射性之后不久，居里夫人又做出了新的重大发现。欲知详情，且听下回分解。

第二十五回

大海捞针　居里夫妇苦寻镭
原子衰变　放射谜团终破解

这一天，居里夫人搜集到了一批新矿物，她把这些矿物一一研成粉末，放到她的仪器中去测试放射强度。当试到一种叫辉铜矿的矿石时，居里夫人简直不敢相信自己的眼睛，这种矿石的放射性的强度比纯铀或纯钍还要强！她把辉铜矿拿出来，单独放到一边，定了定神，继续往下试验。当试到沥青铀矿时，她再次大吃一惊，沥青铀矿的放射性比辉铜矿还要强，放射性竟然比纯铀强 4 倍！

居里夫人立刻喊自己的丈夫："皮埃尔，快来看！"

皮埃尔这段时间主要还是在忙活他的晶体学研究，但同时也关注着妻子的研究进展，经常帮妻子出主意，和妻子一起探讨实验结果。他放下手中的活计，走过来问："怎么啦？"

居里夫人急切地说："你看，这种矿石的放射性比纯铀和纯钍还强！"

"那怎么可能？放射性只与元素含量有关，纯铀和纯钍的含量已经是百分之百了，难道还能超过百分之百？"皮埃尔不敢相信，"你确定实验仪器没出问题吗？"

"肯定没问题，我检查过了。"居里夫人答道。

"你再测一次试试。"皮埃尔还是不大相信。

在丈夫的注视下，居里夫人又做了一遍实验，结果还是一样。她对丈夫说道："亲爱的，这种测试我做过千百遍了，绝对不会出错。"

"那这是什么原因呢？"皮埃尔不解地问。

"我觉得，只有一种可能。"

"什么？"

"矿石里有人们不知道的新元素！"

"新元素？！"

"对！现有的所有元素我都做过分析，只有铀和钍有放射性，现在，这种矿石的放射性超过铀和钍，说明里面含有未知的新元素，这种新元素的放射性要远远强于铀和钍！"

"有道理！"皮埃尔激动地说，"我们得赶紧把这个新元素找出来！"

"你的晶体学不搞了？"居里夫人笑道。

"不搞了，以后再说！从今天起，我和你一起提炼新元素！"皮埃尔豪情万丈。

夫妻二人说干就干，他们首先对沥青铀矿的化学成分进行了精确的分析，接下来，就是分离提纯了。这是一个枯燥乏味而且考验耐心的工作，但二人心中有梦，所以甘之如饴，干得津津有味。他们先用化学分析法将沥青铀矿中的各个组成部分分离开来，然后测量每一部分的放射性。随着工作的推进，探索的范围渐渐缩小，不久，他们就发现未知的强放射性元素主要集中在沥青铀矿所含的两种不同化合物中，一种是含铋的化合物，另一种是含钡的化合物。因此，他们认识到，在沥青铀矿石里，可能含有两种未知的新放射性元素。

1898 年 7 月，经过几个月的努力，他们终于有了战果，从含铋的化合物中分离出一种含新元素的化合物。虽然他们没能将这种新金属提纯出来，但这种化合物的放射强度是铀的几百倍，已经可以确定其中含有一种新元素，他们向外界宣布了他们的发现，并建议将这种新元素命名为"钋"（音同"坡"），这是居里夫人为了纪念她的祖国波兰而起的名字。同年 12 月，他们又从含钡的化合物中分离出放射强度是铀的上千倍的新物质，从而确定这里又含有一种新元素，于是将这种新元素命名为"镭"，这个名字是拉丁文"放射性"的意思。

虽然居里夫妇宣布了钋和镭的发现，但是，由于钋和镭在沥青铀矿中的含量微乎其微，他们既没能提炼出纯的钋和镭，也没能测定它们的原子量，只是间接地确定有这两种新元素，因此，他们受到了一些化学家的质疑。这种质疑也不能说完全没有道理，居里夫妇也知道自己的研究还不完善，于是，他们做出了一个新的决定——提纯新元素，测出原子量。

但是，要想提炼出足够量的新元素，需要大量的沥青铀矿石，而这种矿石很昂贵，居里夫妇没有研究资金，无力购买足量的矿石。无奈之下，他们决定购买矿渣。他们推测，沥青铀矿在提炼完铀之后，被抛弃的矿渣中一定会含有镭和钋，而当时，这种矿渣被视为废弃物，不值钱。几经辗转，他们自掏腰包，从微薄的薪水中挤出一点钱来，从奥地利一家矿场以很便宜的价格购得了好几吨矿渣。

矿渣拉来了，又遇到新问题，他们原来那小小的实验室根本不够用，他们需要一个更大的场所。但学校根本没有场地提供给他们，不得已，他们只好向学校借用一间废弃的仓库。说是仓库，其实就是个木棚子，由于年久失修，早已破败不堪，屋顶漏雨，四面漏风，夏天像蒸笼，冬天像冰窖。

当一切都安排妥当后，夫妻二人来到他们的"实验室"。望着堆成小山的矿渣，两人相视苦笑。

"玛丽，我亲爱的妻子，你知道我们要面对什么吗？你准备好了吗？"皮埃尔问。

"我知道，我们要从大山里找到一根头发，我们要从大海里捞出一根针。但是，我准备好了！"居里夫人说。

"很不幸，亲爱的，我没能为你找到一个更好的实验场所，让你受苦了。"皮埃尔自责地说。

"皮埃尔，快别这么说。我从来不曾有过幸运，将来也永远不指望幸运，我做事的原则是：面对任何困难，我都决不会屈服。"居里夫人坚定地说。

"你就像一个战士。不，你就是一个战士！"皮埃尔说。

"那，我们就开始战斗吧！"说着，居里夫人抄起铁锹，将第一锹矿渣铲了起来……

在那间破旧的棚屋里，居里夫妇开始了他们一生中最英勇的奋斗。他们既要做化学提纯，又要研究放射性提炼物的性质。一年后，他们发现，提取镭元素比提取钋元素更容易，因此，他们便集中力量先提取镭元素。为了提高研究的效率，他们进行了分工：居里夫人做化学提纯，专门从事提取纯净的镭盐；皮埃尔研究镭射线的物理性质。

居里夫人每次要处理的原材料多达 20 公斤，木棚子里到处堆放着装满液体和沉淀的大容器，搬动它们，往里面倒水，以及用几十斤的大铁棒搅动一口大铁锅里沸腾的铀沥青矿渣，一搅就是几个小时，这就是居里夫人的日常工作。一个弱女子日复一日地承担如此繁重的体力劳动，其中所受的苦是常人难以想象的，但是，居里夫人凭借惊人的毅力坚持了下来。她从矿石中提炼出含镭的钡化合物，之后，再利用分步结晶法进行分离、提纯。最后，镭元素全部集中到最难溶解的化合物中。必须使用非常精密的操作方法，才能把镭盐结晶分离出来。

1899 年，他们得到了比铀放射性强 7500 倍的晶体，后来，又达到了 10 万倍，但里边仍含有杂质。3 年多过去了，到了 1902 年，胜利的一天终于到来了。经历过 5600 多次的结晶，居里夫人终于提炼出 0.1 克纯净的氯化镭，其放射强度达到铀的上百万倍！通过氯化镭，居里夫人获得了镭元素的光谱，测出了镭元素的原子量，这样，镭在化学上成为一种新元素就被确认了，再也没人对此提出质疑。为了这一天，居里夫人等得太久了，付出太多了，但是，所有付出都是值得的。1903 年 6 月，居里夫人完成了博士论文《放射性物质的研究》，获得巴黎大学理学博士学位。同年 12 月，居里夫妇与贝克勒尔一起获得了诺贝尔物理学奖，他们赢得了科学界的最高荣誉。正是：

> 大海捞针难上难，迎难而上不畏难。
>
> 甘心吃尽苦中苦，终于换来甜中甜。

居里夫妇淡泊名利，埋头实验，很少去追求个人利益，因此，皮埃尔的教职一直很低。当他们荣获诺贝尔奖后，知名度一下子高了起来。当舆论爆出早已取得多项重要成果的皮埃尔竟然还没有获得教授职位，这种不正常的状态引起了公众的哗然。在舆论的呼吁下，1904 年年底，皮埃尔终于获得巴黎大学的一个教授职位，巴黎大学还专门为他配了一个实验室，同时委任居里夫人为实验室主任。两人终于苦尽甘来，迎来了事业的又一个发展之机。可是，一年多后，当新实验室终于布置好，居里夫妇准备告别那间已使用多年的木棚时，一场飞来横祸打乱了一切。

1906 年 4 月 19 日，皮埃尔参加完一个学术会议，在赶回家的路上，不慎被一辆运货马车撞倒在地，车轮从他头上碾过，使他头骨碎裂，当场死亡。一个卓越的科学家就这样英年早逝，留下妻子和两个年幼的女儿走了，年仅 47 岁。

皮埃尔的意外去世对居里夫人造成了巨大的打击，她不但失去了丈夫，还失去了最亲密的合作伙伴。这一沉重打击一度使她的精神处于崩溃状态，但是，在他们共同奋斗的年代里，丈夫说过的一句话始终铭刻在她心中："即使我不在了，你也必须继续干下去！"正是这句话，让居里夫人化悲痛为力量，继续着两人未竟的事业——提取纯的金属镭。同时，居里夫人以副教授的资格接任了丈夫的教席，两年后，她晋升为教授，成为法国历史上第一位女性教授。

1910 年，居里夫人终于成功了，她通过电解氯化镭获得了纯的金属镭，并研究了它的性质。1911 年，居里夫人因此获得了诺贝尔化学奖。全世界只有为数极少的几位科学家两次获得过诺贝尔奖，居里夫人是其中唯一的女性。

镭是一种放射性非常强的物质，放射强度是铀的几百万倍，能产生极强的光和热，强到可以在黑夜里看书，强到可以灼伤人的皮肤。皮埃尔和贝克勒尔都被镭灼伤过。居里夫妇在提炼镭的同时，也对镭射线的物理性质进行了研究，开创了放射学这一学科，为核物理学的发展奠定了基础。

1934 年 7 月 4 日，居里夫人因白血病去世，享年 67 岁，而导致她患病的元凶，正是长年累月受到的核辐射。家人把她与皮埃尔合葬在一起，并在她的棺木上撒了一把从波兰带来的泥土，因为，她是波兰最值得骄傲的女儿，元素周期表上，84 号元素"钋"永远代表着波兰。

话分两头，却说在居里夫妇的推动下，元素的放射性引起了欧洲各国科学界的关注，这其中当然少不了大名鼎鼎的剑桥大学卡文迪什实验室。在实验室主任汤姆孙的带领下，这时候的卡文迪什实验室会集了一大批青年才俊，可谓人才济济，群英荟萃。

1895 年 10 月，卡文迪什实验室迎来了一位新西兰留学生——欧内斯特·卢瑟福（1871—1937）。卢瑟福祖上也是英国人，50 多年前他的祖父从英国移民到新西兰，现在，他又以留学生的资格重返英国，成为汤姆孙的研究生。卢瑟福精力充沛，干劲十足，很快就成为汤姆孙的得力助手，汤姆孙对他赞赏有加。

欧内斯特·卢瑟福

1898 年，也就是居里夫妇宣布发现钋和镭那一年，卢瑟福也把注意力集中在了元素的放射性上面。当时，人们虽然知道铀和钍等放射性元素会辐射出射线，但是，这些射线看不到、摸不着，它们到底是由什么组成的，谁也不清楚。卢瑟福决定解开这个未解之谜。

卢瑟福很快就发现，放射性射线具有三种穿透能力不同的成分，一种连玻璃或几张纸都穿不透，他称之为 α 射线；另一种能穿透玻璃和纸张，但能被铝板挡住，他称之为 β 射线；还有一种能穿透铝板，只有厚铅板才能挡住，称之为 γ 射线。α 射线的速度大概是光速的 10%，β 射线的速度大于光速的 90%，γ 射线的速度与光速相同。其实，α 射线、β 射线、γ 射线这样的命名，就像当年伦琴命名 X 射线一样，都是因为不知道这些射线是什么成分，所以先起个名字。α、β、γ 是希腊字母表的前三个字母，就像 a、b、c 一样，就是排个序号，后来就这样沿用下来了。

接下来，科学家们发现，α 射线和 β 射线是带电粒子流，因为这两组射线在磁场中会偏转。带电粒子在磁场中发生偏转是由于受到洛伦兹力导致的。1895 年，荷兰物理学家洛伦兹（1853—1928）指出，运动电荷在磁场中会受到力的作用，这个力后来就被称为洛伦兹力。运动电荷之所以会受到洛伦兹力，是因为运动电荷在它周围除了产生电场外还会产生磁场，外界磁场与电荷磁场自然会产生相互作用。如果让带电粒子垂直穿过外加磁场，粒子会在洛伦兹力的作用下作圆周运动，而且正电粒子和负电粒子的偏转方向刚好相反。人们由此证实 α 粒子带正电，β 粒子带负电（见图 25-1）。随后证明 β 粒子就是电子，但 α 粒子是什么还不清楚。γ 射线不受磁场的影响，它与 X 射线类似，是高频电磁波，也就是说，γ 射线是一种光，也可称为 γ 光。

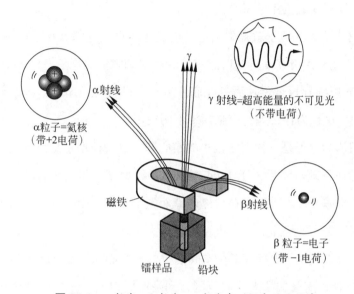

图 25-1 α 射线、β 射线、γ 射线在磁场中的偏转情况

就在卢瑟福在放射性领域初露头角之际，他的人生轨迹发生了改变。这一天，他的导师汤姆孙收到一封信，展开一看，是加拿大教育部门请汤姆孙推荐一位优秀的研究生，到加拿大蒙特利尔市的麦吉尔大学担任物理系教授。这加拿大人还真是知道"名师出高徒"的道理，汤姆孙暗暗点头。只要自己说句话，学生就能当教授，既然人家这么信任自己，汤姆孙想想也不能砸了自己的招牌，于是，他推荐了 27 岁的卢瑟福，他相信卢瑟福一定能干出一番事业。

1898 年 9 月，卢瑟福到麦吉尔大学任职。授课之余，他建立实验室，继续搞放射性研究。1900 年，一位从牛津大学毕业的学生索迪也来到这所大学，成为卢瑟福的得力助手。两人合作了大概 3 年时间，通过一次又一次的实验，他们发现，α 粒子就是失去电子的氦原子。一种原子能释放出另一种原子，这就说明，原来的原子一定会发生变化。比如说，88 号元素镭放出 α 粒子，就会变为 86 号元素氡。由此，他们得出一个让世人震惊的结论：放射性元素的原子会自发衰变，从一种元素变成另一种元素，α、β、γ 射线就是在原子衰变过程中放出来的。

这一观点突破了一直以来人们信奉的原子不可改变的思想禁锢，深刻地揭露了放射性的本质，同时也表明，原子内部有着复杂的结构，使人们对原子的认识发生了重大改变。因为这一发现，卢瑟福荣获了 1908 年的诺贝尔化学奖。当卢瑟福得知他获得的是化学奖而不是物理奖时，还是略感意外，他哭笑不得地对前来道贺的人们说："你们看，一夜之间，我竟由一个物理学家变成了化学家！"

自从卢瑟福确认了 α 粒子就是失去电子的氦原子后，他与 α 粒子就结下了不解之缘。从 1905 年开始，他开始研究 α 射线通过物质后而受到阻滞的现象。到了 1906 年，他有了一个新的发现：α 射线穿过云母片后打在底片上，影像就变模糊了，而没有云母片遮挡时影像是很清晰的。这是为什么呢？卢瑟福想不明白。

当时，人们认为原子是一种密度很小的实心球，这种模型正是卢瑟福的导师汤姆孙提出来的。汤姆孙在发现电子后，于 1904 年提出一种原子模型：原子是一个球体，原子内带正电的部分像流体一样均匀分布在球体内，而电子则点点缀缀地嵌在这个球体里。人们戏称之为"葡萄干布丁"模型。这个模型影响很大，在当时占主流地位，毕竟，原子都那么小了，没有人敢想象原子内部大部分空间是空的，实心球模型符合大多数人的想象。

1907 年，卢瑟福离开加拿大返回英国，到曼彻斯特大学任教。1908 年，他带领助手盖革（1882—1945）继续研究这个现象。盖革发现，α 射线在通过金箔时，影像更模糊。这一现象引起了卢瑟福的高度重视，为什么会这样呢？得好好研究一下，说不定会有重大发现。

这一天，卢瑟福把他的学生马斯登（1888—1970）找来，跟他说："马斯登，今天，你来做一个新实验，用 α 粒子轰击金箔。"

马斯登奇怪地问："老师，我们不是常做这样的实验吗？怎么说是新实验呢？"

卢瑟福笑道："用 α 粒子轰击金箔当然不新奇，但是，你今天要换一种方法观察。"

"换一种方法？"

"对！你在金箔四周围上一圈闪锌屏，观察每个位置上的 α 粒子落点概率。"

"四周？我们原来不是在金箔后面观察吗？现在要 360 度无死角观察？"

"对，每一个角度都要观察！"

"老师，您的意思是，α 粒子有可能反弹回来？"

"嗯，有可能。但我也不太确定。"

"老师，我看这不太可能吧？我们做了那么多试验，它都是穿过去的呀！镭放出的α粒子在真空中飞行速度达到每秒两万公里，相对于薄薄的金箔来说，这么大的速度，就像用炮弹去打一张纸，难道纸能把炮弹反弹回来？"

"马斯登，不要妄下论断。α粒子会穿过去不假，但是，原子的内部结构对我们来说还是一个未解之谜，你怎么能肯定所有粒子都会穿过去？万一——万个里头有一个反弹回来呢？是真是假，让实验结果说话。"

"老师，我懂了，我一定会仔细观察。"

"嗯，很好，耐心一些，尽量不要漏掉任何一个粒子。去干活吧！"

马斯登来到实验室，按卢瑟福的嘱咐，安装好了实验装置（见图 25-2），开始仔细观察起来。这闪锌屏也叫闪烁屏，是在玻璃屏幕上涂一层硫化锌，α粒子打到它上面会发出微弱的闪光。马斯登需要在暗室中，用肉眼通过显微镜对准闪烁屏，长时间地一个一个地计数，再移动显微镜的位置，读取另一个位置的闪烁数。这样的工作既累眼睛，又单调乏味，但他牢记卢瑟福的叮嘱，聚精会神地观察着，不漏过任何一次闪光。

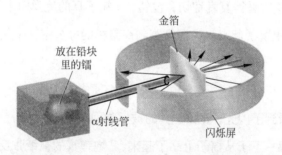

图 25-2　α粒子散射实验（用准直的α射线轰击厚度为 0.0004 毫米的金箔，观察偏转和反射情况，实验在真空中进行）

马斯登首先把显微镜对准金箔正后方，果不其然，闪烁屏噼里啪啦闪个不停，看来大多数α粒子都能轻松穿过金箔，薄薄的金箔似乎对这些高速粒子没什么阻碍。他又把显微镜转了一个角度，移到金箔侧面，闪烁立刻弱了下来，但还是星星点点的偶尔闪一下。然后，他把显微镜转到了金箔前方，闪烁屏上一片黑暗，半天没有动静。马斯登琢磨：这该怎么办呢？如果压根不会反弹回来，就这么傻盯着？怪累眼睛的。转念一想，老师说过，尽量不要漏掉任何一个粒子，想来想去，他还是决定再等等。就这样，他一动不动地睁大眼睛盯着显微镜里一片漆黑的屏幕，像一尊塑像一样定在那里。

欲知后事如何，且听下回分解。

第二十六回

炮弹回弹　卢瑟福发现原子核
质子中子　原子核内部有乾坤

　　却说马斯登一动不动地盯着显微镜里漆黑的屏幕，也不知过了多久，突然，一个光点闪了一下。他心中一阵激动，真的有！可是，自己到底看清楚没有？不会是眼花了吧？他按捺住激动的心情，揉了揉疲劳的双眼，继续盯着屏幕。过了许久，又一个光点出现了，由于有了心理准备，这次看得真真切切，没错，α 粒子真的反弹回来了！

　　他兴奋地从椅子上跳了起来，一溜烟跑到卢瑟福的办公室，上气不接下气地说道："老师，看到了，看到了！"

　　"看到什么了？"卢瑟福心中已有预感，但他还是想确认一下。

　　"我在金箔前面看到了闪光，α 粒子真的被反弹回来了！"马斯登说。

　　"真的？"卢瑟福一下子从椅子上站了起来，"炮弹真的被纸张反弹回来了，这真是太不可思议了！"说着，他一把拉住马斯登的手说："走，带我去看看！"

　　来到实验室，卢瑟福检查了马斯登的实验装置，没有问题。于是，他坐在凳子上，眼睛凑到显微镜上，静静地盯着屏幕。经过漫长的等待，终于，闪光出现了。卢瑟福心中一阵激动，他站起身来，叮嘱马斯登："马斯登，我们可能会有重大发现，你这几天好好观察计数，看看 α 粒子反弹回来的概率是多少。"

　　经过几天的观察，马斯登向卢瑟福汇报了实验结果：入射的 α 粒子中，每 8000 个就有一个会被反弹回来。卢瑟福经过精密计算，最后确定，只有原子的几乎全部质量和正电荷都集中在原子中心一个很小的区域，才有可能出现这样的结果。原子的直径大约是 10^{-10} 米，而这一中心区域的直径大约是 10^{-15} 米，卢瑟福给这个区域起了个名字——"原子核"。也就是说，原子内部绝大部分空间是空的，中心的原子核占据了整个原子质量的 99.99% 以上，但它的体积却非常非常小。如果把原子放大到一个足球场那么大，那么原子核只有绿豆大小！

　　那么，核外电子怎么分布呢？卢瑟福联想到了太阳系，茫茫宇宙，宏观微观，是不是有什么神秘的联系呢？1911年，卢瑟福正式提出了原子结构的"行星模型"（见图26-1）。他把原子类比为一个微型的太阳系，原子核就像太阳一样处于正中间，电子被带正电的原子核吸引，围绕原子核进行轨道运动，就像行星围绕太阳运行一样。

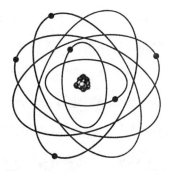

图26-1　原子结构的"行星模型"

　　发现原子核，可以说是卢瑟福最伟大的科学成就，虽然他的行星模型还存在一些难以解释的问题，但这个模型在当时来说已经是巨大的进步，对于人们认识原子结构具有里程碑式的意义。

　　发现了原子核，卢瑟福进一步认清了α粒子的本质，原来知道α粒子是失去电子的氦原子，现在可以确认，α粒子就是氦原子核。因为失去电子的原子，就只剩下了原子核。

　　可以说，α粒子是卢瑟福的福星，而且，它和卢瑟福的缘分还没有结束。1914年，马斯登在观测α射线在空气中的射程时，注意到了一个反常的现象。当时已经掌握，镭放出的α射线在空气中的射程为6.7厘米，而他却观察到出现了射程长达40厘米的粒子。马斯登反复检验，证明实验没有错误。他认为这些长程粒子可能是空气中受到α粒子撞击的氢离子。不久，马斯登因工作调动离开曼彻斯特大学，就没有继续这项工作。但是卢瑟福没有放过这件事，他认为这个反常现象没那么简单，深究下去也许会有重大发现。于是他继续带领其他助手研究此现象。

　　1914年7月底，第一次世界大战爆发，卢瑟福参与到英国海军的紧急科研任务当中，因此实验不得不中断。直到1918年年底，第一次世界大战结束后，他才终于有时间重新研究此现象。空气中有两种主要成分——氮气和氧气，卢瑟福就分别用这两种成分来做实验，结果发现，α射线在氮气中很容易出现射程变长的情况，但在氧气中却没有这种情况。卢瑟福经过反复试验，终于在1919年得出了一个惊人的结论：α粒子可以直接撞击到氮原子核内部，从氮原子核中轰出去一个氢原子核。

　　氢原子核怎么能从氮原子核中跑出来呢？卢瑟福经过仔细思考，提出了这样的设想：

氢原子核是氮原子核的组成部分。由此，他进一步认识到，α粒子可以击破某些元素的原子核！他决定接下来用α粒子轰击更多的元素，来探索原子核组成的奥秘。

1919年4月，卢瑟福离开曼彻斯特大学，重新回到他的母校——剑桥大学卡文迪什实验室。这一次，他接替自己的导师汤姆孙成为第四任实验室主任。

上任不久，有一天，卢瑟福正在办公室写论文，突然，响起了轻轻的敲门声。卢瑟福放下手中的笔，走过去打开门，只见一个衣衫褴褛、骨瘦如柴的年轻人站在面前。"查德威克？！"卢瑟福简直不敢相信自己的眼睛，这个当年风华正茂的助手怎么变成了这般模样。"老师！"查德威克的眼泪涌了出来，紧紧地抱住了卢瑟福。

詹姆斯·查德威克

詹姆斯·查德威克（1891—1974）是当年卢瑟福在曼彻斯特大学的学生。16岁那年，查德威克报考曼彻斯特大学，他原打算考数学系，但稀里糊涂地排错了队，到考试时才发现考的是物理。幸运的是，他居然考得不错，就这样阴差阳错地进了物理系。正式入学后，他起初有点后悔学物理，但自从听了卢瑟福的课后，他就改变了想法，开始喜欢上了物理。1911年，他以优异的成绩毕业，并继续攻读硕士学位，导师正是卢瑟福。1913年，硕士毕业后，他决定到德国去作访问研究，正好卢瑟福的助手德国人盖革要回国，于是他就跟盖革一起去了德国。不久之后，第一次世界大战爆发，查德威克失去了音信，现在，他突然站在卢瑟福面前，真是令卢瑟福又惊又喜。

卢瑟福把查德威克拉进办公室坐下来，问道："查德威克，自从你去了德国，就一点消息都没有，真是为你担心。这些年，你过得还好吗？"

查德威克沉重地说："老师，一言难尽啊！我去德国不久，英法和德国就成了交战国，盖革师兄被德国征召入伍了，他给了我路费让我赶紧回国，但战火连天，交通阻断，根本回不来。很快，德国人把我抓了起来，在监狱里关了十天，然后，我和其他英国侨民被送往一个赛马场拘禁起来。我和另外四个人住在一间狭小的马厩里，一住就是四年。因为寒冷和饥饿，我的肠胃落下了病根，我都不知道这几年是怎么熬过来的。幸亏战争结束了，要不然，我可能就回不来了。"

卢瑟福紧紧握住了查德威克的双手："查德威克，我的孩子，你受苦了。一切都过去了，回来就好，回来就好。"

查德威克说："老师，我现在身无分文，一身是病，您还能收留我吗？"

卢瑟福大喜："太欢迎了，查德威克，你是一位出色的学者，你能继续在我身边工作我真是太高兴了！我先找人帮你安排食宿，明天你就到实验室来上班。"

查德威克眼含热泪："老师，谢谢您……"

卢瑟福让查德威克跟随他继续做 α 粒子轰击原子的实验。经过两年的研究，到 1921 年，他们发现硼、氟、钠、铝、磷等原子像氮原子一样，都可以在 α 粒子的轰击下放出一个氢原子核。由此，卢瑟福断定，氢原子核是组成所有原子核的基本粒子，他将其命名为"质子"。

至此，卢瑟福认识到，原子核还有内部结构。原子核内的质子带一个单位的正电荷，核外的电子带一个单位的负电荷，二者电荷量相互抵消，因此原子呈电中性。但是，根据原子量推断，单靠质子达不到原子核的质量，因此，他猜测原子核中除了质子外，还有一种中性粒子，他称之为"中子"。

自从卢瑟福做出原子核中含有中子的预言后，查德威克就立志一定要在实验中找到它。他苦苦探寻了 10 年，试尽了各种方法，但一直没发现中子的踪影。10 年间一无所获，这是一件令人气馁的事情，但是，查德威克的决心没有动摇，他相信中子一定存在，仍然在持之不懈地努力寻找着。

小居里夫妇

却说法国的科学家此时也没闲着，居里夫人的长女伊伦·居里（1897—1956）和女婿约里奥·居里（1900—1958）——小居里夫妇——此刻已经继承了居里夫人的衣钵，扛起了法国放射学界的大旗。1931 年，他们（下文用小居里夫妇称呼）用居里夫人发现的放射性元素钋作为放射源，用钋发出的 α 粒子去轰击金属铍，结果发现铍能被轰出一种未知的新射线，这种新射线竟能从石蜡中打出质子（见图 26-2）。他们认为这种新射线是 γ 射线。1932 年 1 月 18 日，他们把这一实验结果发表了出来。

钋　　铍　　石蜡
α粒子　　新射线　　质子

图 26-2　约里奥·居里夫妇发现新射线的实验示意图

查德威克看到小居里夫妇的报告后，大吃一惊，他立刻意识到，这种新射线根本不是

γ射线，很可能就是他苦苦寻找的中子。他早已熟知，α粒子是可以击破原子核的。他意识到，如果铍核中的中子被α粒子打出来，那么中子就能继续撞击石蜡中的原子核，从而打出质子。这才是这个实验的正确解释。

查德威克只用了一个月的时间，就把小居里夫妇的实验重复了一遍，并研究了这种新射线的性质。他确认了这种新射线是由中性粒子组成的；新射线的速度还不足光速的十分之一，从而排除了γ射线的可能性。尤其重要的是，他推算出新射线粒子的质量与质子的质量几乎相等。这正是他要找的中子！

1932年2月17日，查德威克发表了自己的实验报告及结论，宣布了"中子"的存在。卢瑟福的大胆假设终于得到了证实。中子的发现是核物理学发展史上的一个重大转折点，至此，人们终于对原子核的组成有了正确的认识：原子核是由质子和中子组成的！正是：

原子微渺小无形，内部暗藏大乾坤。

十年一日寻中子，功夫不负苦心人。

机会总是留给有准备的人的。正因为查德威克已经苦寻了中子10年，所以，他对中子的性质是有预期的，因此，中子一出现，就被他逮到了。而小居里夫妇并没有这方面的意识，所以让机会轻易地溜了过去。当得知查德威克发现中子的消息时，小居里夫妇不无后悔地说道："要是我们夫妻俩听说过卢瑟福的中子假说的话，就不会让查德威克捷足先登了。"1935年，查德威克因发现中子而获得了诺贝尔物理学奖。巧合的是，当年的诺贝尔化学奖得主正是小居里夫妇，他们因为发现了人工放射性而获奖。人工放射性是小居里夫妇在1933—1934年发现的，看来，机会溜走一次以后，他们再也不敢掉以轻心，终于把握住了第二次机会。

事实上，让机会溜走的不止是小居里夫妇。小居里夫妇的报告发表后，正在德国柏林大学留学的中国研究生王淦昌（1907—1998，江苏常熟人）敏锐地意识到这不是γ射线，于是他向导师迈特纳（1878—1968，奥地利女物理学家）申请实验设备的使用权，想重新研究此射线，但被迈特纳拒绝了。王淦昌无可奈何，只好放弃。结果1个月后，查德维克捷足先登，率先发现中子。迈特纳得知后很后悔，她不无歉意地对王淦昌说："对不起，王，我没能支持你的建议，不过，这是个运气问题。"虽然错过了这次机会，但回国后的王淦昌在中微子探测和反粒子研究方面都做出了接近于诺奖级别的贡献，对粒子物理学的发展起到了极大的推动作用。王淦昌还参与了我国原子弹和氢弹的研究，解决了一系列关键技术问题，为我国核事业做出巨大贡献，此是后话不提。

　　却说质子和中子被发现以后，人们才终于明白了元素周期表的含义。原来，1号原子含有1个质子，2号原子含有2个质子，3号原子含有3个质子（见图26-3）……每增加1号，质子数就多1个。为了维持原子的电中性，电子数和质子数是相等的。而中子数是可以变化的，对于每一种原子，可能有多种中子数。这些质子数相同而中子数不同的原子叫作同位素。比如氢有3种同位素，氕、氘、氚（读音同：撇、刀、川）。它们的原子核中都有1个质子，但是却分别有0、1及2个中子。我们一般所说的氢指的就是氕，而氘又叫重氢、氚又叫超重氢。

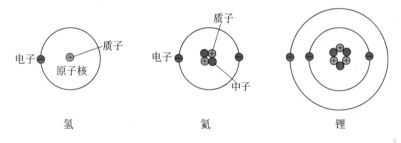

氢　　　　　　　　氦　　　　　　　　锂

图 26-3　原子的序号是按原子核中质子数来排序的

　　同样是在质子和中子被发现以后，人们才终于明白了放射性元素的放射过程。原来，原子衰变就是原子核的衰变。α射线是放射性元素的原子核放出一个氦原子核（由两个质子和两个中子组成）。β射线是放射性元素的原子核中，一个中子变成一个质子，同时放出一个电子；或者一个质子变成一个中子，同时放出一个正电子*，放出的这个电子或正电子就是β射线，它们是从原子核中跑出来的。γ射线是激发态的原子核重新回到基态时发射的波长极短的电磁波（见图26-4）。从贝克勒尔发现铀盐的放射性算起，科学家们经过近40年的研究，才终于真正搞明白了放射性的原理，这个过程，也是核物理学和粒子物理学的形成和发展过程。有了这些基础，惊天动地的核裂变已经处于即将被发现的边缘，

---

*　注：后来人们发现，在β衰变过程中，除了会放出电子外，还会放出中微子。一种类型的β衰变是中子转化成质子，释放出一个电子和一个反中微子；另一种类型的β衰变是质子转化成中子，释放出一个正电子和一个中微子。以前人们认为中微子的静止质量为零，但近年来发现的中微子振荡现象表明中微子的静止质量并不为零。

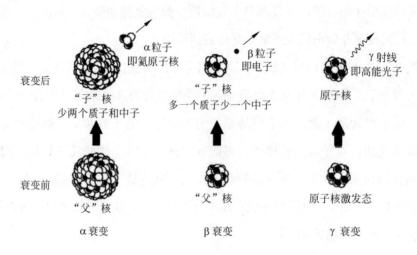

此处暂且按下不表。

α粒子
即氦原子核

β粒子
即电子

γ射线
即高能光子

衰变后

"子"核
少两个质子和中子

"子"核
多一个质子少一个中子

原子核

衰变前

"父"核

"父"核

原子核激发态

α衰变

β衰变

γ衰变

图26-4　原子核衰变的3种方式

第二十七回

一波三折　光本性再生疑团
石破天惊　量子论横空出世

在 20 世纪初，物理学呈井喷式发展，物理学家们分成几路大军，每一路都攻城拔寨，势如破竹，取得了丰硕的成果。几路大军还经常交织在一起，互相支援，共同前进，使各路成果连成一片，分枝散叶，真是令人眼花缭乱，目不暇接。下面，我们就把目光从居里夫人和卢瑟福率领的放射性大军上收回来，再来看一看另一路大军——量子大军的进军情况。

要说量子论的出现，还得回到我们的老话题——光的本性问题。却说自从麦克斯韦和赫兹在理论和实验上确定了光就是电磁波以后，关于光到底是波还是粒子的争论似乎彻底失去了悬念。到了 20 世纪初，光的范围已经大大扩展了，肉眼能看到的可见光，以及肉眼看不到的无线电波、红外线、紫外线、X 射线、γ 射线等，都是光（见图 23-2）。不管你看得见还是看不见，所有的光本质上都是一种东西——波长不同的电磁波。那时候，人们相信所有与光有关的问题都可以通过电磁波理论来解释，电磁波理论也的确不负众望，能完美地解释各种现象，一片盛世景象。但是，在繁华的电磁大厦里，却隐藏着三个阳光无法照到的小角落，有三个"小问题"让物理学家们苦恼不已。

第一个问题是"黑体辐射"。读者不要误会，这个辐射和卢瑟福研究的核辐射完全是两码事，核辐射是原子核放射出来的 α、β、γ 等射线，而黑体辐射是电磁辐射——纯黑物体受热发出的光（即电磁波）。当你把一个纯黑的物体进行加热，这个物体就会发光，发出的每个波段的光的能量不同，你把光的波长和对应的能量密度画成一条曲线，就是黑体辐射的能谱曲线（见图 27-1）。令人费解的是，就这么一条看似简单的曲线，却让物理学家们伤透了脑筋，他们用电磁波理论解释不了这条曲线。也就是说，他们无法从理论上推导出一个能和这条曲线相吻合的公式。

第二个问题是"光电效应"。光电效应是赫兹最先发现的。1887年，他在做验证电磁波的火花放电实验时（见图22-1），意外发现，如果用紫外光照射接收器（谐振环），接收器的火花放电就会变得更容易。他虽然不明白为什么会这样，但他写了一篇论文《紫外线对放电的影响》，报道了这一现象。论文发表后，引起了人们的兴趣，许多物理学家做了进一步的研究。后来，电子被发现以后，人们终于在1899年弄明白了这一现象，原来，紫外线照射到金属上，可以将金属中的电子打出来，由此导致接收器放电增强。既然束缚在金属原子中的电子能被光激发出来，那么人们就把这种现象叫作"光电效应"（见图27-2）。

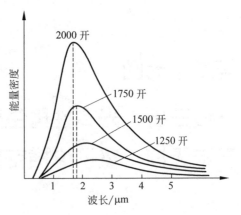

图27-1 不同温度下的黑体辐射曲线（在几千摄氏度范围内，黑体辐射发出的光波主要集中在红外线和可见光区）

赫兹永远也不会想到，他在验证电磁波的同时，也给电磁波理论挖了一个巨大的坑，因为电磁波理论根本解释不了光电效应！比如，按电磁波理论，只要光强足够，任何波长的光都能打出电子，可实验结果是再强的可见光也打不出电子，而很弱的紫外线就可打出电子。再如，按电磁波理论，从光线开始照射金属到电子逸出，需

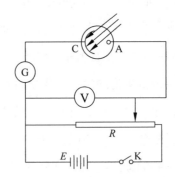

图27-2 光电效应实验装置示意图（极板C被紫外光打出电子，电子在电压作用下移动到极板A上，形成电流回路，于是电流表G的指针偏转）

要一定时间，而实际中电子逸出几乎是瞬时的，远远快于理论时间。实验现象与理论预测大相径庭，令物理学家们头疼不已。

第三个问题是"原子光谱"。当时的物理学家们通过实验发现原子在受到激发时会发出一条条分离的特征光谱线（见图27-3、图27-4），但却不明白其中的原因，因为按照电磁波理论，光谱应该是连续的。当时光谱学已经积累了大量的数据资料，每种元素都有自己的特征谱线，就像每个人都有自己独特的指纹一样，许多新元素的发现（比如居里夫人发现镭）都是通过原子光谱分析得出结论的。如此重要的实验现象，却找不到理论依据，这让科学家们伤透了脑筋。

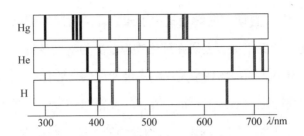

图 27-3　原子的线状光谱

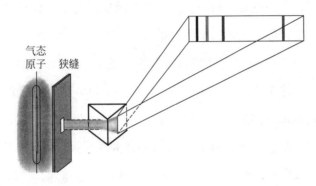

图 27-4　原子发射光谱的测试原理（使试样蒸发气化转变成气态原子，然后使气态原子的电子激发至高能态，处于激发态的电子跃迁到较低能级时会发射光波，经过分光仪色散分光后得到一系列分立的单色谱线）

时间来到了 1900 年，20 世纪的开元纪年，对物理学家们来说，这一年也是物理学新纪元的开创年。因为在这一年，德国物理学家普朗克解决了黑体辐射难题，从而拉开了物理学大变革的序幕，使一门完全颠覆想象的新物理学登上了历史舞台——量子力学。

马克斯·普朗克（1858—1947）出生于德国基尔市一个书香门第，家里浓厚的文化氛围使普朗克自幼就受到熏陶。他从小就喜欢音乐和文学，在这方面打下了良好的基础。9 岁那年，普朗克跟随父母移居慕尼黑，并在那里完成了中学学业。在中学阶段，普朗克虽然仍然喜欢音乐和文学，但他更大的兴趣转移到了数学方面。他很喜欢数学之美，数学学得非常好。好到什么程度呢？好到老师可以放心的让他来代课。在高中时代，他就帮老师代过几个星期的数学课，不知道他的同班同学当时坐在下面是什么感受。

马克斯·普朗克

1874 年，16 岁的普朗克考入慕尼黑大学，起初主修数学，但是他的兴趣很快就转向了物理学，用他自己的话来说，他希望"探索在数学的严格性和自然规律的多样性之间起支配作用的和谐"。于是，普朗克向学校提出了兼修理论物理的请求。令人诧异的是，物理系的老师们竟然劝这位少年不要去研究理论物理，因为他们认为理论物理已经不会有什么大发展了。一位教授跟他说："物理学是一门高度发展的、几乎是尽善尽美的科学。现在，这门科学已接近于最终稳定的形式。也许，在某个角落里还有一粒微尘或一个小气泡可供研究和分类，但是，作为一个完整的体系，物理学的大厦已经接近完工了。"令人庆幸的是，普朗克很有主见，并没有被教授们的话劝退，他告诉教授们，自己选择学物理并不奢求做出什么重大发现，而是想要了解自然的规律，就这么简单。教授们一看，得了，别劝了，那你就来吧。于是，普朗克转到了物理系。

随着眼界的开阔，普朗克了解到柏林大学有一批著名的理论物理大师，于是在 1877年，他申请转学到了柏林大学，在亥姆霍兹（1821—1894）和基尔霍夫门下攻读物理学。

亥赫姆霍兹和基尔霍夫都是著名的物理学家，但是，两人的课讲得都不怎么样。亥姆霍兹从来不认真备课，讲得磕磕绊绊，在黑板上还常常写错，因此，听课的人逐渐减少，最后只剩下 3 个人，其中就包括普朗克。基尔霍夫虽然精心备课，但讲得比较枯燥，不少说一句话，也不多说一句话，就像是背熟的一样，也让人听得乏味。尽管如此，普朗克仍然一节不落地去听课，下课以后再自己认真地研究这些讲课纲要。虽然师从名门，但在很大程度上，普朗克主要靠自学。

1879 年，普朗克以一篇关于热力学第二定律的论文获得了慕尼黑大学的博士学位，并留校任教。后来他又调到基尔大学任教，1888 年又调到柏林大学接替已故的基尔霍夫的职务，担任理论物理研究所的所长。普朗克讲课可不像他的老师们，在柏林大学，他讲的课遍及力学、流体力学、电动力学、光学、热力学和分子运动论，授课内容都经过精心安排，清晰而有条理，深受学生欢迎。不少学生听了普朗克的课以后，才豁然开朗，意识到物理学原来是那样一个理论体系，在这个体系中，整个课题可以从一个统一的立足点出发并根据最少的假设来加以展开。

普朗克是一个纯理论物理学家，他从来不做实验，只搞理论研究。对理论物理学家而言，主要有两种研究方式，其一是把实验物理学家所得到的实验结果恰如其分地安排到令人信服的理论框架中去；其二是以数学为基础，尤其是以追求数学的完美为基础，检验与批判现有的理论，准确找出并消除现有理论中的缺陷，甚至提出新理论。

大概在 1894 年，普朗克开始把目光投向黑体辐射现象。实验物理学家们可以绘制出完美的黑体辐射曲线，却解释不了它。这个工作，无疑最适合普朗克这样数学功底深厚的理论物理学家来做。实际上，在普朗克之前，已经有几位物理学家取得了一点成果，他们推导出来两个公式，但遗憾的是，这两个公式一个只能解释曲线的前半段，另一个又只能解释曲线的后半段，却无法合而为一。普朗克一开始也像前人一样，试图在现有物理框架内来解释黑体辐射，却屡屡失败，徒劳无功。但是，越是这样，他越感觉到这个问题的重要性，他意识到，现有物理学解释不了的现象里，一定隐藏着大秘密，一旦发现，就会石破天惊。他决定抛开成见，只要能解释这条曲线，哪怕是撼动整座物理大厦的地基也在所不惜。

1900 年，经过 6 年的奋斗，普朗克终于成功了，他终于找到了一个能够成功描述整个黑体辐射实验曲线的公式，但是，"美中不足"的是，他不得不引入了一个在经典电磁波理论看来是"离经叛道"的假设：电磁辐射的能量不是连续的，而是一份一份的。他称之为"能量量子化"。

这真是个石破天惊的假设，这是一个全新的、从未有人想到过的概念！在经典物理中，对能量变化的最小值没有限制，能量可以任意连续变化。但在普朗克的假设中，能量有固定的最小份额，这个最小份额就是所谓的能量量子（$E = h\nu$，ν是电磁波频率，h是一个普适常数，后来人们称之为普朗克常量），能量只能以最小份额的倍数变化（$h\nu$，$2h\nu$，$3h\nu$，…），这种特征就叫作能量量子化。简单来说，能量变化就像上台阶一样，只能一个台阶一个台阶的上，而不能像走斜坡一样连续上升。人们以前之所以没感觉到台阶的存在，是因为这个台阶太小了（普朗克常量 $h=6.626 \times 10^{-34}$ 焦 / 秒），就好比供蚂蚁攀登的台阶，人是察觉不到的。

能量量子化假设虽然解释了黑体辐射规律，但是，曾经被认为是能量连续的电磁波，现在被凭空隔断为断断续续的不连续序列，这真是太令人难以置信了，这还能叫波吗？这个假设太过大胆了，当时的科学家们都对其持怀疑态度，就连普朗克本人也惴惴不安，琢磨着自己这个假设可能只是权宜之计，所以他并没有继续发展量子理论，而是一直在尝试如何才能重新回到经典物理的轨道中来取代量子理论。当然，最后的结果是徒劳无功的。

1900 年 12 月 14 日，在德国物理学会会议上，普朗克宣读了他的论文，正式宣告了量子理论的诞生。

然而，4 年多过去了，量子这个概念在物理学界并没有掀起什么波澜。这几年，诺贝尔物理学奖颁给了伦琴，颁给了居里夫人，颁给了其他科学家。实验物理学家们备受追捧，普朗克似乎被人遗忘了。真的是曲高和寡，知音难求。

　　1905年3月18日，普朗克收到一份稿件，他是德国知名物理学杂志《物理学年鉴》的主编，经常要审稿。他打开信封，先看了看论文标题，《关于光的产生与转化的一个试探性观点》，嗯，有点意思。继续往下看，作者，阿尔伯特·爱因斯坦（1879—1955），这是谁？普朗克迅速在脑海里搜索了一遍，物理学界圈子里没听说过这个人，是个新人。且看看他文章写得如何。

　　普朗克扫了一眼稿件，文章开头声明，麦克斯韦的电磁波理论是把能量看作连续的空间函数来处理的，接着，语气一转，开始指出其中的不足：

　　"用连续空间函数来运算的光的波动理论，在描述纯粹的光学现象时，已被证明是十分卓越的，似乎很难用任何别的理论来替换。可是，不应当忘记，光学观测都与时间平均值有关，而不是与瞬时值有关，尽管衍射、反射、折射、色散等理论完全为实验所证实，但仍可以设想，当人们把用连续空间函数进行运算的光的理论应用到光的产生和转化的瞬时现象上去时，这个理论会导致和实验相矛盾。"

　　普朗克翻来覆去把这段话看了好几遍，不禁在心中暗暗叫好，说得太有道理了！自己正为量子化的合理性而惴惴不安呢，这段话让自己豁然开朗，电磁波理论处理的是一段时间内的平均光学现象，并没有涉及到瞬时状态，它是有缺陷的！普朗克的神情专注起来，继续往下看：

　　"在我看来，关于黑体辐射、光致发光、光电效应，以及其他一些与光的产生和转化现象有关的实验，如果用光的能量在空间中不是连续分布的这种假说来解释，似乎就更好理解。按照我的假设，从点光源发射出来的光束的能量在传播中不是连续分布在越来越大的空间之中，而是由个数有限的、局限在空间各点的能量子所组成，这些能量子能够运动，但不能再分割，而只能整个地被吸收或产生出来。"

　　普朗克把这段话咀嚼了几遍，猛然间一拍大腿，脱口喊道："哎呀，我怎么就没想到呢？"他是又激动又后悔。激动的是自己的量子学说有了新发展，后悔的是这个发展被爱因斯坦抢了先。

　　普朗克自从提出光波能量量子化以后，就裹足不前，没有去思考这量子化的能量到底是一个什么状态。现在，爱因斯坦明确指出，量子化的能量集中在一个点上，可以按"个"来计数，并称之为"能量子"。显然，光的能量子是一种粒子。在论文中，爱因斯坦给光的能量子起了个名字叫"光量子"，并用它完美地解释了黑体辐射和光电效应。"光量子"后来被人们正式命名为"光子"。

我们来看看光子学说对光电效应的解释。因为每一个光子的能量都是固定的，那么光照射到金属表面，金属所受到的打击主要取决于单个光子的能量。而光子的能量是与它的波长有关的，波长越短，频率越高，能量越大。因此，紫外线光子的能量就比可见光光子大。打比方来说，紫外线就像步枪的子弹，可见光却像玩具手枪的子弹，所以很弱的紫外线就可打出电子，而再强的可见光也打不出电子。

爱因斯坦的高明之处，就在于他同时承认了光的波动性和粒子性，后来人们称之为"波粒二象性"。想当年，牛顿和惠更斯为了光的本性到底是粒子还是波吵得不可开交，200年来物理学家们纷纷站队，没想到，最终却是大水冲了龙王庙——一家人不识一家人，原来两派学说竟是同一枚硬币的两面。正是：

一枚硬币分两面，一面粒子一面波。

波粒纷争两百年，谁料二象是一说。

量子理论竟使黑体辐射和光电效应两大难题迎刃而解！看完整篇论文，普朗克按捺不住激动的心情，提笔给爱因斯坦写了一封回信。信中告诉爱因斯坦论文已经被录用，将尽快安排发表，并询问爱因斯坦的年龄几何、在哪所大学任职、是否在学术界担任什么职位，然后欢迎爱因斯坦继续投稿并欢迎他前来进行学术交流。

不久，回信到了，当普朗克看到爱因斯坦的自我介绍后，简直不敢相信自己的眼睛，这竟然是一个只有 26 岁的年轻人，而且没有任何大学从教经历，只是一个专利局的三级技术员，太不可思议了。这个才华横溢的年轻人与普朗克的想象大相径庭，同时，他又隐隐有一些担忧，这个年轻人忙于专利审查事务，每周在专利局工作 6 天，每天 8 小时，只能靠业余时间搞研究，一个人的时间精力是有限的，长此以往，这个人才恐怕会被埋没于世啊。他不知道爱因斯坦会不会是昙花一现。

很快，爱因斯坦就打消了普朗克的疑虑。1905 年 5 月 11 日，普朗克又收到爱因斯坦的一篇论文——《热的分子运动论所要求的静液体中悬浮粒子的运动》，这篇论文通过水分子的热运动解释了布朗运动，为原子论提供了重要证据（见第二十二回）。普朗克读过以后，再次大为惊叹，他不知道这个年轻人到底有多少才华还没有展露。

还没等普朗克回过神来，爱因斯坦的大作又到了。同年6月30日，普朗克又收到爱因斯坦的一篇论文——《论动体的电动力学》。看完这篇长达近30页的论文，普朗克沉默了，他整整一天都在思考，要不要发表它？当天晚上，他辗转反侧，彻夜难眠，这篇论文颠覆性太强了，他也无法判断论文到底价值几何，无法判断论文是真知灼见还是胡说八道，而且，这篇论文没有引证任何文献，自己作为审稿人，对论文的发表也要负责的，不能掉以轻心。实在睡不着觉，他干脆披衣起床，挑灯夜读，又细细地咀嚼起这篇论文来。天色渐渐发白，普朗克终于拿定了主意，支持这个天才的年轻人，发表这篇论文！他知道，这篇论文一旦发表，肯定会在物理学界掀起一番惊涛骇浪，肯定会受到铺天盖地的质疑，但是，他决定了，要和爱因斯坦一起战斗！普朗克怀着激动的心情，提笔给爱因斯坦写了一封信，信中说道："你这篇论文发表之后，将会发生这样的战斗，只有为哥白尼的世界观进行过的战斗才能和它相比……"

却说爱因斯坦这篇论文到底写了什么内容呢？欲知详情，且听下回分解。

第二十八回

惊世骇俗　爱氏开创相对论
质能等价　人类发现能之源

话说普朗克看了爱因斯坦的论文《论动体的电动力学》之后，是辗转反侧、彻夜难眠。为什么呢？因为这篇论文太惊人了，把当时物理学家们的常识颠覆了一大半！

当时人们都认为，光是在一种充满宇宙的被称为"以太"的介质中传播的，就连电磁学理论鼻祖麦克斯韦对此也深信不疑。而爱因斯坦在论文中直接否定了这一说法，指出光的传播不需要任何介质，"以太"根本不存在。

人们凭直觉都认为，时间和空间是绝对的，是永恒不变的，不管两个人如何运动，在他们眼里，时间和空间都是一样的。而爱因斯坦却说，时间和空间都是相对的，对高速运动的人来说，时间会延缓，空间会收缩。简单来说，运动速度越快，时间就会越慢。当然，这一效应只有在接近光速（3×10^8 米每秒）时才会比较明显。假如你以 0.9 倍的光速飞行，时间就会变成地球上的 44%。如果速度更快，以 0.99 倍的光速飞行，时间就会变成地球上的 14%，也就是说，你飞 1 年，地球上就过了 7 年多。同样，运动速度越快，空间距离就会收缩得越短。比如以 0.99 倍的光速飞行，你感觉飞了 1 年，飞过 0.99 光年的距离，但实际上地球人会看到你已经飞了约 7 光年的距离。真是太颠覆人的常规认知了！

按照牛顿力学，只要对一个物体不断加速，它的速度就会不断变大，最后总有一天会超过光速。而爱因斯坦却说，物体的运动速度有一个极限，那就是光速，光速永远不可超越。根据爱因斯坦的理论，随着运动速度的增大，物体的质量会不断增大（见图 28-1），如果达到光速，质量就会变为无穷大，那就需要无穷大的能量才能推动它，显然是做不到的。按爱因斯坦的理论，牛顿力学公式只有在低速状态下才适用，在高速运动下是不适用的，需要做修正。好在修正也很简单，牛顿力学方程中的质量 m 用下式替换即可：

$$m = \frac{m_0}{\sqrt{1 - u^2/c^2}}$$

其中，m_0 是物体在某一惯性参考系中保持静止时的质量——静止质量，m 是物体在该惯性参考系（惯性系）中以速度 u 运动时的质量——运动质量（或称相对论质量），c 是真空光速。可见，物体的质量随速度增大而增大，因此会有图 28-1 所示的质速关系。

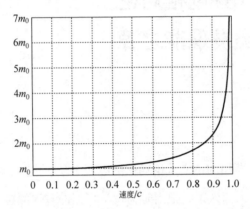

图 28-1　物体质量随速度的变化关系（横坐标是光速的倍数）

牛顿力学是受到人们顶礼膜拜的，时间和空间的绝对性看起来是显而易见的，以太的存在是人们深信不疑的，现在，爱因斯坦把它们全否定了，这简直是在挖物理学大厦的地基！而这一切，都建立在他提出的两个假设之上——相对性原理和光速不变原理。

相对性原理：任何物理定律在所有惯性系中都是等价的，都具有相同的数学表达形式。

光速不变原理：真空中光在任意惯性系中的速度恒定不变（恒为 $2.997\,924\,58 \times 10^8$ 米每秒，用 c 表示），且与光源是否运动无关（见图 28-2）。

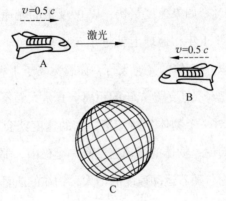

图 28-2　光速不变原理示例（宇宙飞船 A 相对于地球 C 以 $0.5\,c$ 速度飞行，宇宙飞船 B 相对于地球 C 以 $0.5\,c$ 速度与 A 反向飞行，如果 A 发出一道激光，则 A、B、C 三处的测量者测得这道激光的速度都是光速 c）

　　就是通过这看似简单的两条假设——物理定律不变和光速不变——爱因斯坦推演出一整套理论。他曾经想把这套理论称为"不变性理论"，但并没有在论文中提议。普朗克并不知道爱因斯坦的想法，后来在给物理学界介绍这套理论时，就按自己的理解命名为"相对论"。大家都接受了普朗克的说法，没办法，爱因斯坦也只好把自己的理论叫作"相对论"。后来爱因斯坦又不断发展相对论，所以相对论有了狭义与广义之分，《论动体的电动力学》就是狭义相对论的奠基之作。

　　麦克斯韦电磁理论将全部电磁现象概括在一组方程中，已经是经典物理的巅峰之作。然而，爱因斯坦却能百尺竿头，更进一步。《论动体的电动力学》这篇论文在第一部分提出相对论原理以后，接着就在第二部分用相对论揭示了电与磁的联系，真正完成了电与磁的统一。按照狭义相对论，运动电荷的电磁效应是静止电荷的静电效应相对于不同观测者时空坐标变换的结果，电力和磁力都与参考系的运动状态有关，磁力不过是电场的一种作用。从不同的参考系观测，同一电磁场可表现为只是电场，或只是磁场，或电场和磁场并存。这说明电磁场是一个统一的实体，电场和磁场只是电磁场在不同参考系中的不同分量，二者没有本质的区别。

　　总之，这篇论文惊世骇俗，把人类对物理学的研究一下子提高了一个档次，但是，也正因如此，想让人们一下子理解它是很困难的。幸亏爱因斯坦遇上了普朗克这样独具慧眼的大师，如果他把论文投到其他杂志，很可能就被丢到废纸篓里去了。

　　短短几个月之内，连发 3 篇论文，篇篇都是惊世之作，这爱因斯坦到底是何许人也？他有什么异于常人之处吗？

　　1879 年 3 月 14 日，阿尔伯特·爱因斯坦出生在德国小城乌尔姆。在德文中，"爱因斯坦"这个词的意思是"一块石头"。

　　爱因斯坦的父母都是犹太人，他的父亲赫尔曼·爱因斯坦最初开了一个床垫公司，但是经营不善，在爱因斯坦一岁时，赫尔曼的生意破产。在弟弟雅各布·爱因斯坦的劝说下，赫尔曼携全家搬到了慕尼黑，兄弟俩在那里开办了一家生产电机、弧光灯和电工仪表的电器工厂，雅各布负责技术，赫尔曼负责销售。雅各布受过高等教育，获得了工程师认证，曾在改进弧光灯、自动断路开关和电表等方面获得过 6 项专利。那几年，正是电灯泡刚发明的年头，爱因斯坦的公司抓住机会，开始涉足发电及照明网络安装业务。1885 年，公司发展到了 200 名员工，那年的慕尼黑啤酒节第一次用上的电灯照明系统就是他们安装的。在接下来的几年里，公司还获得了为慕尼黑近郊的一个近万人的小镇安装照明系统的合同，事业蒸蒸日上，前景看起来一片光明。

小爱因斯坦出生后不久，父母就发现他和别的小孩不一样——他看上去有点发育迟缓。爱因斯坦直到3岁还不会说话，这可把他的父母急坏了，甚至还去找了医生。好在有一天他突然开口说话了，说的话还挺长，挺令人费解。那天有个小姑娘骑小自行车来访，从未开过口的小爱因斯坦突然冒出一句话："是的。可是，她的小轮子在哪儿呢？"这句无厘头的话语让客人迷惑不解，却让他的父母欣喜若狂，谢天谢地，他终于开口说话了。

爱因斯坦从小就对科学表现出异乎寻常的兴趣。5岁那年，他生病了，父亲看他躺在床上无聊，就送给他一个指南针玩，没想到，这个小小的玩具竟让爱因斯坦激动地浑身发抖。指南针的指针永远只朝着一个方向，好像被某种神秘的力量牵引着，让爱因斯坦感到非常惊奇，觉得一定有什么深层次的东西隐藏在这现象后面。这个指南针他玩了好长时间，给他留下了深刻而持久的印象，直到老年时还能清晰地回忆出来。

6岁的时候，爱因斯坦上了小学，同时开始学拉小提琴。像其他孩子一样，他开始时也不喜欢拉琴，只是为了服从妈妈而不得不把小提琴夹在下巴底下练习。但到13岁的时候，他终于体会到了演奏的技巧和奥妙。从此，他喜欢上了拉小提琴，小提琴也成为陪伴他一生的乐器。

10岁那年，爱因斯坦进入了慕尼黑的一所知名中学，但是，学校管理非常严格，老师们的教学也很死板，因此，爱因斯坦并不喜欢这所学校，老师们也不喜欢他。有一次开家长会，爱因斯坦的父亲问学校的训导主任，爱因斯坦将来干什么职业比较合适。这位训导主任竟毫不客气地说："干什么都一样，你的儿子将一事无成！"

12岁那年，一位受到爱因斯坦父母资助的俄国犹太大学生送给爱因斯坦一本《圣明几何学小书》，爱因斯坦第一次接触到了几何学。研究直线、圆、多边形的平面几何从几个简单的公理就可以推出许多复杂的定理，简明扼要，推理清晰，爱因斯坦被其中的逻辑与美学彻底迷住了，他很快就自学完了这本书。爱因斯坦后来曾说："12岁时的我，刚开始接触基础数学就惊喜地发现，仅仅通过推理便可能发现真理……我越来越相信即便是自然也能被理解为一种相对简单的数学结构。"从此，爱因斯坦对数学产生了极大的兴趣，他开始自学更高一级的数学知识。到15岁时，他已经掌握了微积分这样的高等数学内容。

但就在他15岁那年，爱因斯坦家里发生了变故，他家的公司倒闭了。当时，直流电照明技术已经落后，交流电照明技术成为了主流。但要安装完整的远距离传输的交流电网，需要大量的资金，爱因斯坦家的公司在与交流电巨头西门子公司的竞争中败下阵来，他们一家不得不抵押掉房子来筹集资金，但也无济于事，最后，公司只好关门大吉了。无奈之下，爱因斯坦的父母和他的叔叔雅各布举家迁居到意大利北部寻找商机，爱因斯坦则留宿在慕尼黑的一个远房亲戚家，以完成中学学业。但爱因斯坦太不喜欢这所学校了，他自作主张找一个医生开了一份假证明，证明自己神经衰弱，无法继续学业，希望退学。他还有点担心学校发现证明是假的，没想到，这正合老师们的心意，学校没有挽留，就给他办了退学手续。1894年年底，爱因斯坦乘火车穿过阿尔卑斯山，来到了意大利，告诉大惊失色的父母他已经退学了，但他保证会通过自学来考大学，父母无奈，只好接受了他的决定。

1895年，16岁的爱因斯坦参加了瑞士苏黎世联邦理工学院的入学考试，他轻而易举地通过了数学和科学部分的考试，但没有通过综合部分的考试。后者包括文学、法语、动物学、植物学和政治等科目。在学院院长建议下，爱因斯坦去了不远处的瑞士阿劳州立中学借读一年，以准备第二年的入学考试。

阿劳中学重视培养每一个孩子的内心尊严和个性，主张探究式学习，让学生们在探索过程中一步步得出自己的结论，没有机械的背诵和填鸭式的教学。这正合爱因斯坦的心意，他非常喜欢这所学校。这时候，他已经认真地通读了一本科普读物《自然科学通俗读本》。从这本书中，爱因斯坦了解了整个自然科学领域里的主要成果和方法，这对他将来步入物理学领域有着深刻的影响。

《自然科学通俗读本》把光速问题放在第一卷的最前头，以此作为所有自然观察的开端。从这本书中，爱因斯坦了解到了很多关于光的知识。于是，他开始思考一个问题：如果他以光速追随一束光，那么他将看到什么景象？电磁波会在身边凝固吗？他后来回忆道："在阿劳中学这一年中，我想到这样一个问题，如果一个人以光速跟着光波跑，那么他就会处在一个不随时间变化的波场中，但看来不会有这种事情！"正是这样的思考为他开启了发现光速不变原理的大门。

1896年10月，17岁的爱因斯坦终于考入了苏黎世联邦理工学院，进入数学物理师资班。在大学里，他的数学老师是数学家闵可夫斯基，但爱因斯坦不喜欢听他的课，经常逃课，以至于闵可夫斯基对爱因斯坦印象很不好，甚至说他是懒虫。当时两人谁也不会想到，他们日后竟会深深地交集在一起，联手开创一片物理新天地。

爱因斯坦的物理老师韦伯是一位电工专家，也是学校的首席物理教授，当时韦伯刚刚从爱因斯坦家族的竞争对手西门子公司那里拉来一大笔赞助，盖了一栋漂亮的物理实验大楼，志得意满，很是风光。由于爱因斯坦喜欢物理，韦伯最初对他印象不错，爱因斯坦第一次考大学落榜时，韦伯还鼓励他下次再考。上大学之初，爱因斯坦以很大的热情去听韦伯的课，还经常到韦伯的实验室做实验。但后来，他发现韦伯讲的课程内容比较陈旧，特别是电磁理论，竟然不包括麦克斯韦的电磁场理论，令他大失所望，于是爱因斯坦物理课也经常逃课。这也导致韦伯对他的印象急剧变差。

爱因斯坦逃课，并不是逃避学习，而是为了自学。他在学校附近租了一间小阁楼，买来了物理大师们的著作，躲在小阁楼里自学。他认为自学有助于独立思考问题。正如他后来记述的那样，他以"虔诚的狂热"拜读了基尔霍夫、亥姆霍兹、赫兹、玻耳兹曼、洛伦兹、麦克斯韦等人的主要著作。

这个师资班全班只有 5 个学生，爱因斯坦老不去上课，也不知道老师们怎么想的，竟然听之任之。可是考试怎么应付呢？幸亏学校里一共只考两次试，大二期末一次，大四毕业一次，而且爱因斯坦还有两个好同学帮忙，这两个好同学就是塞尔维亚姑娘米列娃（后来成了爱因斯坦的妻子）和同是犹太人的格罗斯曼，他们每堂课都不落，笔记记得特别认真，课后还要加以整理。每遇考试，爱因斯坦就借他们的笔记突击复习。这种考前突击还真见成效，大二期末的考试，爱因斯坦居然考了第一名，格罗斯曼反而是第二名。不过到了大四毕业考试，爱因斯坦只考了个第四，米列娃更是只考了第五——倒数第一。

爱因斯坦的理论功底那是没的说，不过，他的实验技能可能要差一些。有一次做实验，因为没有按照规范操作，结果发生了爆炸，虽然爆炸没多大规模，但把他的右手炸伤了，一段时间里都无法写字。看来，天才也不可能在任何方面都是天才，还是要认清自己的特长。爱因斯坦这一点就做得非常好，他后来只搞理论不做实验，但是他关心别人的实验进展，也设计实验让别人去验证，他把自己的特长发挥到了极致。

1900 年 7 月，爱因斯坦正式大学毕业。毕业时，格罗斯曼和另外两位同学都留校做了助教。爱因斯坦也向韦伯申请留下来做物理助教，但韦伯没要他，而是把助教空缺给了两个机械系的学生，这让爱因斯坦的自尊心受到了极大的伤害，带着遗憾离开了学校。而他的女朋友米列娃则连文凭都没有拿到。

毕业即失业，找工作对爱因斯坦来说成了一个难题。他在随后两年的时间里没有固定职业，只偶尔做过临时的中学代课教师。

1901 年 3 月，爱因斯坦发表了一篇关于毛细现象的论文，这篇论文在物理学史上没有留下什么影响，其基本猜想是错误的，但这毕竟是他发表的第一篇研究论文。他非常兴奋，准备以此作为求职的敲门砖。爱因斯坦给德国莱比锡大学的化学教授奥斯特瓦尔德

（就是坚决反对原子论并与玻耳兹曼长期论战的那位先生）写了一封信，附上他的论文，希望获得一个助教职位。但这封信发出去之后犹如石沉大海，未获答复。两个星期后，爱因斯坦再次写信给他，借口说"我忘了当时是否附上了我的地址"，希望得到回信。然而，依然杳无音讯。与爱因斯坦住在一起的父亲非常清楚儿子的痛苦，他瞒着爱因斯坦亲自写信给奥斯特瓦尔德，字里行间透露着一个父亲的悲苦，希望奥斯特瓦尔德能给爱因斯坦回一封信，以资鼓励。但还是没有任何回音。爱因斯坦也给欧洲其他一些知名教授去过信，他甚至附上了回信的邮资，但仍然全部石沉大海。最后，绝望的爱因斯坦只好彻底放弃了在大学求职的希望。

正当爱因斯坦陷入绝望之际，他的大学好友格罗斯曼拯救了他。格罗斯曼给他写信说，瑞士伯尔尼专利局有一个技术员的空岗，格罗斯曼的父亲认识专利局局长，愿意举荐爱因斯坦。爱因斯坦就像抓住了一根救命稻草，高兴坏了，他回信说："我很高兴能够得到一个这样好的工作，我将全力以赴，绝不辜负你的推荐。"他兴奋地对米列娃说："你想想看，这对我是一个多么美妙的工作啊！要是这件事成了，我会高兴疯的！"几个月后，爱因斯坦终于被伯尔尼专利局录用为技术员，从事专利申请的技术鉴定工作，这一年是 1902 年，爱因斯坦 23 岁。这份工作拯救了爱因斯坦，他后来在纪念格罗斯曼的信件中写道："这对我是一种拯救，要不然，即使未必死去，我也会在智力上被摧毁了。"正是：

爱因斯坦

山重水复疑无路，柳暗花明又一村。

若无好友出手助，天才埋没尘世中。

第二年，爱因斯坦和米列娃正式成婚，米列娃不仅要完成一个家庭主妇的责任，还经常和爱因斯坦讨论物理问题，协助爱因斯坦做数学计算和撰写论文。

在专利局工作的爱因斯坦并没有放弃对物理的狂热，他与贝索等几位热爱科学与哲学的好友组织了一个叫作"奥林匹亚科学院"的读书俱乐部。几个年轻人利用休息日或下班时间，一边读书一边讨论。他们阅读的内容十分广泛，包括哲学、物理、数学和文学等。他们读了马赫、安培、亥姆霍兹、黎曼、庞加莱等人的著作，尤其是法国数学物理学家庞加莱的名著《科学与假设》，他们接连讨论了几个星期。这个小组活动了 3 年左右，于 1905 年秋天停止。这些读书和讨论活动对爱因斯坦建立相对论有着重要影响，爱因斯坦自己也高度评价这个俱乐部，认为俱乐部培养了他的创造性思维，促成了他在学术上的成就。

厚积必然薄发。1905 年，爱因斯坦创造了科学史上的奇迹，短短几个月之内，他解释了光电效应，解释了布朗运动，创立了相对论。这还不算完，同年 9 月 27 日，他又写了一篇论文《物体的惯性与其所含能量有关吗?》，作为相对论的推论，证明了物体的质量是其所含能量的量度，随后不久他就提出了著名的质能方程 $E = mc^2$（能量 = 质量 × 光速的平方）。这一方程如此简洁优美又富含深意，以至于后来基本上成了相对论的代名词。

光速的平方是一个非常巨大的数字，按照 $E = mc^2$ 计算，1 克任意物质所蕴藏着的能量，都相当于燃烧 3000 吨煤放出的化学能。方程 $E = mc^2$ 所表达的真正意思是：能量和质量是等价的，质量就是"凝结了"的能量，质量和能量是同一枚硬币的两面！对此，爱因斯坦在一次演讲中有过精彩的总结："质量和能量在本质上是类同的，它们只是同一事物的不同表达形式而已。物体的质量不是一个常量，它随着其能量的变化而变化。"质能等价还意味着，人们以前发现的能量守恒定律和质量守恒定律其实应该合并成一条定律——质能守恒定律。也就是说，在一个封闭系统中，系统变化前的质能总量和变化后的质能总量保持不变。有一首诗道得好：

> 能聚是为质，质散乃为能。
> 质能本等价，二者共守恒。

质能等价是人类对物理学的一大认知突破。任何能量变化都伴随着质量变化，被一脚踢出去的足球、通电以后的灯泡、加热以后的物体、压缩以后的弹簧，因为能量增加，它们的质量比原来都会有所增加。同时，质能等价使人们认识到，巨大的能量随时蕴藏在我们身边，关键就是如何使质量转化成能量，这一点，当时人们还无路可寻。后来，核裂变现象发现以后，$E = mc^2$ 才体现出它的巨大威力，此是后话不提。

到 1905 年 11 月底，爱因斯坦投到《物理学年鉴》的 4 篇重磅论文已经全部发表，那么，他会就此一举成名吗？且听下回分解。

第二十九回

四维一体　闵氏揭时空奥秘
时空弯曲　爱氏探引力之源

话说天才的爱因斯坦以一篇论文《论动体的电动力学》创立了相对论,将人类对物理学的认识提升到了一个新高度。1905年9月,《论动体的电动力学》正式发表。不久,普朗克在柏林大学的物理讨论会上向与会者介绍了相对论,但是,听众们却听得晕晕乎乎,似懂非懂。作为相对论的热情支持者,普朗克多次在公开场合宣传相对论。在他的大力推动下,相对论逐渐被科学界所知晓,但是,物理学界的反响并不强烈,应者寥寥,随之而来的,却是大部分人的怀疑甚至反对。

在这种情况下,爱因斯坦并没有像我们想象的那样一下子走上神坛,事实是,他还是得不到苦求已久的大学教职。1907年,带着普朗克的推荐信,拿着自己发表的论文,爱因斯坦去申请瑞士伯尔尼大学的编外讲师职位,但得到的答复竟是他的论文无法理解,拒绝了他的申请。要知道,所谓编外讲师,就是可以在该校开选修讲座,但学校不给工资,只能从听课者那里收取少量的报酬。即使这样卑微的职位也没有得到,这使一向乐观的爱因斯坦也叹息了,他放弃了到大学任教的打算,转而为谋求一个中学教职奔波,他给好几所中学写了求职信,但都没有回音,只好继续当他的专利员。

话分两头,却说爱因斯坦正在为谋求一个教职而奔波时,他的论文引起了一个人的注意,这个人不是别人,正是他的大学数学老师——闵可夫斯基。

闵可夫斯基(1864—1909)是俄国犹太人,由于当时的俄国政府迫害犹太人,所以当闵可夫斯基8岁时,父亲就带全家迁居到普鲁士。闵可夫斯基从小就数学天赋出众,有神童之名。18岁那年,

闵可夫斯基

他破解了一个法国科学院悬赏的数学难题，获得大奖，轰动一时。拿到博士学位后，闵可夫斯基在欧洲各所大学辗转任教。1896 年，他来到苏黎世联邦理工学院任教，爱因斯坦恰好也在这一年入学，成为他的学生。前文说过，爱因斯坦经常逃课，被闵可夫斯基斥之为懒虫，师生二人互相看不上眼，并无多少感情。1900 年，爱因斯坦毕业离校，1902 年，闵可夫斯基转到数学圣地德国哥廷根大学任教，二人再无交集。

闵可夫斯基早年就对通过数学的理论和方法来研究物理问题很感兴趣。1905 年，他的研究重心转移到了电磁场的动力学问题上，这就是所谓的"电动力学"，主要研究电磁场的基本属性、运动规律以及电磁场和带电物质的相互作用。这一年，爱因斯坦的《论动体的电动力学》发表，这正是闵可夫斯基关心的领域，很快，他就看到了这篇论文。当他了解到论文作者爱因斯坦正是当年那个总逃课的懒虫时，不禁大吃一惊，真是士别三日，当刮目相看，这个谜一般的学生引起了他极大的兴趣，他拿起论文细细品读起来。说实话，他还是不太相信这个当年的逃课大王有什么能耐，与其说是品读，不如说是想挑点毛病出来。

闵可夫斯基伏在书桌前，仔细地阅读爱因斯坦的论文。第一部分是运动学部分，他一边看一边点头："嗯，不错，逻辑很清晰。"读了几页，他已经被深深地吸引住了，这时，一句话撞入了他的心扉：

"我们不能给予同时这个概念以任何绝对的意义，两个事件，若从一个坐标系看来是同时的，那么，从另一个与这个坐标系作相对运动的坐标系来看，它们就不能再被认为是同时的事件了。"

这句话说的是"同时性的相对性"，他仔细品味着这句话，坐标系反映的是空间坐标，但是却影响了对时间的判断，这意味着什么呢？猛然间，他的脑海中闪过一个念头：时间和空间是联系在一起的！这个念头让他激动得浑身战栗，他焦急地继续往下阅读，想看看爱因斯坦是怎么分析的。接下来，爱因斯坦推导出一组时空变换方程，这组方程给出了两个作相对运动的惯性坐标系中时间和空间坐标的变换关系式，导出了一些奇怪的时空现象，然后在论文的第二部分，用这组时空变换方程解决了电动力学的一些疑难问题。不知不觉间，论文读完了，闵可夫斯基长吁一口气，抬起身体，仰靠在椅背上，闭上眼睛，在脑海中回顾着论文的内容。逐渐地，他的思维集中在了爱因斯坦提出的时空变换方程上，显然，这组时空变换方程中包含一种新的时空观，但是，在数学上却并不那么显而易见。就是它了，他暗暗下定决心，要破解这组方程中蕴含的奥秘，在这个不好好学数学的学生面前露一手。

闲言少叙。两年多后，闵可夫斯基已经胸有成竹，他发现爱因斯坦的时空变换方程等同于一种新的时空观——四维时空。闵可夫斯基构建了相关理论，把时间与空间结合到一起，由此创立了相对论的几何解释。现在，他需要一个机会，向学界公布他的发现。1908年9月，机会来了。在科隆举行的第80届德国科学家年会上，闵可夫斯基做了题为《空间与时间》的著名演讲，他的听众包括数学家、物理学家、天文学家、化学家以及哲学家，可谓盛况空前，他一上来就开门见山：

"我想向你们提出的时空观源自实验物理的土壤，它的优势也正在于此。这些观点是根本性的，空间本身和时间本身，今后都注定要渐渐消失得无影无踪，只有它们二者的某种结合才将维持一个独立的实体。"

接下来，他侃侃而谈，提出了被后人称为闵氏时空的"四维世界"，介绍了分析四维时空的工具——时空图，论述了四维时空中的各种物理量，等等。听众们惊讶地发现，狭义相对论里的某些"奇谈怪论"，从四维时空来看就变得非常清楚，令人费解的时间膨胀和空间收缩效应，不过是因为四维时空坐标系转动而造成的测量区别，换言之，就是"转个角度看世界"。图 29-1 给出了一个简单的例子，在四维时空中，"同时性的相对性"是一个很简单的必然结果。

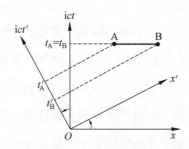

图 29-1　在四维时空 x-y-z-ict 中（i 是虚数单位，c 是真空中光速，图中省略了 y 轴和 z 轴），两个惯性系在三维空间中的相对运动，相当于四维时空的坐标轴转动。由图可见，在一个坐标系中同时（$t_A = t_B$）发生的两事件 A 与 B，在转动后的坐标系中并不同时发生（$t'_A \neq t'_B$）

这次演讲大获成功，闵可夫斯基意气风发，接下来几个月里，他把这次演讲的内容精心整理成论文，在年底前寄给了《物理杂志》。然后，他就迫不及待地投入了新的论文写作中，他知道，自己一手创立的四维时空理论还有很大的发展空间，他的心中还有很多宏伟的计划。他整日埋头演算，草稿纸撕了一张又一张，论文也渐渐有了眉目。

1909 年 1 月 10 日晚上，闵可夫斯基像往常一样，与妻子和女儿道了晚安，看着她们安然入睡，自己则转身来到书房，坐在书桌前，拧亮台灯，拿起铅笔在草稿纸上演算起来。夜深人静，文思泉涌，他的大脑飞速运转着，铅笔在纸上沙沙地飞动着。不知不觉间，桌上的沙漏已经倒了两次，闵可夫斯基有点困了，他放下笔，准备睡觉，还没等站起身来，突然感觉右下腹一阵绞痛，这是怎么了？他用手捂着肚子，蜷着身子趴在桌子上，希望能缓解疼痛。可是，过了许久，疼痛不但没有减轻，反而越来越剧烈，闵可夫斯基忍不住哼哼起来，他想站起来到床上休息，但没走两步就摔倒在地上。睡梦中的妻子被惊醒了，跑来一看，只见闵可夫斯基双手捂着肚子，身体蜷缩成一团，妻子赶紧把他送往医院。

3 天后，由于手术延误，闵可夫斯基因阑尾破裂去世，急性阑尾炎夺去了他的生命。创造力正值巅峰的闵可夫斯基，带着无尽的遗憾，离开了这个世界，年仅 45 岁。随之而去的，还有他继续发展四维时空理论的梦想。这一梦想，只能由他的学生爱因斯坦去完成了。后人叹曰：

> 出师未捷身先死，长使英雄泪满襟。
>
> 向天再借二十年，定叫物理颜焕新。

话说爱因斯坦也没闲着，这几年，他除了审查专利以外，一直在琢磨着相对论。事实上，他对狭义相对论并不满意，因为它被严格地限制在两个相对做匀速直线运动的参考系（惯性系）中，它不适用于做任意运动的参考系，爱因斯坦希望把这一限制取消，他希望相对性原理能适用于任意参考系。

物理规律应该在所有参考系（包括惯性系和非惯性系）中都相同——这就是爱因斯坦提出的广义相对性原理。据此，他开始构思广义相对论。1907 年年底，爱因斯坦发表论文《关于相对性原理和由此得出的结论》，由此拉开了广义相对论的研究序幕。1909 年，爱因斯坦看到了闵可夫斯基的论文《空间与时间》，但他并不赞赏这种看上去比较复杂的数学处理，他甚至半开玩笑地感叹："闵可夫斯基把我的相对论弄得连我自己都看不懂了！"当时他还没有意识到，他的老师帮了他一个大忙，他后来的广义相对论正是建立在闵氏四维时空的基础上。

却说在普朗克和闵可夫斯基等人的宣传和推广下，不少物理学家开始接受和研究相对论，爱因斯坦的名气渐渐大了起来。看到爱因斯坦才华横溢却无法得到大学教职，一些认同他的物理学家开始为他鸣不平，帮他奔走呐喊。在众多物理学家的帮助下，1909 年 10 月，爱因斯坦终于实现了自己的梦想，他离开了专利局，出任苏黎世大学理论物理学副教授，他终于可以名正言顺地搞物理研究了。1911 年 3 月，爱因斯坦被布拉格大学挖去担任理论物理学教授。这年秋天，他应邀参加第一届索尔维会议。

说起这索尔维会议，那在物理学史上可是大名鼎鼎。但谁能想到，这物理学界的盛会，竟是一个化学家创办的。

20 世纪初，比利时富翁、发明纯碱制造方法的化学家兼实业家索尔维转向物理研究，"发明"了一种关于引力与物质的学说，可是没人对此感兴趣。1910 年，德国著名物理化学家能斯特（1864—1941）给索尔维出了个主意：如果出资召集最伟大的物理学家们开一次研讨会，就会有人聆听他的理论了。索尔维大喜，真是个好主意！于是史上著名的索尔维会议便应运而生了。

1911 年 10 月末，第一次索尔维会议在比利时首都布鲁塞尔举办。当时最著名的物理学家都收到了邀请函，一共有 20 多人，其中包括洛伦兹、普朗克、居里夫人、卢瑟福、爱因斯坦等人。有人出钱让大家聚在一起开会探讨科学前沿问题，何乐而不为呢？于是大家如约而至。物理学家们虽然对索尔维的"学说"仍旧不感兴趣，但是他们就他们感兴趣的话题进行了热烈的讨论，这次会议取得了巨大的成功。此后，索尔维会议每隔 3~5 年举办一次，成为当时物理学家们的盛会。

在这次会议上，爱因斯坦和普朗克终于见面了，二人一见如故，无话不谈。爱因斯坦在会议上做了一个关于光线在引力场中弯曲的报告，这正是他对广义相对论思考的一部分。他的才华让与会的物理学家们大加赞赏。与会的都是物理学界的大师级人物，他们的赞扬让爱因斯坦声誉日隆，很快，欧洲多所大学向他发来了邀请书，其中就包括他的母校——苏黎世联邦理工学院。

苏黎世可以说是爱因斯坦的第二故乡，而他对母校也是很有感情的，这里有他的青春，有他的老师，还有他的大学好友——格罗斯曼，于是，他接受了母校的邀请，于 1912 年 10 月回到瑞士，出任苏黎世联邦理工学院理论物理学教授。

爱因斯坦（右）与普朗克（左）

当时爱因斯坦正处于创建广义相对论的紧要时期。前文说过，他希望将相对性原理从惯性系推广到非惯性系，也就是从没加速度的坐标系推广到有加速度的坐标系，但是这谈何容易。经过几年的思考，爱因斯坦意识到，加速度产生的效应和引力产生的效应是一致的，他称之为"等效原理"。比如说一个人从高空掉落做自由落体运动，他会因受到地球引力而产生恒定的加速度，但在下落过程中，他决不会感到他有重量，因为加速度产生的效应把引力场的效应抵消了。于是，爱因斯坦意识到，只要找到一个与坐标系的选择无关的引力场方程，非惯性系的坐标变换问题就解决了，广义相对论就能建立了。

每个有质量的物体周围都有引力场，地球周围就存在一个巨大的引力场，万有引力正是物体受到引力场直接作用的结果。爱因斯坦注意到，在自由落体运动中，无论物体的物质组成如何，也无论它们的质量大小如何，它们的下落过程是完全相同的，也就是说，一切物体在地球引力场中的运动过程仅取决于地球引力场力线的几何分布，而与物体的固有属性无关。这个被人们普遍忽视的图像，引起了爱因斯坦对引力场物理本性的思考。他意识到，引力场的性质完全可以借助时空的几何结构来描述，万有引力作用很可能源于引力场对时空几何结构的改变。

从物理效应到几何效应，这是一个重大的思维突破，这是爱因斯坦建立广义相对论引力场方程的关键一步。在这个时候，爱因斯坦终于认识到了闵可夫斯基创建的四维时空的重要性，如果没有闵氏四维时空理论，他就没法研究时空的几何结构，由此，他对闵可夫斯基的态度发生了180度的大转变，转而对四维时空大加赞赏，这个曾经对他的数学老师有复杂感情的学生，终于认可了老师的工作。爱因斯坦不但彻底接受了四维时空，还开始在此基础上研究引力场的时空几何效应。

1912年10月，爱因斯坦回到母校任教，刚安顿下来，他就跑去找他的好友格罗斯曼。格罗斯曼现在已经是苏黎世联邦理工学院数学系的主任了。爱因斯坦来到格罗斯曼的办公室，门虚掩着，并没有关严，他没有敲门，轻轻推开门，只见格罗斯曼正在全神贯注地伏案疾书，并没有注意到有人进来。

爱因斯坦大喊一声："格罗斯曼！"

格罗斯曼被吓了一跳，正待发作，抬头一看，却是爱因斯坦，他的怒气瞬间转为惊喜："爱因斯坦！？"他从桌子后面转过来，迎着正走过来的爱因斯坦，两人紧紧地拥抱在一起。

寒暄已毕，二人坐在沙发上，格罗斯曼说："爱因斯坦，你现在可是大名鼎鼎啊，我当年就看出来你非比常人，学校不留你是最大的错误。你看看，现在学校还是恭恭敬敬地把你请回来了！"

爱因斯坦笑道："快别说这个了，徒有虚名罢了，说起来我可真得好好感谢你，要不是你帮我找着工作，我现在可能已经消失在人海里了，哪有工夫搞研究。"

格罗斯曼说："又来了，你都感谢了八百遍了，是金子总会发光的。举手之劳，你可别再提了。"

爱因斯坦说："我还没感谢完呢，当年要不是你的数学笔记，我可能连毕业都难呢！"

格罗斯曼笑了起来："这你就更不用谢了，米列娃对你的帮助可比我多得多，她可是直接帮你记笔记哟，哈哈哈！"

爱因斯坦感叹道："说起来，我还真有点后悔，当年总逃闵可夫斯基先生的课，现在遇到了难题，才发现自己的数学储备太少，悔之晚矣啊！"

格罗斯曼感叹："可惜老师英年早逝，要不然他一定能帮你的！你遇到什么难题了，说来听听，看看我能不能出点主意。"

爱因斯坦眼睛一亮："啊呀，你看看我，眼前就是现成的数学专家，还发什么愁呢！格罗斯曼，你当年数学可是拿了满分的，你一定要帮帮我，不然我就要疯掉了！"

格罗斯曼说："我要能帮一定帮，不过能难住你的问题，肯定不简单！"

爱因斯坦说："我遇到的难题，正与闵可夫斯基老师的四维时空理论有关……"他把自己要建立广义相对论的思考，以及最终归结于要通过时空的几何效应来研究引力场的思想，向老同学和盘托出，然后指出了难题所在："通过一些思想实验，我现在已经认识到，引力场源于时空弯曲，或者说，有质量的物体会导致时空弯曲。广义相对论要建立的是弯曲的四维时空几何，而老师的时空是平直时空几何，平直时空变成弯曲时空在数学上该如何处理，我实在是毫无头绪。因此，我面临着巨大的数学上的困难。"

格罗斯曼听了，沉思片刻，说："爱因斯坦，我想我应该能帮到你。弯曲时空涉及非欧几何，你知道吗，我的博士论文正是关于非欧几何的，这方面我还是了解一些的。我这两天找找资料，我觉得，我应该能找到你需要的数学工具。"

爱因斯坦大喜："太好了！格罗斯曼，你就是上帝派来拯救我的人！我们俩合作研究吧，有你帮忙，我们一定能建立广义相对论！"

格罗斯曼笑道："相对论我不懂，你的功劳我可不敢抢，不过，我可以负责帮你扫清数学上的障碍。"

要说这格罗斯曼还真是爱因斯坦的福星，没过多久，他就找到了爱因斯坦根本没听说过的老古董——黎曼几何。原来德国数学大师黎曼（1826—1866）早在50年前就建立了研究弯曲空间的黎曼几何，可以说为爱因斯坦做好了现成的数学准备。这真是踏破铁鞋无觅处，得来全不费工夫。爱因斯坦一眼就看出，这套几何学正是为他的引力理论量身定做的——黎曼几何正好为他提供了一个现成的不随坐标系变化的四维时空数学架构。

在格罗斯曼的帮助下，爱因斯坦把黎曼几何引进他的新引力理论。1913年5月，爱因斯坦和格罗斯曼合著的论文《广义相对论和引力理论纲要》发表，提出了引力的时空度规场理论，建立了广义相对论的雏形。这篇论文的物理学部分由爱因斯坦执笔，数学部分由格罗斯曼执笔。随后，爱因斯坦利用黎曼几何这个数学工具，开始全力投入构建广义相对论引力场方程的工作中。

正当爱因斯坦的研究工作向纵深发展时，柏林向他发出了诱人的邀请。1913年夏天，普朗克和能斯特这两位德国物理学界的泰斗专程从柏林来到苏黎世拜访爱因斯坦。爱因斯坦不知道，在索尔维会议之后，普朗克和能斯特就一直在运作把爱因斯坦请到德国工作。尤其是爱因斯坦的伯乐普朗克，他是德国物理学会的主席，他认为只有把爱因斯坦请来，柏林才能成为世界上名副其实的物理研究中心。在经过精心安排之后，为了表示诚意，两位老先生亲自出马，来到苏黎世。

爱因斯坦得知两位老先生来访，赶紧出来迎接，分宾主坐定后，二人说明聘请爱因斯坦去柏林工作的来意。爱因斯坦为难地说："二位前辈，你们的好意我知道。但是，我刚和我的母校签了10年的工作合同，这才不到一年，现在就离开，于情于理都有点说不过去。"

能斯特推了推眼镜，说道："爱因斯坦，你先别急，我们知道请你不容易，所以，我们给你准备了三份大礼，你且听我慢慢道来。第一，我们给你预备了正在筹建中的威廉皇家研究所所长的职位，这个职务，来去自由，高兴了可以出出主意，不高兴可以撒手不管，日常事务由秘书负责。第二，柏林大学将聘你为教授，讲课的内容和时间完全由你自己决定，甚至不讲课都可以。第三，普鲁士皇家科学院将聘你担任院士，年薪12 000马克，要知道，别人的院士头衔只不过是个荣誉称号，是没有工资的，你这可是实打实的实任院士。怎么样，我们的诚意足够吧？"

爱因斯坦踌躇起来，这些条件实在是太优厚了，尤其是可以宽松自由地支配时间，将有助于自己摆脱琐碎俗务，专心地搞研究。但是，如果离开，就要有负于母校了。他一时定夺不下。

这时候，普朗克说话了，他说："爱因斯坦，你是在德国出生的，虽然你拿了瑞士国籍，但是德国才是你真正的祖国啊！祖国现在需要你，柏林的同行们都盼着你回家呢！"

爱因斯坦沉默了，祖国，这个神圣的字眼让他无法拒绝，但是仓促之间，他也难做决定，只好说："二位前辈，且容我考虑考虑。去不去柏林，过几天，我再答复你们。"

爱因斯坦的最终决定是什么呢？且听下回分解。

第三十回

争分夺秒　广义相对论问世
火线传书　史瓦西黑洞得解

　　话说在普朗克和能斯特的游说下，爱因斯坦经过几天的思考，最终做出决定，接受柏林的邀请。两位老先生得到了肯定的答复，心满意足地踏上了归途，爱因斯坦则忙完手头的工作，处理好交接事务，于1913年12月正式接受了柏林的职务。

　　1914年4月，爱因斯坦携妻小移居柏林。但是这时候他和妻子米列娃的感情出现了问题，不久，米列娃带着孩子返回了苏黎世，爱因斯坦只好一个人住在德国。在柏林，爱因斯坦结交了很多知名的物理学家，与他们讨论物理学问题，这期间，他的心情是轻松愉快的。但是，好景不长，不久以后，战争爆发了。

　　随着资本主义的发展，西方列强掀起了瓜分世界的狂潮，由于德国属于后来居上的工业国，在殖民地基本被英法两国瓜分殆尽的情况下，德国只能向英法要地盘，于是，它们之间的利益冲突日益加剧，矛盾不断激化，1914年7月底，第一次世界大战爆发。以德国和奥匈帝国为首的同盟国与以英法俄为首的协约国展开混战。

　　开战后，整个德国沉浸在一片战争的狂热中，柏林成了狂暴旋涡的中心。为了在世界舆论面前占得先机，显示发动战争的正义性，德国政府特意准备了一份文件——《告文明世界书》，这是一份"德国高于一切"的泛日耳曼主义宣言，要求德国最有名的科学家和艺术家都必须在上面签字。无论是出于自愿还是迫于压力，科学家们纷纷签名，包括普朗克和能斯特都签了。当社会各界劝说爱因斯坦也签字时，被爱因斯坦断然拒绝。爱因斯坦知道这次战争是列强为了重新瓜分世界、争夺世界霸权而发动的一场非正义战争，他对此相当厌恶，因此坚决反对。爱因斯坦不但没有在《告文明世界书》上签字，他还针锋相对，和一个朋友起草了一份反战的《告欧洲人民书》，呼吁尽快停止战争。虽然敢在这份宣言上签字的只有寥寥数人，但是爱因斯坦的态度还是震动了很多人。

战争还在继续，时局混乱，就在这样的情况下，爱因斯坦仍然继续着他的广义相对论研究。这时候，爱因斯坦的目标已经很明确，他要寻找物质如何导致时空弯曲的方程——引力场方程。

1915年6月底，爱因斯坦受邀到德国哥廷根大学开设了为期一周的系列讲座，他毫无保留，一共讲了6次，把他对广义相对论的思考与研究进展全盘托出，并与哥廷根大学的著名数学家希尔伯特（1862—1943）就广义相对论涉及的数学问题进行了深入的交流，希望从希尔伯特那里得到一些数学上的建议。不过，后来发生的事情表明，爱因斯坦或许不应该毫无保留，他向希尔伯特解释了相对论的每一个艰涩难懂的细节，结果，希尔伯特完全理解了爱因斯坦的理论及其疑难点，没过多久，他就开始自己动手尝试解决爱因斯坦尚未完成的工作——寻找引力场方程。要知道，希尔伯特是研究高维空间数学理论的顶级专家，他的数学功底比爱因斯坦深厚得多，他完全有可能后来居上，超越爱因斯坦。

这是爱因斯坦始料未及的，在与希尔伯特的几次通信中，他意识到希尔伯特追赶的脚步声已经逼近，自己多年来的心血很可能最终落个为他人作嫁衣裳，他感到了前所未有的巨大压力。为了避免被希尔伯特抢得先机，在随后的几个月内，爱因斯坦疯狂地工作，累得精疲力竭也不敢停歇。终于，1915年11月4日、11日、18日和25日，爱因斯坦一连向普鲁士科学院提交了《关于广义相对论》《关于广义相对论（补遗）》《用广义相对论解释水星近日点运动》和《引力的场方程》共4篇论文，成功地用广义相对论解释了困扰天文学家们几十年的水星近日点剩余进动问题（剩余进动问题指水星近日点的进动除了水星自转引起的岁差和其他行星影响产生的摄动之外，还有多余的进动无法解释），提出了广义相对论引力场方程的完整形式，正式宣告广义相对论作为一种逻辑严密的理论终于大功告成。

与此同时，希尔伯特也投了稿。1915年11月20日，他向哥廷根的一家科学杂志递交了一篇论文——《物理学的基础》。这篇论文发表于1916年3月1日，其中也出现了引力场方程。希尔伯特投稿比爱因斯坦早5天，那么，到底是谁先提出了引力场方程？这个问题后来人们终于搞清楚了，人们找到了希尔伯特的论文原稿与校样，发现原稿并没有给出引力场方程，引力场方程是在校样中加上的，这时候爱因斯坦早已正式宣布了引力场方程。历史终于还了爱因斯坦一个清白。

广义相对论的引力场方程使人类对时空和宇宙的认识大大加深，因为它解决了牛顿没有解决的一个问题——万有引力的来源问题。牛顿在《自然哲学之数学原理》中曾经提到:"我根据引力解释了天体现象，但是我一直没有找到引力的成因……"而爱因斯坦发现，引力的成因来源于时空的弯曲。有质量的物体能使时空弯曲，时空弯曲以后，其曲率发生了变化，这时候在其中的别的物体就会在时空曲率的引导下运动。比如地球使周围的时空弯曲，苹果从树枝上脱落以后，会由于周围空间曲率不同而发生自由落体掉到地球表面。也就是说，万有引力是一种时空弯曲的几何效应。后来美国物理学家惠勒（1911—2008）用一句话概括了引力场方程所代表的意义："物质告诉时空如何弯曲，时空告诉物质如何运动。"四维时空的弯曲是很难想象的，图 30-1 给出了一个二维空间的类比。

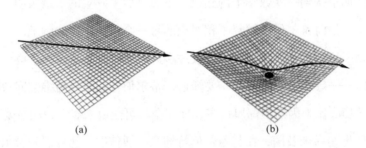

图 30-1 二维空间中光的行进路线

（a）二维平直空间；（b）二维弯曲空间（在物质作用下空间发生弯曲）

　　为了创建广义相对论，爱因斯坦花费了近 10 年时间，真是太难了。爱因斯坦在一次演讲中回忆自己创立广义相对论的艰难过程时说道："在黑暗中探寻我们感觉到却说不出的真理的岁月里，渴望越来越强，信心时来时去，心情焦虑不安，但最后终于穿过迷雾看到光明，这一切，只有亲身经历过的人才会明白。"当然，苦尽甘来，成功的喜悦也让爱因斯坦兴奋不已，他对自己的创举相当自豪，他曾志得意满地对学生说："狭义相对论如果我不发现，5 年内就会有人发现；广义相对论如果我不发现，50 年内也不会有人发现！"

　　1916 年 1 月初，爱因斯坦还沉浸在创立引力场方程的喜悦中，他正在总结历年来自己关于广义相对论的论文，准备再写一篇论文，把广义相对论系统地、完整地介绍给世人。这一天，他正在写作，秘书送来　封信，说是从俄国前线寄回来的。当时，德国军队两线作战，在西线对付英法两国，在东线对付沙皇俄国，战事相当吃紧。在这紧要关头，会有谁从前线给一向反战的爱因斯坦写信呢？爱因斯坦自己也是一头雾水，他打开信封，抽出信笺看了起来。

　　爱因斯坦展开信一看，原来是一篇论文，草草一看，不禁吃了一惊，原来这篇论文竟然求解了一个静止球形天体周围的引力场方程，并得到了精确的求解结果。要知道，爱因斯坦的引力场方程其实是一个包含 16 个方程的方程组，这些方程并不是简单的代数方程，而是二阶非线性偏微分方程，求解异常困难。爱因斯坦根本没想到，自己提出引力场方程才刚刚一个月，自己还没来得及求解，就有人捷足先登。更令他吃惊的是，这个人还在前线打仗，这是个什么样的人啊？爱因斯坦刚才光顾看论文了，竟然没注意论文的作者，他赶紧重新抽出论文第一页，仔细一看，作者名叫卡尔·史瓦西（1873—1916）。原来是他，此人果然名不虚传！爱因斯坦不由得微微点头，心中暗暗赞叹。

却说这史瓦西是何许人也？原来，此人并非普通一兵，而是德国科学院的院士，是德国著名的天文学家，因此爱因斯坦对他有所了解。

卡尔·史瓦西

与爱因斯坦一样，史瓦西也是德国犹太人。1873 年，他出生在法兰克福一个商人家庭。史瓦西从小就热衷于天文学，16 岁那年就在《天文学通报》上发表了两篇研究三体问题和双星轨道的论文。23 岁那年，他拿到了博士学位。之后，史瓦西一直在德国天文学界工作。1909 年，史瓦西被任命为波茨坦天文台台长，这是当时德国天文学界最有声望的职位。1910 年，哈雷彗星造访地球，他进行了深入的研究。在这前后，他又在光谱学领域做出了重要贡献。1913 年，40 岁那年，史瓦西当选为普鲁士科学院院士。

第一次世界大战爆发后，和爱因斯坦的态度相反，史瓦西积极支持德国对协约国发动战争。1914 年 8 月，战争刚开始，他就投笔从戎，志愿参军。很快，他被派到比利时，担任一个气象站的站长。之后，又被调到法国，到炮兵部队去计算弹道，研究风和空气阻力对炮弹轨迹的影响。不久，他又被派到东线战场，踏上了广袤而寒冷的俄国大地。

史瓦西虽然身处战地，但仍然时刻关心着科学的进展。1915 年年底，当他得知爱因斯坦发表了广义相对论的引力场方程后，立刻投入到方程的求解研究中。仅仅 20 多天后，他就得到了引力场方程的一个解，可以描述处于真空中的静态的球形天体。12 月 22 日，在天寒地冻的俄国前线，史瓦西将论文寄给了爱因斯坦。

这篇论文令爱因斯坦大为赞赏，他给史瓦西回信说："我抱着最大的兴趣阅读了你的论文。我没有想到，能有人以这样简洁的形式求出精确解。我非常喜欢你的数学处理手法。"1916 年 1 月 13 日，爱因斯坦代表史瓦西将这篇论文向普鲁士科学院做了汇报。这个精确解，从此被命名为"史瓦西解"。

仅仅几周后，爱因斯坦又收到了史瓦西寄来的第二篇论文，这篇论文给出了均匀密度球体内部的引力场方程解，称为"史瓦西内解"。

在这两篇论文中，史瓦西发现，如果一个天体被压缩到一个足够小的半径以后，物体脱离该天体的最小速度（称为逃逸速度）将超过光速。这就意味着没有任何东西（包括光）能够逃出它的魔掌，因此它本身也无法被看见，这就是所谓的"黑洞"（这个名字是美国物理学家惠勒 1967 年起的）。黑洞是宇宙中最神秘的天体之一，它的引力是如此之强，以至于连光线都无法逃脱。根据计算，如果太阳被挤压进半径 3 公里的球内，或者地球被挤压成一个乒乓球大小，它们就将形成一个黑洞。当时人们很难相信有这样的天体存在，连史瓦西自己也认为这可能只是一个数学上的解而没有实际的物理意义。后来随着天文观测的发展，人们才发现黑洞在宇宙中是真实存在的。

天寒地冻的俄国，从来都是德军的噩梦。史瓦西还没来得及继续他的研究，就在俄国前线染上了一种疾病——天疱疮，这在当时是绝症。他的病情很快严重起来，1916 年 3 月被送回德国，两个月后就不幸去世，年仅 43 岁。此时，距他将论文寄给爱因斯坦还不到半年！这颗天文学界的巨星就此消失在茫茫夜空中。

此时，爱因斯坦已经完成了对广义相对论的系统总结，以《广义相对论的基础》为题于 1916 年 3 月发表了论文。怀着沉痛的心情送别了史瓦西，爱因斯坦开始自己求解引力场方程。

爱因斯坦很清楚，广袤的宇宙正是自己心爱的广义相对论的用武之地，史瓦西求解的是一个单独的天体，而爱因斯坦的目光则相当宏大，他要求解整个宇宙！ 1917 年 2 月，他的研究成果出来了——《根据广义相对论对宇宙学所作的考查》。在这篇论文中，爱因斯坦求解出了一个静态、各向均匀同性、有限无界的宇宙模型。这是人类历史上第一个现代宇宙学模型，为现代宇宙学奠定了理论基础。爱因斯坦对人类的贡献不可谓不巨大，有诗赞曰：

> 十年辛苦不寻常，引力理论有鸿篇。
> 解锁时空场方程，现代宇宙开元年。

1918 年对于德国来说是痛苦的一年，这一年，战局急转直下，德军败局已定。1918 年 11 月，德国投降，第一次世界大战结束。这场战争给交战双方都带来了巨大的损失，造成大量人员伤亡。卢瑟福的得力助手、英国青年才俊莫塞莱死于战场，普朗克的长子卡尔死于凡尔登战役，次子埃尔文成为法国人的俘虏，战后才获释归来。双方伤亡之大，由此可见一斑。

话分两头，却说英国有一位天文学家，名叫爱丁顿（1882—1944），他对相对论非常关注。由于英国和德国是敌对关系，战争时期的英国学术界对德国物理学家取得的成果也是嗤之以鼻，关注爱因斯坦广义相对论的英国人很少，唯独爱丁顿是个例外。他在仔细研究了爱因斯坦的论文之后，对广义相对论深感折服并为之着迷，他专门写了一篇《关于相对论引力理论的报告》，向英国学界介绍相对论，可以说，他是第一个理解了广义相对论的英国人。

当时，科学界对于广义相对论是否正确还无定论。同样是引力理论，牛顿的万有引力定律和爱因斯坦的引力场方程到底谁是谁非，只有放在天文学尺度来观察才能见分晓。爱因斯坦在论文中提出一个验证方法：观察光线在太阳附近的偏转角度。根据广义相对论，太阳这样质量巨大的天体，会使附近的时空产生明显的弯曲，因此，光线在经过太阳附近时，会随着弯曲的空间走曲线，而不是人们想象中的直线，也就是说，光线在经过太阳附近时会偏转。事实上，根据牛顿的万有引力定律，由于运动的光子有质量，它同样会在太阳的引力作用下偏转。广义相对论和万有引力定律的区别在于，二者算出的偏转角不一样。广义相对论算出太阳附近光线的偏转角为 1.75 秒（见图 30-2），这一数值约是牛顿理论的 2 倍，孰是孰非，只能寄望于实际观测的检验。

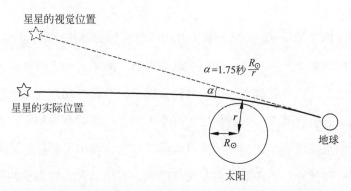

图 30-2 光线在太阳附近偏转示意图（光线到太阳中心距离不同，偏转角不同，可用图中公式计算）

可是光线弯曲并不能直接观察到，怎么办呢？爱因斯坦提出一个方案，可以在发生日全食时对太阳背后的天区进行照相，然后等半年左右，再对该天区进行照相。对比前后两组观测结果，就能确定星光被偏折的程度。为什么要在日食时拍呢？很简单，太阳那么亮，它背后的星空是看不到的，但是在日全食的时候，月亮把太阳完全挡住，天空犹如黑夜，就可以拍到太阳后面的灿烂群星了。半年后，地球公转到太阳前面，这片天区就暴露在地球眼前，光线不再受太阳影响了，这时候只要在夜间拍摄就行了。

实验方案虽然不错，可是由谁来做呢？作为一个痴迷相对论的天文学家，爱丁顿当仁不让，他希望自己亲自验证。此时，他是剑桥大学天文台台长、英国皇家天文学会会员，利用自己的影响力，在皇家天文学会的一次会议上，爱丁顿正式提出议案，建议学会验证爱因斯坦的预言。根据预测，1919 年 5 月 29 日将会发生日全食，最佳观测地点在西非和巴西，因此，爱丁顿建议学会组织两支考察队，前去观测。

没想到，他刚提出议案，就遭到了一些人的反对。他们说："爱丁顿先生，去西非和巴西，长途跋涉，艰难困苦不说，整个观测过程也会耗资不菲。德国可是我们的敌国，难道你要花我们英国人的钱，去证明一个德国人的理论？"

爱丁顿不慌不忙地说道："先生们，我并不是要去证明爱因斯坦是对的，我是要去验证他到底是对的还是错的！如果爱因斯坦是对的，那么这将是英国考察队证明的；如果他是错的，那么英国考察队将证明一个德国科学家是错的，而牛顿爵士才是对的！所以说，无论爱因斯坦对与错，我们英国考察队都将在科学史上留下浓墨重彩的一笔！"

爱丁顿的雄辩让反对者们哑口无言，最终，皇家天文学会决定支持他的这次行动。皇家天文学会任命爱丁顿为观测队队长，资助他组织队伍，在 5 月 29 日发生日全食时进行观测。

爱丁顿组织了两个远征队，一队到非洲几内亚海湾的普林西比岛，由爱丁顿本人带队；另一队到巴西北部的索布拉尔，由他的助手戴森带队。两队人马 3 月就出发了，早早地到了观测地点查看地形，选择观测点，组装并检验设备，准备得相当充分。尽管如此，观测还是出了点状况。日全食那天，普林西比正好下大雨，根本看不见星空，爱丁顿都快急疯了，幸亏在日食结束前雨停了，刮来一阵风吹跑了乌云，露出了群星勉强可见的星空，他们才赶紧抓拍了一些照片。巴西那边倒是天气晴朗，万里无云，戴森他们顺利地拍下了日全食时的星空，但是洗胶片时才发现，炽热的阳光把底片盒晒得太烫了，胶片竟然变了形，差点儿就白忙活一场。好在经过仔细修正，最终还是获得了有用的数据。

1919 年 11 月，两支观测队的结果分析出来了：普林西比的结果是 $1.60''\pm0.30''$，索布拉尔的结果是 $1.98''\pm0.12''$。这两个结果都接近广义相对论的预言值 $1.75''$，远离牛顿引力理论的预言值。11 月 6 日，英国皇家天文学会和皇家物理学会联合举办了观测结果报告会。

会议由英国皇家学会主席、电子的发现者汤姆孙教授主持，主席台背后的墙上悬挂着牛顿的巨幅画像。在紧张而热烈的气氛中，汤姆孙公布了两支队伍的观测结果，证明远方恒星射来的光线在太阳引力作用下会按广义相对论预言的角度发生偏转。他用庄重的语调说："我不得不承认，到目前为止，还没有一个人能用简单的语言向我讲述爱因斯坦的理论所描述的内容。但是，事实证明，相对论是人类思想史上最伟大的成就之一，这不是发现了一个孤岛，而是发现了整个新的科学思想的新大陆！"

全场轰动了，人们这才知道，牛顿的万有引力定律实际上是广义相对论在"低速弱场"情况下的近似，这一事实震撼了科学界，震撼了每一个人。第二天，伦敦《泰晤士报》头版头条印着特大标题《科学的革命——牛顿的学说被推翻了》。这个消息像旋风一样传遍了全世界。一夜之间，爱因斯坦闻名世界，成了人人崇拜的科学明星。

广义相对论被证实的消息传来，当有人问爱因斯坦作何感想时，他叼着烟斗悠然自得地说："我从来没想过会是别的结果。"正是：

胸中藏宇宙，眼里有时空。

云淡风轻处，不意世界惊。

第三十一回

毛遂自荐　玻尔拜师卢瑟福
一鸣惊人　原子轨道量子化

1919年，爱因斯坦正好40岁，已是人到中年。广义相对论被证实，他的名字响彻全球，各种采访报道接连不断，信件像雪片一般飞来，各国都纷纷邀请他去讲学。但是，与世界的热情相反，在德国国内却涌动着一股暗流。第一次世界大战的失败，使德国国内民怨沸腾，人们急需找到军事失败的"替罪羊"，犹太人成了他们的靶子，反犹主义呼声高涨。

爱因斯坦不但是犹太人，还坚定地反对军国主义，这使他成了反犹主义者的眼中钉。很快，德国国内针对爱因斯坦的攻击就开始了。1920年2月，当爱因斯坦在柏林大学做演讲时，被怀有敌意的学生故意捣乱，现场出现了骚乱，爱因斯坦愤而离场。这一年，德国成立了一个反相对论的组织，8月，这一组织在柏林音乐厅召开大会，专门批判相对论，搞得声势很大。后来不久，反犹主义者更加肆无忌惮，甚至有人在报纸上叫嚣着要谋害爱因斯坦。鉴于德国国内的形势，为了避祸，同时也为了访学交流，爱因斯坦开始了他的环球访问之旅。

1922年11月，爱因斯坦在访问日本途中，收到了自己获得1921年度诺贝尔物理学奖的消息。由于1921年那年这一奖项空缺，所以爱因斯坦在1922年获得了补发的1921年度诺贝尔物理学奖。这本来是一件喜事，但是，当他收到瑞典科学院寄来的介绍获奖理由的信件时，却高兴不起来。原来，诺贝尔奖评奖委员会害怕授奖给相对论会遭到来自德国反相对论者的攻击，引起政治纠纷，所以在信中告诉爱因斯坦说：

"在昨天的会议上，王国科学院决定授予您去年的诺贝尔物理学奖，以表彰您在理论物理学中的工作，特别是您在光电效应的规律方面的发现，但是没有考虑您的相对论和引力理论一旦得到证实所应获得的评价。"

读者可还记得，在 1905 年，爱因斯坦提出光量子理论，对光电效应进行了完美的解释，是量子理论的开创性工作之一，这一成就当然有资格获得诺贝尔物理学奖。但是，对爱因斯坦来说，相对论更是他多年心血的结晶，是他独立开创的门派，是他最具代表性的研究成果，诺奖委员会特意避开相对论，多少让他有些不快。爱因斯坦在旅行结束之后，于 1923 年 6 月去瑞典参加了诺贝尔奖的颁奖仪式，在进行一般性演讲时，他没有讲光电效应，而是向在场的 2000 多名听众讲了相对论的基本概念和问题。后来，爱因斯坦在填写德国皇家科学院一份详细的履历表时，并没有填写他这次获得的诺贝尔奖，可能还是在为他的相对论抱不平吧。不管怎么说，爱因斯坦不靠相对论也能获诺奖，这正是他强大实力的体现。有诗一首说得好：

> 创门立派相对论，量子也是开山尊。
>
> 三分物理占其二，千古奇才独一人。

话分两头，却说在 1922 年 11 月，除了爱因斯坦收到了诺贝尔物理学奖的获奖通知以外，还有一个人也收到了同样的通知，不过，他收到的是获得 1922 年度物理学奖的通知，这个人就是量子学界的另一名巨星——尼尔斯·玻尔（1885—1962）。

玻尔比爱因斯坦小 6 岁，于 1885 年 10 月出生在丹麦首都哥本哈根。玻尔的祖父是丹麦一所学校的校长，他的父亲是哥本哈根大学的生理学教授，出身这样的书香门第，玻尔从小受到了良好的教育。1903 年，18 岁的玻尔考入哥本哈根大学攻读物理学。1906 年，他就初露锋芒，通过一篇关于水的表面张力的论文，一举获得丹麦皇家科学院的金质奖章，成为校园里的传奇。

尼尔斯·玻尔

玻尔不但学习好，体育也很棒，他和他的弟弟哈那德·玻尔都是学校足球队的主力球员，他是守门员，弟弟是前锋。相较而言，还是他的弟弟技术更好一些，哈那德在 1908 年入选丹麦国家队参加奥运会，玻尔虽然被选为后备门将，但最终没能随队出征。这届奥运会上足球首次成为正式比赛项目，那个时代足球队还很少，实力参差不齐，也没有专业运动员。半决赛丹麦队 17：1 击败法国队，创造了奥运会足球历史上的最大分差；不过在决赛中，他们 0：2 不敌东道主英国队，收获了银牌。随着弟弟载誉归来，作为后备门将的哥哥也跟着沾光，兄弟俩既是学霸又是体育明星，一起登上了报纸，成为丹麦球迷津津乐道的话题。后来，玻尔的弟弟成了著名的数学家，此是后话不提。

1907年，玻尔硕士毕业并继续攻读博士学位。这一年，正是汤姆孙发现电子的第10年。那时候，人们还没有弄清楚原子的结构，对电子的了解也有限，玻尔对电子很感兴趣，因此他选择的博士课题就是研究电子在金属里的运动理论。1911年，玻尔博士毕业，他决定去英国剑桥大学追随电子的发现者汤姆孙，希望在汤姆孙的指导下继续他在电子论方面的工作。同年9月，他申请到一份奖学金，资助他到剑桥大学访学一年。

1911年10月，玻尔来到了剑桥大学，刚安顿好，他就迫不及待地直奔卡文迪什实验室，去拜访仰慕已久的汤姆孙教授。玻尔的这次拜访并没有预约，汤姆孙对这个冒冒失失闯上门来的年轻人并没有多少好感。当玻尔把自己费了好大劲才翻译成英文的博士论文递给汤姆孙时，汤姆孙只是看了一下标题就放在了书桌上。玻尔只好用结结巴巴的英语把论文的主要观点给汤姆孙介绍了一下，希望汤姆孙能帮忙推荐发表，但汤姆孙不置可否，气氛有点尴尬。接着，玻尔又把汤姆孙发表的一篇著名的论文拿出来，本着学术探讨的态度，诚恳地指出了其中的几处错误。汤姆孙可是获得过诺贝尔物理学奖的学界权威，现在，被一个刚毕业的毛头小子直接上门挑错，脸上有点挂不住。那一年，汤姆孙已经55岁了，担任卡文迪什实验室主任也已经27年，他已经习惯了人们对他的尊敬，显然，玻尔的做法冒犯了这位老先生。实际上，玻尔并没有冒犯权威的意思，他天真地认为这只不过是正常的学术探讨，全然没有考虑两人身份地位的悬殊。这也许是初出茅庐的小伙子们常犯的错误吧。

接下来，玻尔一直在等着汤姆孙的消息，希望能得到他对于自己博士论文的反馈，甚至幻想着得到论文发表的好消息，但是，一个多月过去了，却音信全无，他实在忍不住了，只好硬着头皮再次来找汤姆孙。汤姆孙态度和蔼地接待了他，和他唠了唠家常，但是，当玻尔提到他的论文的时候，汤姆孙表示，他还没来得及看呢，玻尔无奈，只好告辞。

这次拜会以后，玻尔简直度日如年，他不知道汤姆孙什么时候才会看他的论文。他在剑桥只能听听课、听听讲座，也没人告诉他该做什么实验或搞什么研究，他只好自己去实验室搞点小研究，工作进行得相当不顺利，他也是很郁闷，全然没了在哥本哈根那种意气风发的劲头。

圣诞节快到了，玻尔听闻汤姆孙的得意门生卢瑟福要来剑桥参加卡文迪什实验室一年一度的聚餐会，并会做一次公开的学术讲演。作为诺贝尔化学奖得主，卢瑟福可谓是大名鼎鼎，玻尔对卢瑟福也是仰慕已久。讲演那天，玻尔早早跑去演讲大厅占了个好位子，认真地听完了全场报告。报告会上，卢瑟福介绍了他刚刚提出的原子结构的行星模型。这一模型推翻了当时处于主流地位的汤姆孙"葡萄干布丁"模型，引起了玻尔极大的兴趣，他开始思考这个模型。

苦苦熬了3个月，汤姆孙仍然没给他任何消息，玻尔只好强迫自己三顾"茅庐"。当他怀着忐忑不安的心情走进汤姆孙的办公室时，一眼就发现自己的论文被压在一摞厚厚的文稿下面，他的心瞬间沉了下去，希望急剧凝固。这一次，汤姆孙实在推脱不过去了，他对玻尔说自己很快就会读他的论文，并谈到如有可能的话，会把它推荐给剑桥哲学学会。

这一次，玻尔对汤姆孙彻底失望了，也对自己的剑桥之行彻底失望了，他只想着赶紧熬完这一年，回哥本哈根去。不过这一次，汤姆孙终于没有食言。不久，玻尔果真收到一封建议书，是剑桥哲学学会寄来的，出于汤姆孙的推荐，剑桥哲学学会表示同意刊发玻尔的论文，不过还有一个附加条件，那就是，玻尔必须把论文压缩一半才能发表。"压缩一半？那还能留下什么？"玻尔心中愤懑不已，直接回绝了这一要求。于是，他的论文一直没有发表。尽管举步维艰，但生活的磨难未尝不是好事，玻尔后来回忆这段生活时说："剑桥梦的破灭是我年轻时的遗憾，但在剑桥的生活却是我一生的财富。"

俗话说，祸兮福之所倚，福兮祸之所伏。受到汤姆孙的冷遇，对玻尔来说，也许是因祸得福。剑桥梦的破灭，促使玻尔做出改变，他决定离开剑桥，另寻出路。这时候，他想到了卢瑟福，他当即做出决定，离开剑桥，去曼彻斯特大学，到卢瑟福的实验室访学。

这一次，玻尔吸取了教训，没有贸然上门。他先去曼彻斯特大学拜访了父亲的一位朋友史密斯教授，请他把自己介绍给卢瑟福。在史密斯教授的安排下，玻尔和卢瑟福会面了。卢瑟福是个平易近人、不拘小节的人，虽然年长玻尔14岁，但他一见到玻尔就热情地伸出了手，丝毫不摆架子，和玻尔热情地攀谈起来。正所谓酒逢知己千杯少，话不投机半句多。玻尔跟卢瑟福一见如故，两人谈得十分投机，卢瑟福很赏识玻尔的才华，当玻尔表示想到卢瑟福的实验室访学时，卢瑟福当即同意，表示自己实验室的大门随时向他敞开，欢迎他来工作。这次会面，成了玻尔人生中一个重要的转折点。

1912年4月，玻尔正式来到曼彻斯特大学卢瑟福的实验室工作。在这里，有一大批优秀的年轻人聚集在卢瑟福门下，比如盖革、马斯登、莫塞莱等人，玻尔也成了他们之中的一员。除此之外，这里还有世界上最好的放射性实验室。当时，卢瑟福正组织助手们对他的原子核的行星模型进行系统的实验研究，玻尔也参加了α粒子散射实验（见图25-2）的验证工作，他亲自见证了这一实验的实验结果，并协助同事们整理实验数据和撰写论文。

通过这一工作的参与，玻尔坚信卢瑟福的有核原子模型是符合客观事实的，同时，他也认识到了卢瑟福的理论所面临的困难，这个模型与经典电磁理论是相矛盾的。根据麦克斯韦的电磁理论，加速运动的电荷会产生电磁波，而绕核旋转的电子就是典型的做向心加速运动的电荷，它会不断向外辐射电磁波从而导致能量损失，在带正电的原子核的强大吸引作用下，电子的旋转半径会越来越小，最后坠落在原子核上，这个过程几乎在一瞬间就完成了，原子根本没法稳定存在。卢瑟福本人对此也并不回避，他在论文中明确指出："在现阶段，不必考虑本模型中原子的稳定性，因为显然这将取决于原子的细微结构和带电组成部分的运动。"话虽然这么说，但卢瑟福自己也知道他必须要找到一个解决的办法，否则这个模型就不会得到公认，因此他也在尽力完善他的模型。

在曼彻斯特，玻尔已经把自己的研究重心完全转移到了原子结构上来。通过不断地思考，他的思路渐渐清晰起来，他开始怀疑在原子这么小的空间内，经典的电磁理论是否还可靠，也就是说，并不是卢瑟福的模型有问题，而是电磁理论在原子内部根本不适用！光电效应就与经典电磁理论背道而驰，而爱因斯坦靠光量子理论解决了这个问题，现在，要解决原子的稳定性问题，也许唯有靠量子假说。这个想法让他十分兴奋，他对卢瑟福汇报了自己的思路，卢瑟福非常赞成他的想法，鼓励他在这条道路上走下去。卢瑟福的支持让玻尔信心大增，他把普朗克和爱因斯坦的量子论文找来，细细品读，日夜演算，开始构建量子化的原子模型。

快乐的日子总是过得飞快，不知不觉中，玻尔已经在卢瑟福的实验室里工作了4个月，他的访学结束日期到了。1912年7月底，玻尔辞别卢瑟福，回到家乡哥本哈根，担任了母校哥本哈根大学物理系的助教。在繁忙的教学之余，继续他的原子模型研究。

有一天，他和同事汉森聊起了他的模型。汉森是搞光谱研究的，三句话不离本行，他建议玻尔用原子模型去解释氢原子的光谱（见图31-1）。因为当时的物理学家们通过实验发现原子在受到激发时会发出一条条分离的特征光谱线，但却不知道其中的原因，这就是前面提到过的原子光谱难题。汉森告诉玻尔，瑞士数学家巴尔末找到了氢原子光谱的一个经验公式，如果玻尔能从理论上去解释它，将有助于检验他的原子结构模型的正确性。

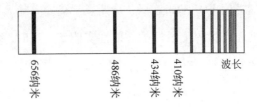

图31-1 氢原子在可见光波段的线状光谱（巴尔末系）

听完汉森的一席话，玻尔瞬间意识到，这些分离的谱线正是原子能量量子化的特征，这让他喜出望外。告别汉森，玻尔一路小跑赶到图书馆，找来巴尔末的论文细细研读。当他看到巴尔末公式时，不禁豁然开朗，几个月来头脑里的各种思路一下子联系了起来，用量子化来解释巴尔末公式，可以说是如鱼得水，天衣无缝。

接下来，玻尔日夜工作，构造量子化的原子结构模型，很快，他就写出了题名为《原子构造和分子构造》的论文，经卢瑟福推荐，于 1913 年发表在英国的《哲学杂志》上。因为论文太长，论文分 3 期在 7 月号、9 月号以及 11 月号上刊载，人称"玻尔三部曲"。

玻尔提出的原子结构模型看上去和卢瑟福的模型差不多，都是电子绕核运动模型，但是在玻尔的模型中，引入了量子化假设。他假设原子中电子的运行轨道是固定的，每一个轨道对应一个固定的能量，即轨道能量是量子化的。电子只能在这些确定的轨道上运行，此时并不对外辐射能量（称为定态），只有当电子在各轨道之间跃迁时才有能量辐射（或吸收）。另外，能量是以光子形式辐射的，辐射光子的能量就是两个跃迁轨道之间的能量之差。由于轨道能量是量子化的，所以辐射光子的能量也是量子化的，因此，原子光谱的谱线是分离的而不是连续的。玻尔据此对氢原子光谱的波长分布规律作出圆满的解释，他不但解释了巴尔末谱系，还预言了一些当时没被观测到的谱系，这些谱系后来被一一验证（见图 31-2）。

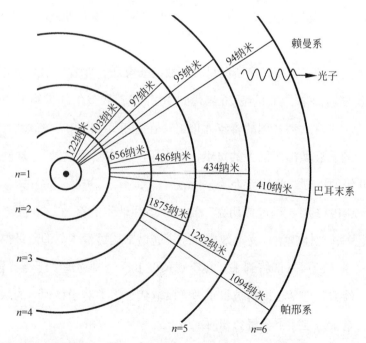

图 31-2　玻尔原子模型解释氢原子光谱示意图（电子在各个量子轨道间跃迁会吸收或放出不同波长的光子，从而形成原子光谱）

量子化完全颠覆了经典物理学中连续性的概念，量子化不但是不连续的，而且是有严格限定条件的不连续。比如氢原子第 1 个轨道的能量和第 2 个轨道的能量是固定的，为了简单起见，假定它们的数值分别是 1 和 2，那么电子只能在 1 和 2 之间跳跃，1.1、1.5、1.78 等 1 和 2 中间的数值都是无法达到的。这一违背直觉的现象似乎让人难以理解，但是玻尔模型解决了多年来困扰物理学家们的原子光谱难题，也解决了卢瑟福原子模型的稳定性问题。人们意识到，在微观世界里，也许量子论才是真正的主宰。

现在看来，玻尔的原子模型还很不完备，比如"轨道"这种说法仍是经典的概念，实际上电子并没有固定的运动轨迹。另外它也只能解释氢原子（只含一个电子）的光谱，对多电子原子的光谱则会出现很大偏差。但在当时，能提出这样的模型已经属于巨大的进步，因此玻尔受到了物理学界的盛赞，他也因此一举成名，成为量子学界的翘楚。

1916 年，玻尔升任哥本哈根大学理论物理教授。1917 年，他决定实现心中盘算已久的一个宏伟计划——仿照卢瑟福的曼彻斯特实验室在哥本哈根建立一个理论物理研究中心。玻尔的想法很快就得到了学校、政府以及社会各界的大力支持。市政府在离市中心不远的地方划出一块地盘供修建研究所使用，玻尔高兴地称之为"一座美丽的公园"。1920 年 9 月，哥本哈根理论物理研究所正式落成。整个研究所有四层楼：一层是讲演厅和会议室；二层是图书馆；三层是实验室和办公室；四层的阁楼是玻尔的寓所。遵照丹麦的传统，教授是要住在研究所里的。

哥本哈根理论物理研究所是一所向世界开放的研究所，凭着玻尔的声誉，很快就有一大批杰出的青年慕名而来。20 世纪 20 年代到 30 年代，在玻尔的带领下，这里成了量子物理的研究中心，来自欧洲各国的青年才俊汇聚在这里，如泡利、海森伯、狄拉克等人，他们为量子力学的发展做出了巨大的贡献，诞生了"哥本哈根学派"，这使得玻尔在量子力学界有了泰斗级的地位，此是后话。

从 1900 年到 1913 年，经过普朗克、爱因斯坦和玻尔的努力，20 世纪初困扰物理学家们的三大难题——黑体辐射、光电效应和原子光谱都通过量子化的假设得到了很好的解决，这预示着，量子的风暴即将到来。在宇观尺度上，经典物理学已经被相对论所取代，在微观世界里，经典物理学也即将被量子力学所取代，人类对于物理学的认识即将发生天翻地覆的变化。量子力学接下来将会如何发展，且听下回分解。

第三十二回

推光及物　德布罗意拉开大幕
群星闪耀　量子力学正式登场

1924 年春天，爱因斯坦收到一封信，是法国著名物理学家朗之万（1872—1946）寄来的。爱因斯坦和朗之万是在 1911 年第一次索尔维会议上认识的，在会后的大合影中，爱因斯坦和朗之万紧挨着站在一起，两人算是老相识了。朗之万在信中说，他带着一个博士生，叫路易斯·德布罗意，是当年索尔维会议大会秘书莫里斯·德布罗意的弟弟。现在，这位博士生给他出了个大难题，他的博士论文观点太过惊人。作为导师，朗之万实在无法评价其论文的价值，所以寄一份给爱因斯坦，让他来做做评价。

看了来信，爱因斯坦的好奇心上来了，什么样的学生能把大名鼎鼎的朗之万给难住了？他急忙打开随信寄来的论文看了起来。这不看不要紧，一看吓一跳，德布罗意也太大胆了，简直是要颠覆人类对物质世界的基本认知！爱因斯坦翻来覆去把论文看了好几遍，越看越激动，凭自己非凡的物理直觉，他认定，这篇论文具有重大意义！放下论文，爱因斯坦立刻提笔写了回信，对论文大加赞赏，并且告诉朗之万："遮住物理世界的那幅厚厚的帷幕，已经被德布罗意掀开了一角。"

话说这德布罗意是何许人也，竟能得到爱因斯坦如此高的评价？说出来你也许不信，他学物理竟然还是半路出家！德布罗意（1892—1987）出生于法国塞纳河畔一个显赫的贵族家庭，家里兄妹 5 个，他是老小，排行第五。德布罗意从小就酷爱读书。中学时代，他就显示出文学才华，上了大学也是读的历史专业，是一个典型的文科生。不过，长他 17 岁的哥哥莫里斯是一个研究 X 射线的物理学家，他在家里建了一个实验室，经常找弟弟帮忙做实验，一来二去，

德布罗意

德布罗意对物理的兴趣也日益增长。1911 年，莫里斯参加了在比利时布鲁塞尔举行的第一次索尔维会议，担任大会秘书。回国后，他对自己的弟弟讲述了普朗克、爱因斯坦等人在大会上的报告，讲述了物理学家们在会议上对于光、辐射、量子等问题的讨论，并把会议记录拿给德布罗意看。看了这些精彩的物理发现，德布罗意心驰神往，他毅然决定：改投物理专业，自己也要成为物理发现大军中的一员！

兴趣是最好的老师，弃文从理的德布罗意疯狂补习物理知识，于 1913 年顺利获得了理学学士学位，然后在朗之万指导下继续攻读研究生。第二年，第一次世界大战爆发了，德布罗意应征入伍，在巴黎埃菲尔铁塔上的军用无线电报站服役。第一次世界大战结束后，德布罗意于 1919 年退役，回到大学继续跟随朗之万攻读物理学博士学位。

在 1919 年到 1923 年这 4 年间，我们不知道德布罗意在搞什么研究，也许他在苦苦思考光量子的本质，也许他在思考玻尔的原子模型中电子如何运动。总之，到了 1923 年，德布罗意突然有了一个大胆的想法，据他自己回忆说：

"1923 年，我独自苦苦思索了很久，突然有了一个想法，爱因斯坦 1905 年的发现应当得到推广，运用到所有的物质粒子，特别是电子上。"

德布罗意意识到，既然一度被视为波（电磁波）的光被爱因斯坦发现具有粒子性（光量子），那么反过来，一直被认为是粒子的电子、质子、原子、分子等实物粒子为什么不能具有波动性呢？

德布罗意为自己的想法兴奋不已，如果这是真的，那将是前所未有的爆炸性发现！很快，他就在《法国科学院通报》上连发 3 篇短论文，提出了实物粒子也具有波粒二象性的观点。然后，他把这 3 篇论文综合起来，写成了自己的博士论文《量子理论研究》。

如前所述，他的导师朗之万实在无法评判这一观点的价值，只好求助于爱因斯坦，在爱因斯坦的高度评价下，朗之万接受了德布罗意的论文并允许他参加答辩。实物粒子的波粒二象性从来没有人见过，所以，在博士论文答辩时，有评委提问用什么实验可以验证这一新观点，德布罗意答道："通过电子在晶体上的衍射实验，应当有可能观察到这种假定的波动效应。"衍射和干涉是波特有的性质，如果电子有衍射效应，那就能证明电子有波动性。虽然评委们半信半疑，但大家都知道爱因斯坦对该论文的评价，所以德布罗意顺利拿到了博士学位。

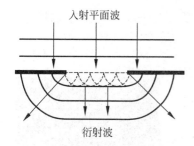

图32-1　平面波通过宽度与波长相近的缝隙衍射（缝上各点可以看作发射子波的波源，子波都是圆形波，如图中虚线所示，箭头所指为波的传播方向）

衍射是波绕过障碍物或穿过狭小的缝隙继续传播的现象（见图32-1）。只有障碍物的尺寸或缝隙的宽度跟波长差不多或比波长更小时，才能观察到明显的衍射现象。德布罗意提出用晶体来观察电子的衍射现象，就是因为电子的波长非常短，实际当中很难造出这么小的缝隙，而晶体中原子规则排列形成一层层晶面，晶面间距正好与电子波长差不多，于是一层层晶面就相当于等宽等距排列的狭缝，可以作为天然的三维空间光栅来观察电子的衍射现象。

德布罗意的论文发表后，并没有引起多大反响，不过，爱因斯坦出手相助了。在德布罗意答辩结束3周之后，爱因斯坦写信向物理学界德高望重的洛伦兹老先生介绍了德布罗意的博士论文，他在信中写道："我相信这是揭开物理学最困难谜题的第一道微弱的希望之光。"然后，爱因斯坦在自己撰写的一篇有关量子统计的论文中也捎带着介绍了德布罗意的工作。爱因斯坦是何许人也，他推崇的东西必然意义重大，这样一来，德布罗意的工作很快得到了物理学界的重视。

实验物理学家们开始寻找物质波，首当其冲的就是英国物理学家G.P.汤姆孙——他是电子的发现者J.J.汤姆孙的儿子。俗话说，虎父无犬子，G.P.汤姆孙在父亲的带领下也成为了射线研究专家。当他读到德布罗意的论文后，决定亲自做实验来验证电子是不是具有波动性。他的实验室条件优越，电子枪和真空系统都是当时最先进的，可以很方便地设计相关实验。1927年，G.P.汤姆孙成功了，他用金属箔薄膜透射法，发现了电子的衍射现象（见图32-2）。同年，在大洋彼岸的美国，物理学家戴维逊用电子束单晶衍射法，也发现了电子衍射现象的存在。德布罗意在论文答辩时的预言成真了！

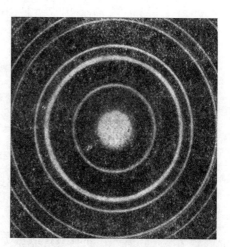

图32-2　电子衍射图像（电子枪发射的电子穿过金箔发生衍射，在背后的胶片上留下衍射花纹）

电子具有波动性！这个实验结果轰动了世界。1929年，德布罗意获得了诺贝尔物理学奖。G.P.汤姆孙和戴维孙也在1937年共同获得诺贝尔物理学奖。有趣的是，J.J·汤姆孙和 G.P. 汤姆孙这父子俩，父亲因发现电子是一种粒子而获奖，儿子却因发现电子具有波动性而获奖，这成为科学史上的一段传奇佳话。

后来，人们用电子进行杨氏双缝干涉实验，也获得了明暗相间的条纹（见图32-3），和光的干涉结果是一样的，充分证明了电子的波动性。而且人们相继发现质子、中子、原子、分子都能观察到衍射和干涉现象，充分证明了所有实物粒子都具有波粒二象性。1932年，利用了电子波的透射电子显微镜研制成功。电子波的波长非常短，而显微镜的分辨率与照射波的波长成反比，波长越短，分辨率越高，因此，电子显微镜的放大倍数远远大于光学显微镜。现在，随着技术的提高，透射电子显微镜的放大倍数已经达到了几百万倍，能帮助人们看到一个个原子，成为科学家们必不可少的科研利器，此是后话不提。

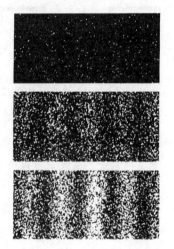

图 32-3　电子双缝干涉实验的细节（电子双缝实验中，随着电子的不断发射，干涉条纹逐渐明显）

话分两头。却说在实验物理学家们寻找物质波的时候，理论物理学家们也没闲着。1925年10月，在瑞士苏黎世联邦理工学院与苏黎世大学两所学校联合举办的物理讨论会上，苏

埃尔温·薛定谔

黎世大学的物理学教授埃尔温·薛定谔（1887—1961，奥地利人）介绍了自己在量子统计理论方面的研究。这正是爱因斯坦当时的研究方向，薛定谔还多次和爱因斯坦写信进行过交流。在发言的最后，他告诉大家："我在阅读爱因斯坦有关量子统计的论文时，发现他在其中专门加了一段话，提醒读者注意德布罗意的工作，这个德布罗意说粒子竟然和一个波场相对应。"

这时，会议主持人、苏黎世联邦理工学院物理研究所所长德拜（1884—1966）发言了："我也听说了，爱因斯坦到处宣扬这个德布罗意。但说实话，我真不知道德布罗意到底在搞些什么。薛定谔，你既然在搞量子研究，能不能把德布罗意的论文整理一下，下次报告会给我们做个专题报告？"

"没问题！"薛定谔应承下来。会后，他立刻托人找来德布罗意的博士论文，仔细研读起来。

一个多月以后，第二次讨论会召开了，薛定谔果不食言，走上讲台，在黑板上写写画画，滔滔不绝，做了一个精彩绝伦的报告，把德布罗意的工作介绍得明明白白。

　　听了薛定谔的报告，大家议论纷纷，对德布罗意的工作褒贬不一。这时候，德拜开口了，他不屑地说："讨论波动而没有一个波动方程，怎么可能准确地了解波？太幼稚了！"

　　德拜一锤定音，会场一下子安静下来。薛定谔站在台上，脸色有点涨红，他张了张嘴，却什么也没说出来。虽然不是自己的理论，但自己为这个报告准备了这么久，竟然没意识到这个重大缺陷，真是有些下不来台。

　　薛定谔不知道会议是怎么结束的，下台以后，他满脑子只有四个字——波动方程。他意识到，这是德布罗意理论的重大缺陷，却也是一个重大的机遇，如果能找到波动方程，将会是一个重大突破。薛定谔暗暗下定决心，自己手头的研究先抛开不管了，他要找到这个波动方程！

　　薛定谔这时候已经近 40 岁了，虽然小有名气，却也算不上大家，但是这一次，他迸发出了惊人的能量。短短几周以后，薛定谔又站在了讨论会的讲台上，他的开场白是："先生们，上次开会，德拜先生建议德布罗意波应该有个波动方程，好吧，我已经找到了……"

　　1926 年 1 月底，薛定谔发表了第一篇有关波动力学的论文。在这篇论文中，他不但给出了实物粒子的波动方程——薛定谔方程，还将这一理论应用于氢原子。通过求解氢原子的薛定谔方程，自然而然地就得到了原子能量量子化的结论，而不是人为的硬性规定，这比玻尔的理论又向前迈进了一大步。在薛定谔方程的求解结果里，核外每个电子的运动状态都能用一个波函数描述。现在，物理学家们仍然借用玻尔的说法，称电子的波函数为"原子轨道"，但它并不是像玻尔模型那样的经典环形轨道，而是电子以一定的概率分布规律出现在原子核周围，并没有任何明确、连续、可跟踪、可预测的轨道可循，如同电子在原子核周围形成一团云雾的效果一样，这就是所谓的电子云（见图 32-4）。电子云的图像体现出了电子波粒二象性的特点，这样，通过薛定谔方程，原子中电子运动的奥秘终于被揭开了。

　　其后几个月间，薛定谔再接再厉，又连续发表了 3 篇论文，完善了其波动力学体系，由此，描述微观粒子运动规律的物理理论——量子力学正式建立了。

　　薛定谔的论文发表后，欧洲物理学界为之一震。1926 年 4 月，普朗克给薛定谔写信说："我像个好奇的孩子听人讲解他久久苦思的谜语那样聚精会神地拜读您的论文，并为我眼前展现的美丽而感到高兴。"普朗克还说："薛定谔方程奠定了近代量子力学的基础，就像牛顿方程在经典力学中的作用一样。"爱因斯坦对之也很欣赏，他说："薛定谔论文的构思证实着真正的独创性。"

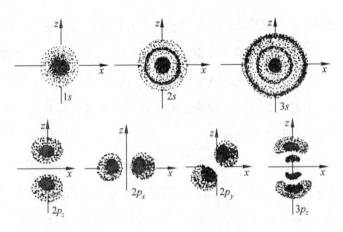

图 32-4 几种不同轨道的电子云图（电子云图是分布在原子核周围的三维空间图形，图中给出的是二维截面。图中黑点的疏密表示电子出现的概率密度，越密的地方概率密度越大，越疏的地方概率密度越小*）

却说大多数物理学家都在为薛定谔的成就鼓掌喝彩的时候，有一个人却不高兴了。此人名叫沃纳·海森伯（1901—1976），德国人。他先后师从慕尼黑大学的索末菲和哥廷根大学的马克斯·玻恩（1882—1970），22 岁就拿到博士学位，然后在 1924—1925 年到玻尔的哥本哈根理论物理研究所工作了一年，可谓师出名门。1925 年 11 月，回到哥廷根大学的海森伯与导师玻恩和数学家约尔丹合作，发表了论文《关于运动学和力学关系的量子论的重新解释》（以下简称"3 人论文"），创立了量子力学的另一种数学表现形式——矩阵力学。矩阵力学的思想主要是海森伯提出来的。

这矩阵力学的数学形式极为复杂，弄的物理学家们叫苦连天，不明所以。恰逢此时，薛定谔的波动力学出台，相比而言，波动力学的物理图像要清晰得多，受到物理学家们的普遍欢迎，连矩阵力学阵营内部也都纷纷倒戈。3 人论文的作者之一玻恩说："我将把波动力学视为量子定律的最基本的形式。"玻恩后来还提出波函数的概率统计诠释，明确了波函数的物理意义，帮了波动力学的大忙。海森伯的同门师兄、曾对他发展矩阵力学有过帮助的沃尔夫冈·泡利（1900—1958，奥地利人），写信给 3 人论文的另一作者约尔丹，竭力向他推荐薛定谔的波动力学。泡利写道："我相信，这篇论文将列入最近完成的最有

---

* 注：概率密度分布和概率分布是不同的。概率密度是指单位体积内出现的概率，所以，电子在某一球壳内出现的概率是该处的概率密度乘以球壳体积，而离核越远的球壳体积越大，因此，概率密度最大的地方概率不一定最大。比如氢原子的 1s 电子，电子云概率密度最大处在原子核上，而实际出现概率最大处在距离原子核 52.9 皮米的球壳上。

意义的论文之中，请仔细认真地读一读。"

自己的矩阵力学才刚刚问世，就面临被遗弃的危险，海森伯心急如焚，很不高兴。他不由地对薛定谔的波动力学产生了抵触情绪。他给泡利写信说道："我越是思考薛定谔理论的物理意义，就越感到厌恶。"他可能还不知道，泡利已经"叛变"了。

海森伯的态度传到了薛定谔的耳朵里，薛定谔也不客气，他在一篇波动力学论文中声明："我绝对跟海森伯没有任何继承关系。我自然知道他的理论，但那超常的令我难以接受的数学，以及直观性的缺乏，都使我望而却步，或者说将它排斥。"

这两位量子力学的创始人，都相信自己才是正确的一方，并且毫不避讳对对方的反感。俗话说，不是冤家不碰头，很快，两人就打了一场遭遇战。海森伯在 1926 年 5 月重新回到丹麦，担任玻尔的助手。1926 年 7 月底，薛定谔应邀去慕尼黑大学讲学。巧合的是，当时海森伯恰好从丹麦回到慕尼黑大学拜访朋友，听说了这个消息，二话不说就赶去会场。报告结束后，当时只有 25 岁、年轻气盛的海森伯从拥挤的听众座席上站起来，激动地对波动力学提出了一些批评意见，使听众们大为震惊。结果，慕尼黑大学的校长维恩（1864—1928）打手势要海森伯坐下，不要瞎嚷嚷，他甚至毫不留情地对海森伯说，年轻人你还得好好学习学习，那些问题薛定谔先生自会一一解决的。海森伯的老师索末菲也表示支持波动力学。偌大的会场上，没有一个人声援海森伯，他孤立无援，只好失望地离开。

海森伯回到丹麦后，向玻尔汇报了自己与薛定谔的这次遭遇战，把自己对波动力学的疑问和自己所受的种种委屈向玻尔倾诉一番。玻尔听了以后，产生了一个想法——邀请薛定谔访问哥本哈根，大家开诚布公，当面讨论。收到玻尔的来信，薛定谔决定接受哥本哈根学派的"挑战"，单刀赴会。1926 年 9 月 30 日，薛定谔赶到哥本哈根，玻尔亲自到车站去迎接他，并安排他住在自己的物理研究所。第二天，双方的思想交锋就开始了。在薛定谔做完报告之后，大家围绕波动力学的物理诠释问题展开了一系列热烈的讨论与争论，几乎每天都是从清早一直争论到深夜。

玻尔一派人多势众，以玻尔为首，手下还有海森伯、狄拉克（1902—1984，英国人）等精兵强将，薛定谔势单力薄，很快就被玻尔发现破绽，抓住他对波函数的错误诠释发动总攻。虽然薛定谔方程是正确的，但当时薛定谔对用自己的方程计算出来的波函数的物理解释却是错误的，他坚持认为物质波是一种真实的波动（不久之后玻恩找到了正确的物理解释——概率波，玻恩还因此获得了诺贝尔物理学奖）。面对玻尔的质疑，薛定谔难以招架，在玻尔的穷追不舍下，薛定谔病倒了。薛定谔躺在床上，由玻尔夫人照料他的生活。但即便如此，玻尔仍然坐在他的床边，坚持说着："但是你肯定必须理解，你的物理解释是不充分的……"薛定谔简直要绝望了。他闭着眼睛，痛苦地说："我真后悔，我为什么要致力于这个量子论……"玻尔一看情势不对，赶紧安慰道："我们所有人都感谢你。你的波动力学比矩阵力学在数学上清晰简单，这是一个巨大的进步。只是，有一些问题是必须要搞清楚的……"

薛定谔在哥本哈根待了一个月，这次论战给双方都留下了深刻的印象，也给双方以巨大的启发。他们了解了双方的优缺点后，开始心平气和地考虑对方的理论。而一旦静下心来，双方才发现，这两种理论在数学上竟然是等价的！1926 年年底，薛定谔证明，波动力学和矩阵力学在数学上是等同的，可以通过数学变换从一种理论转换到另一种理论。与此同时，泡利和狄拉克也给出了同样的证明。正是：

> 大水冲了龙王庙，自家不识自家人。
>
> 波动矩阵本一脉，量子从此入同门。

虽然波动力学和矩阵力学化干戈为玉帛，成为量子力学的两种不同数学表示形式，但是，对于量子力学的物理解释，薛定谔和玻尔等人仍持不同意见，接下来，还有一场更大的争论在等着他们。欲知后事如何，且听下回分解。

第三十三回

思想交锋　玻尔论战爱因斯坦
世纪之争　叠加纠缠如坠迷雾

随着量子力学的建立，物理学的发展已经进入了一个新的层次，物理学家们脑海里的物理世界，常人已经很难看懂了，而他们对于世界本质的看法也逐渐冲突甚至对立起来。世界的本质到底是决定性的还是不确定的？给定初始条件，就一定能准确预测结果吗？物理学家们分成了两派，双方为此展开了长达几十年的大论战，直到现在，这一论战还没有完全落下帷幕。

1927 年 10 月 24 日，第五次索尔维会议在比利时首都布鲁塞尔召开了。坐在会场中央的爱因斯坦，思绪不禁回到 16 年前的第一次索尔维会议……那时候，自己初出茅庐，为能与当时世界上最著名的物理学家共聚一堂而激动不已。现在，自己已经 48 岁，也成了他们中的一员。会议的发起人索尔维已经去世，而参加第一次会议的老面孔仅剩下普朗克、洛伦兹、居里夫人、朗之万等寥寥数人，取而代之的，是玻尔、玻恩、薛定谔、德布罗意、海森伯、狄拉克、泡利等一大批新生代量子物理学家。虽然自己也是量子论的创始人之一，但是，量子理论的发展已经超出了自己的预期，德布罗意和薛定谔的表现还算中规中矩，而以玻尔为首的哥本哈根学派的步子似乎迈得有点太大了，尤其是他们抛出的那个"概率论"，自己真的是很难接受……

这时，大会主席洛伦兹开始致欢迎词："今天，我们在此汇聚一堂，大会的主要议题，就是讨论刚刚建立的量子力学！量子力学向我们揭示了一个新的物理世界，同时也对以往的物理观念造成了巨大的冲击，因此，我们迫切地需要讨论量子力学是不是走在一条正确的道路上，它下一步的发展方向是什么……"

第一个作报告的是玻恩，他走上讲台，清了清嗓子，说："量子物理与传统物理之间本质的区别在于不连续性，量子力学就是以此为基础的。在此，我首先要对在座的普朗克、爱因斯坦和玻尔三位先生表示感谢，量子力学实质上就是三位所创建的量子论的直接延续。今天，我准备和我的学生海森伯给大家介绍一下我们创立的矩阵力学，同时，我会介绍我对薛定谔波函数的最新物理诠释，海森伯会介绍他最新发现的不确定原理。"

对于矩阵力学，与会者们大都不喜欢其复杂的数学，玻恩也知道这一点，所以他尽可能快地介绍完毕，然后，他开始介绍薛定谔波函数的物理意义："我发现，物质波并不像经典波一样代表实在的波动，而是代表粒子在空间出现的概率统计规律。也就是说，我们不能肯定一个粒子在某一时刻一定出现在什么地方，我们只能给出这个粒子在某时某处出现的概率，因此，所谓的物质波其实是一种概率波——波在某处的强度与在该处找到粒子的概率成正比。"

台下的爱因斯坦有点坐不住了，他对概率波有一种直觉上的反感，他不相信这个世界需要用概率来描述。而这时，玻恩的目光也转向了爱因斯坦："在此，我还要特别感谢爱因斯坦先生，正是他对于光量子的观点启发了我。他曾经把光波的振幅解释为光子出现的概率密度，从而使光的波粒二象性成为可以理解的。于是我就想到，这个观念马上可以推广到电子或其他粒子上，概率应该作为一种法则进入量子世界。"

台下的听众纷纷鼓掌，爱因斯坦礼貌地向大家点头示意，心中却有些窝火：居然扯到我头上来了，我第一个反对！

接下来，年轻的海森伯走上讲台，开门见山："我最近发现，有一些成对的物理量，例如，一个粒子的位置与它的动量，要同时测定这两个量的精确值是不可能的，其中一个量被测得越精确，其共轭量就变得越不确定。我认为，这种不确定性关系，正是量子力学中出现概率统计的根本原因。"

接着，海森伯滔滔不绝地论证了自己发展不确定关系的过程。爱因斯坦又坐不住了，概率就够让他反感的了，现在又来了一个不确定关系，如果什么都是不确定的，这个世界还怎么精确地运转？正思索间，海森伯的目光也转向了爱因斯坦："在此，我也要特别感谢爱因斯坦先生，他的观点对我也有所启发。相对论对经典概念进行批判的出发点，是假设不存在超光速的信号速度，光速是速度的上限。类似地，我们可以把同时测量两个不同的物理量有一个精度下限——所谓不确定关系——假设为一条自然定律，并以此作为量子论对经典概念进行批判的出发点。"

"又扯到我头上来了。"爱因斯坦虽然不动声色，但心中的火气又上升了一分。

这时候，海森伯用一句带点挑衅意味的口号结束了他的演讲："我们认为，量子力学是一个完整的理论，不需要再对它的基本物理和数学假设进行任何修改！"

爱因斯坦咧开嘴笑了，心里暗道："小伙子不知天高地厚，总有一天，我要驳倒你这个不确定关系！"坐在他旁边的朗之万悄声问道："老伙计，你在笑什么？"

爱因斯坦答非所问："再过几年，谁能笑到最后还不好说呢！"

午餐后，薛定谔第一个上台发言，表示反对玻恩提出的概率波理论。他仍然坚持波函数的实在性，坚持物质波就像电磁波那样，是一种真实的波动。但是，他又难以自圆其说，他需要引入高度抽象的多维空间来解释自己的理论，这让与会的大多数人都难以接受，相比而言，大家还是更愿意接受玻恩的概率波解释。薛定谔讲完后，玻尔、玻恩和海森伯都对他的解释提出了疑问，海森伯甚至直截了当地说："薛定谔先生在他的报告结尾说，他作出的讨论给我们带来了希望，但我丝毫也没看出这种希望存在的理由。"薛定谔涨红了脸，勉强争辩了几句，讨论就草草结束了。

接下来，德布罗意上台了，他也是物理实在论的支持者，反对概率波。实物粒子的波粒二象性是他首先提出来的，这一次，他带来了自己发展的一套理论——导波理论。他指出，粒子和波的特性是同时存在的，粒子就像冲浪运动员一样，乘波而来，在波的导航下，粒子从一个位置到另一个位置，它是有实在的路径的，而不是只有概率。

德布罗意的导波理论遭到了泡利的猛烈抨击。泡利向来以言辞犀利而著称，他的口头禅是"我不同意你的观点"。泡利提的问题稳、准、狠，处处击中德布罗意的软肋，让他难以招架。最后，德布罗意张口结舌，只好把求助的目光转向爱因斯坦，希望他能为自己说几句话。但爱因斯坦保持了缄默，他虽然是实在论的支持者，但导波理论实在是破绽太多，而泡利的厉害他曾经是领教过的。泡利在20岁时，有一次前去聆听爱因斯坦的讲座，他不显山不露水地坐在最后一排，却在演讲结束后向爱因斯坦提出了一连串问题，其火力

沃尔夫冈·泡利

之猛，连爱因斯坦都招架不住。爱因斯坦知道，现在开口只能让情况更糟，所以他也没法帮德布罗意，只能保持缄默。

德布罗意黯然下台后，泡利意气风发地走上了讲台，他介绍了自己发现的泡利不相容原理——在一个原子中，绝不能存在运动状态完全相同的两个电子。并介绍了物理学界据

此推出的电子自旋假说。他的发言没有涉及概率论与决定论的争论，因此，没有受到任何异议。

第一天的会议就这样结束了，这一天，爱因斯坦既没有发言，也没有参与讨论，这让玻尔惴惴不安。所有人都知道，爱因斯坦是物理实在论的坚定支持者。很显然，这次会议关于量子力学的争议分成了两派：一派是以爱因斯坦为首的决定论者，包括薛定谔和德布罗意等人。他们坚信，物理学应当是决定论的，而不应当只给出概率。另一派就是以玻尔为首的概率论者，包括玻恩、海森伯、泡利等人，也称为哥本哈根学派。他们坚持概率解释，相信不确定原理。玻尔深知，两派的观点是水火不容的，一天的争论下来，爱因斯坦的手下大将薛定谔和德布罗意都吃了败仗，爱因斯坦却不动声色，这让玻尔吃不准他葫芦里卖的什么药，心里反而不踏实。

第二天，玻尔上台演讲，他讲了自己最近提出的互补原理。玻尔讲到："科学家们在进行实验的时候，总是事先假定他们只是自然界的被动观察者，可以在不对自然界造成干扰的情况下对事物加以观察。但事实上，在量子领域，任何不干涉观测对象的实验都是不可能的，因此，一个电子以粒子状态出现，抑或以波动状态出现，完全取决于我们所设计的实验类型。我们可以通过变换不同的观察方法来观察电子的波动性和粒子性，但是却不能用同一种方法同时看到这两种属性，尽管它们确实都存在。而这，正是海森伯不确定关系的根源……"

又是不确定关系！爱因斯坦心中不以为然，他耐着性子听完玻尔的报告，觉得是时候表达自己的观点了，不能再沉默了。他向洛伦兹示意，他要发言。爱因斯坦走上讲台，他的开场白是："很抱歉，我没有深入研究过量子力学，不过，我还是想谈谈一般性的看法。我认为，一个局限于概率统计规律的理论只是一个暂时的理论。"接着，爱因斯坦抛出了一个思想实验，来反驳不确定关系。所谓思想实验，就是在头脑中构思出来的理想实验，虽然目前的实验技术可能达不到，但是其原理是正确的，从理论上来说实验过程和实验结果是可以成立的。思想实验是爱因斯坦的独门秘籍，无论是狭义还是广义相对论，都是通过他在头脑中不断地进行的思想实验而得到灵感。现在，爱因斯坦又开始表演他的拿手好戏。他在黑板上简单地画出思想实验示意图，然后从理论上证明，他能驳倒不确定关系。

果然不出所料，爱因斯坦一出手，就是奔着哥本哈根解释的命门来的。当海森伯等人还在思考时，玻尔已经发起了反击，他走上讲台，和爱因斯坦争论起来。通过对实验细节的追究，玻尔找到了反驳爱因斯坦的依据，爱因斯坦只好承认，玻尔的解释是无懈可击的。

在大会上的讨论失利，并不意味着爱因斯坦会就此放弃。接下来的几天里，每天吃早餐的时候，爱因斯坦都会抛出新的思想实验来反驳哥本哈根解释，但是到了晚上，大家共进晚餐时，玻尔就会向爱因斯坦解释，为什么他那最新的思想实验没能打破不确定关系。虽然玻尔一次又一次地化解了爱因斯坦的攻势，但是玻尔知道，爱因斯坦并没有被说服。

会议要结束了，与会的物理学家们照例要合影留念，于是，物理学史上最著名的一张"全明星合影"被拍了下来（见图33-1）。合影结束后，大家就要四散回国了，不过，爱因斯坦并没有放过玻尔，他回头对玻尔说："玻尔，上帝是不会掷骰子的！"

所有人都愣住了。这时候，玻尔不慌不忙地回敬道："爱因斯坦，不要去教上帝应该怎么做。"

玻尔的回答滴水不漏、暗藏锋芒，这一回合，爱因斯坦又输了。

人群散了，爱因斯坦快步追上德布罗意，他拍着德布罗意的肩膀说："要坚持，你的路子是对的。"不过，爱因斯坦的鼓励并没有起到作用，德布罗意已经心灰意冷，后来，他接受了哥本哈根解释，放弃了他的导波理论。

图 33-1　第 5 次索尔维会议与会者合影

这次"华山论剑"，哥本哈根学派大获全胜，绝大多数人都接受了量子力学的哥本哈根解释，玻尔、海森伯、泡利等人信心大增，开始广泛宣传他们的理论。而爱因斯坦也发现，量子力学的新解释不是那么容易被驳倒的，他只好暂时偃旗息鼓，但是，他的内心深

保罗·狄拉克

处并没有放弃，他在积蓄力量，等待时机。

接下来的 1928 年，是属于保罗·狄拉克的一年。这位剑桥大学的高材生，早先研究的是相对论，1925 年开始研究海森伯的矩阵力学，1926 年薛定谔到访哥本哈根时，狄拉克正在玻尔的研究所做博士后研究，他从薛定谔的讲座中对波动力学有了全面的了解。当时可能没有人意识到，这个沉默寡言的小伙子，已经身负相对论和量子力学两样绝学。1928 年，狄拉克彻底打通"任督二脉"，把相对论引进了量子力学，修正了量子力学的一系列方程式，建立了电子的相对论形式的运动方程，也就是著名的狄拉克方程，这个方程后来发展成为量子场论的基础。量子力学与相对论经过狄拉克的这一结合，自然地推出了电子自旋的存在。更神奇的是，狄拉克方程的能量出现了两个解——一个正的、一个负的。狄拉克并没有舍弃负能量，他据此预言真空是一片负能量的海洋（后人称之为"狄拉克之海"），而且进一步预言了正电子的存在。狄拉克对于真空和反物质的预言，为后来的物理学家们开拓了一片广阔的研究天地，连一向挑剔的泡利都说："狄拉克就是上帝的预言家。"

转眼间，1930 年到了。这年秋天，第六次索尔维会议又在布鲁塞尔召开了。爱因斯坦和玻尔这两大高手再次相遇，展开了"第二回合"的较量。这一次，爱因斯坦一改上次会议的保守策略，一上来就先声夺人，向不确定原理发起了攻击。经过 3 年苦思冥想，爱因斯坦在头脑中设计了一个绝妙的实验装置——爱因斯坦光盒——还是他最拿手的思想实验。实验细节此处就不细表了，总之，爱因斯坦利用这个光盒，巧妙地破解了能量与时间的不确定关系，证明这两个量的精确值可以同时测定。

第 6 次索尔维会议爱因斯坦与玻尔边散步边讨论

玻尔惊呆了，他无法找到这个光盒的破绽。他意识到，假如爱因斯坦是对的，哥本哈根解释的末日就到了。中午吃饭时，他找海森伯和泡利进行了讨论，但两人也毫无办法。玻尔一整天都闷闷不乐，吃过晚饭，爱因斯坦去散步，玻尔在后面小跑着追上爱因斯坦，来找他讨论这个实验。看着玻尔心急如焚的样子，爱因斯坦脸上露出了不易察觉的胜利的微笑。

不过，爱因斯坦高兴的还是太早了一点。经过彻夜思考，玻尔终于在爱因斯坦的推论中找到了一处破绽。他发现，爱因斯坦犯了一个几乎令人难以置信的错误。

第二天，众目睽睽之下，玻尔迈着轻快的步子登上讲台，他在黑板上画了一个漂亮的爱因斯坦光盒，然后开始进行理论推导。爱因斯坦惊讶地发现，玻尔用的竟是广义相对论的引力红移公式。他眼睁睁地看着玻尔一步一步往下推导，竟然导出了能量与时间之间的不确定关系式。玻尔竟然用相对论证明了不确定原理！这下子，不确定原理更让人信服了。

这一回合，爱因斯坦被玻尔用爱因斯坦自己的成名"绝技"击倒了。爱因斯坦非常郁闷，也很懊恼，自己竟然把广义相对论给忘了，本来想给对手一拳，结果却砸在了自己身上，真是有点下不来台。不过，爱因斯坦并没有认输，也没有放弃，他内心深处始终认为，一个完备的理论应该具有物理实在性和确定性，量子理论也许是自洽的，但却是不完备的。

现在，已经没什么人能阻挡量子力学了。1932 年，海森伯获诺贝尔物理学奖；1933 年，薛定谔与狄拉克共享诺贝尔物理学奖。

1933 年，希特勒（1889—1945）被任命为德国总理。翌年，总统死后，希特勒自称国家"元首"并兼任总理，德国国内形势发生了巨大变化。希特勒接连颁布了 400 多条歧视犹太人的法令法规，开始大规模的驱逐、迫害犹太人。普朗克曾向希特勒进言说，对犹太科学家不加区分地驱逐将伤害到德国的利益。希特勒却怒斥道："如果开除犹太科学家会导致德国的科学停滞不前，那我们宁可几年内不要科学！"

爱因斯坦已经不可能在德国待下去了，那里已经没有他的容身之地。1933 年 10 月，爱因斯坦持旅行签证到了美国。普林斯顿大学一年前就向爱因斯坦发出了邀请，希望他来任教，现在，爱因斯坦真的来了，普林斯顿喜出望外，立刻派人接爱因斯坦到学校住下。从此，爱因斯坦就在美国留了下来，再也没有回过欧洲。

爱因斯坦虽然到了美国，但他并没有忘记自己的使命——捍卫物理学的确定性。这一次，他不再做思想实验，他要从量子力学入手，扎扎实实地做工作，寻找其中的弱点，一击致命。

却说爱因斯坦真不愧是爱因斯坦，一旦他认真研究量子力学，很快就发现其中的"破绽"，这一次，他认为自己稳操胜券。1935 年 5 月，《物理评论》杂志发表了一篇重磅论文——《量子力学对物理实在性的描述是完备的吗？》。这篇论文是爱因斯坦和他的两位同事波多斯基、罗森合写的，论文的主要观点是爱因斯坦提出来的。他们发现，根据量子力学的理论，可以推导出一种奇怪的量子现象：对于出发前有一定关系、但出发后完全失去联系的两个粒子，对其中一个粒子的测量可以瞬间影响到另一个粒子的属性，哪怕是二者处于宇宙的两端。一个粒子对另一个粒子的影响速度竟然可以超过光速！爱因斯坦将其称为"幽灵般的超距作用"。薛定谔后来把两个粒子的这种状态命名为"纠缠态"。

比如出发前一对总自旋为零的电子，如果一个自旋向上，另一个就必然自旋向下，这样才能保持总的自旋为零。根据量子力学的哥本哈根解释，这两个电子的自旋都是不确定的，都处于自旋向上和自旋向下两种状态的"叠加态"。如果你把两个电子分开，比如说，一个在地球上，另一个在月球上，现在你测量地球上电子的自旋，发现结果为"上"，那么，这一瞬间，月球电子的自旋就会变成确定的"下"。

爱因斯坦认为，这根本不可能，这说明量子力学是不完备的。他认为，这两个电子在出发前就是确定的"上"和"下"，只不过是你没有能力测量出来而已。就像你把一对手套分别放在密码箱里，你不知道哪只箱子里是左手或右手，但是，一旦你打开一个箱子看了，就能瞬间知道另一个箱子里是哪只手套。所以，他认为根本不存在这种"幽灵般的超距作用"，两个粒子的状态在出发前就已经决定好了。

玻尔看到这篇文章后，大惊失色，他立即放下手头的一切工作来思考如何应对爱因斯坦的挑战。经过 3 个月的艰苦努力，玻尔在《物理评论》上发表了他的回应，论文题目和爱因斯坦的题目一模一样——《量子力学对物理实在性的描述是完备的吗？》。实际上，玻尔的反驳是无力的，因为，爱因斯坦的推导本来就没有错，玻尔也承认这种推论结果的存在，不过，爱因斯坦认为纠缠态根本不存在，而玻尔认为是可以存在的，仅此而已。也就是说，对于论文题目，爱因斯坦给出的答案是"否"，而玻尔给出的答案是"是"。

作为物理实在派的大将，薛定谔一看主将爱因斯坦取得了辉煌战果，于是写信祝贺。爱因斯坦和薛定谔通了几次信，两人交流了一些想法。在爱因斯坦的鼓励下，薛定谔也乘势出击，写了一篇论文《量子力学的现状》，在其中，他提出了一个思想实验——"薛定谔的猫"（见图33-2），他通过一只处于"死"和"活"的叠加态的猫，来批判量子力学的哥本哈根解释，在他看来，这显然是荒谬的。不过，令薛定谔始料未及的是，"薛定谔的猫"竟然意外走红，竟然成了叠加态的形象代言人，很多人还以为他是为了宣传叠加态而举的这个例子，这真是让他有苦难言。

图 33-2 薛定谔的猫（一只猫被关在箱子里，箱子中有一小块放射性物质，它在 1 小时内有 50% 的概率发生一个原子衰变。如果发生衰变，就会通过一套装置触发一个铁锤击碎一个毒气瓶毒死猫。在 1 小时之内，你无法判断猫是死是活，除非打开箱子看。薛定谔说，按照量子力学规则，可以认为猫处于"死"和"活"的不确定的叠加态 * ）

于是，论战双方陷入了口水战，玻尔坚信存在不确定的"叠加态"和幽灵般的"纠缠态"，而爱因斯坦否认其存在。爱因斯坦说，一个粒子在你测量之前就有一个确定的状态。玻尔说，你怎么知道的？爱因斯坦说，去测测它就知道了。玻尔说，你一测量就破坏了它的叠加态。两人谁也说服不了谁。

这样的争论陷入了一个逻辑悖论，是不会出结果的，只有用实验来说话才是最有力的。可惜，纠缠态实验太难做了，玻尔和爱因斯坦都没有在有生之年看到它。而后来的实验证明，"纠缠态"确实是真实存在的！玻尔胜利了！玻尔和爱因斯坦争论了一辈子，但都没能目睹这一神奇的量子现象，真是物理学界的一大憾事。有诗叹曰：

> 世界本质如迷雾，雾里看花谁得真？
> 真相大白天下日，玻爱泉下可有闻？

---

* 注：如果读者想进一步了解，可参阅笔者另一本科普作品《给青少年讲量子科学》。

第三十四回

中子大炮　费米轰击周期表
魔盒打开　人类发现核裂变

20世纪开始的10年，是属于相对论的年代；20年代，是属于量子力学的年代；30年代，则是属于核物理的年代。

核物理的奠基人，可以说非卢瑟福莫属。读者还记得在第二十六回，卢瑟福带领马斯登和查德威克等人，不但发现了原子里有原子核，还发现原子核由质子和中子组成。而他发现质子的过程，实际就是人类历史上最早进行的人工核反应。

原子核受到粒子的轰击而引起核结构变化的过程，称为核反应。1919年，卢瑟福用天然放射性元素放出的α粒子（氦原子核）做"炮弹"，轰击氮原子，发现氮原子在α粒子的轰击下放出一个质子。在这个过程中，α粒子和氮原子核发生了核反应，生成了氧原子核和质子（见图34-1）。1932年，中子的发现过程（用α粒子去轰击金属铍，铍原子核里的中子被轰了出来）其实也是一个人工核反应。在这个过程中，α粒子和铍原子核发生了核反应，生成了碳原子核和中子。

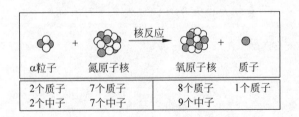

图34-1　卢瑟福发现质子的核反应示意图

质子和中子的发现过程，为人工核反应开辟了道路。尤其是中子的发现，使科学家们对于核反应的研究热情大增。从1932年起，核反应的研究进入加速阶段。

1932 年，人们发明了直线加速器和回旋加速器，通过电场和磁场调控，利用库仑力和洛伦兹力，可以把带电粒子（如质子）加速到很大的能量去轰击原子核，从而实现高能核反应。

1933 年年底，居里夫人的女儿和女婿——约里奥·居里夫妇（小居里夫妇）发现了一个反常的放射现象。他们用放射性元素钋发出的 α 粒子去轰击铝箔，然后把钋试样移开，无意中，他们发现这时候的铝箔能发射正电子，也就是 β^+ 射线——放射线的一种。唯一的解释就是——被轰击后的铝箔具有了放射性！接下来，他们用化学方法证实，这些发射正电子的放射性物质，是 α 粒子和铝原子发生核反应以后生成的磷 -30。自然界中存在的磷元素是磷 -31，不具有放射性，而小居里夫妇合成的磷 -30 具有放射性。人工放射性元素的合成，震动了科学界，以前人们只能借助于在自然界中含量很少的镭、钋等元素来研究和利用放射性，现在，人们可以人工合成放射性元素了，这为人类研究和利用放射性开辟了一条全新的道路。1935 年，小居里夫妇因为这一发现而获得了诺贝尔化学奖。

恩利克·费米

却说在 1934 年 1 月，意大利罗马大学的物理学教授恩利克·费米（1901—1954）在第一时间收到了刊有小居里夫妇发现人工放射性文章的法文杂志，费米立刻认识到，这是一个重大的发现，他应该立刻跟进研究。可是，α 粒子轰击原子核的实验已经被卢瑟福和小居里夫妇进行得差不多了，费米意识到，自己必须另辟蹊径，趟一条新路出来。

经过几天的思考，费米想到了一种新"炮弹"——中子。他意识到，中子应该是比 α 粒子更有效的一种"炮弹"。原子核带正电，α 粒子也带正电，同性相斥，它们之间的斥力会减弱 α 粒子对原子核的撞击，尤其是重原子核，更不容易被 α 粒子撞击；而中子不带电，它不会受到核的排斥作用，因而中子可以更容易地钻进原子核。

说干就干，费米马上带领他的研究团队搭建实验装置，开展研究。费米有一个雄心勃勃的计划，他要从周期表第一号元素开始，按元素顺序一个一个地用中子轰击，看看会有什么发现，这可真是要一网打尽。

为了得到需要的中子放射源，费米设计了一个装有铍粉和氡气的玻璃试管。氡是天然的 α 粒子放射源，它放射出的 α 粒子击中铍原子核就会放出中子，虽然每 10 万个 α 粒子才能有一个击中铍原子核，但费米还是决定试一试。在安置好各种观测设备之后，费米开始按照周期表的顺序依次轰击各种原子。前几种元素并没有产生人工放射现象，但费米并没有放弃，终于，当他把氟元素作为轰击对象时，他得到了想要的结果——获得了人工放射性产物。

费米很快就把这一研究结果写成了一篇论文，命名为《中子轰击触发的放射现象——我的研究》。费米之所以在题目后加上"我的研究"几个字，是因为他知道他正在从事的研究是当时物理学界的热门课题，而他的研究是与众不同的。

拿中子当"炮弹"轰击原子，一旦实验设备就绪，进程是很快的。接下来，费米在实验室里创造出了在自然界中并不存在的各种放射性原子，他的论文像雪片一般飞出来，吸引了全世界的目光。世界放射研究的中心，似乎一下子就转到了意大利。不到4个月时间，费米小组已经用中子轰击过了他们所能找到的68种元素，然后开始轰击自然界中的最后一种元素——铀。

自然界中总共存在92种元素，也就是从1号元素氢到92号元素铀。前面所有元素的实验进展都很顺利，可是到了铀这儿，却出了问题。费米用中子轰击铀以后，不出所料地得到了一种新的放射性产物，但是，他却检测不出来这产物是什么元素。按道理，中子轰击铀原子核后，会把核内的质子或中子打出来几个，这样产物应该是铀附近的元素。可是，费米分析了产物的化学性质以后，发现这个产物竟然不属于从82号元素铅到92号元素铀之间的任何元素。这让费米百思不得其解，他觉得产物的原子序数不可能再低了，他不相信一个中子会把10个以上的核子打出去，于是，似乎只剩下一种可能——这是一种新元素——93号元素。1934年5月，费米以《原子序数高于92的元素可能生成》为题，在《自然》杂志上发表了这一消息，宣称自己可能得到了93号元素。事实上，费米已经到了发现核裂变的边缘，但是他当时却做出了错误的判断，以为是发现了93号元素，机会就这样白白溜走了。

1934年10月，费米团队又有了一个重大发现。原先，包括费米在内的所有人都认为，速度更快、携带能量更多的中子更容易击破原子核。人们想当然地认为，中子就是炮弹，炮弹能量越大，打击效果越明显。可是，有一次，他们无意中发现，把同一个实验放在木头台子上和大理石台子上进行，实验结果却有差别，木头台子上中子轰击效率更高。这引起了费米的重视，他分析，可能是被台面反弹的中子影响了实验结果，木头桌面和大理石桌面对中子的反弹效果不一样，木头桌面能使快中子速度降低变成慢中子，而大理石却不能。因此，他提议，干脆用石蜡把中子源包起来，大大降低中子的速度，来看看效果。这一试不要紧，一瞬间，中子的轰击效率提高了上百倍，桌上的计数器噼里啪啦地响了起来，仿佛要爆炸一样。原来，慢中子竟然比快中子更容易击中原子核！这一结果似乎很出人意料，但很多人忘了，中子并不单单是粒子，它是具有波粒二象性的，慢中子的波长更长，更容易击中原子核。

费米发现"慢中子效应"的消息，立刻传遍了物理圈，很多研究机构都加入中子轰击大军里来，开始研究核物理。正是：

> 中子慢吞吞，能破原子核。
>
> 谜团一朝解，谁知祸与福？

1936 年，意大利国内的政治局势也开始恶化。法西斯独裁者墨索里尼（1883—1945）和希特勒互相勾结，结成了法西斯集团。1938 年，德国吞并奥地利。同年 5 月，希特勒访问罗马，罗马组织了大游行。费米目睹了参加游行的法西斯分子的歇斯底里。他痛苦地对身边的人说："墨索里尼发了疯。看来只有打倒他，意大利才有望得救。"同年 7 月 14 日，墨索里尼公布了反犹太人的《种族宣言》。这一宣言成了压垮费米的最后一根稻草，因为他的妻子是犹太人，他的两个孩子也自然有犹太血统。墨索里尼像希特勒一样，制定了很多迫害犹太人的政策，费米一家在意大利很难待下去了，他开始考虑离开意大利。费米给美国的 4 所大学发去了求职信，结果，他收到 5 所学校的回信，最后，他决定选择哥伦比亚大学。

不久，在哥本哈根的一次学术会议上，玻尔把费米拉到一边，悄悄问他，如果他被授予诺贝尔奖，考虑到当前意大利的政治形势和外汇方面的限制，他是否会接受这份荣誉。费米立即向玻尔保证，如果他被授奖，他将非常乐意接受，而且，他也悄悄告诉玻尔，他已经在做离开意大利的打算了。

1938 年 12 月 10 日，费米带着妻子和两个孩子去瑞典领取诺贝尔物理学奖，他已经暗中安排妥当，等领完奖就携全家逃往美国。意大利纳粹政府要求费米在接受颁奖的时候行一个法西斯军礼，但是费米根本不理会纳粹分子这一套，他没有做任何动作。颁奖仪式结束后，他就带领全家登上了轮船。1939 年 1 月 2 日，费米一家到达纽约，彻底逃离了纳粹统治下的意大利。

事实上，像爱因斯坦和费米这样的情况并非个例。在纳粹的驱逐和战争的阴霾下，欧洲大量科学家不得不逃离故乡，美国是欧洲人建立的移民国家，所以成为逃亡的首选之地。据美国官方统计，1933 年到 1941 年，欧洲有 100 多名物理学界的精英移居美国。随着物理学家的移民，世界物理学的中心开始逐渐向美国转移。

话分两头。却说当年费米用中子轰击铀得到 93 号元素的说法，几年来已经得到了大多数物理学家的盲目认同，甚至还被写入了教科书。人们纷纷开展相关实验，以期寻找 93 号以后的元素，德国柏林大学的化学家奥托·哈恩（1879—1968）就是其中之一。1938 年 12 月，哈恩也做了慢中子轰击铀的实验。经过一系列精细的化学检验，他确定在产物中出现了 56 号元素钡。这让哈恩迷惑不解，他无法相信一个小小的中子怎么能让铀原子丢掉近一半的核子，于是将实验结果写信告诉了跟他长期合作过的同事迈特纳，寻求迈特纳的帮助。

莉泽·迈特纳

莉泽·迈特纳正是前面提到过的王淦昌的导师，她是奥地利人，但一直在德国工作。她在柏林大学与哈恩合作了 30 年，二人共同取得了很多研究成果。但是，迈特纳也是犹太人，在纳粹的迫害下，她不得不于 1938 年 7 月离开德国，流亡到瑞典的诺贝尔研究所工作。迈特纳有一个外甥，叫弗利胥，也是物理学家，于 1934 年流亡到丹麦，在玻尔的哥本哈根研究所工作。1938 年 12 月 21 日，迈特纳收到了哈恩寄来的信件，当时，她已经与自己的外甥约好一起到瑞典西部的一个小村庄度假，她带上信就出发了。

两天后，迈特纳和弗利胥会面了。姨甥二人虽然是来度假的，但三句话不离本行，他们谈论的话题还是物理。迈特纳把哈恩的来信拿给弗利胥看。

弗利胥看了，对哈恩的结果表示怀疑，他说："姨妈，这个实验费米 4 年前就做过了，得到的是 93 号元素，教科书上都写了，怎么可能有错？我看，一定是哈恩弄错了。"

迈特纳说："孩子，我与哈恩一起工作了 30 年，我知道哈恩是什么样的人。他工作非常严谨，如果没有十分把握，是不会给我写信的。"

弗利胥摊摊手，表示还是不敢相信。

迈特纳继续说道："我在路上已经想了两天了，据我猜测，应该是铀核被中子击成了两半，所以才会出现钡。"

"击成两半！？"弗利胥吃了一惊，"这怎么可能？"

迈特纳仍然坚持："我想，只有这一个解释！我们现在最好能从理论上证明这个结果。"

弗利胥被迈特纳打动了，他开始静下心来思考这一结果。突然，他想起了玻尔提出的"液滴核模型"。他在玻尔研究所工作，对玻尔的理论很熟悉。他兴奋地说："姨妈，我想起来了，玻尔不久前刚提出一个原子核的结构模型，按他的模型，在某些情况下，可以把原子核想象成一个水滴，在外来能量的作用下，水滴可能由于振动而拉长。"

迈特纳一听，说："这就对了！水滴既然能拉长，就有可能分裂成两个小水滴！"

姨甥二人兴奋不已，商量半天后，给他们的新发现起了个形象的名字——核裂变。

确定了核裂变以后，两人立即按玻尔的模型进行了理论计算，结果表明，铀核确实是一个不稳定的"液滴"，很容易在很小的触动下一分为二。可是，这时又出现了一个困难：在一个铀原子核分裂成两半后，这两半会因电磁斥力而作高速反向运动，其速度高达光速的 1/30，这会产生约 2 亿电子伏特的巨大动能，可是，能量是不会凭空产生的，这么大的能量，究竟是从哪里来的呢？两人百思不得其解。

猛然间，迈特纳想到了相对论里最著名的方程——质能方程：$E=mc^2$。她曾经听过爱因斯坦的讲座，对质能方程印象非常深刻，没想到，这时候派上了用场。她很快算出，铀核裂变以后，要减少约 1/5 个质子的质量。用 $E=mc^2$ 一算，1/5 个质子质量的消失正好转化成 2 亿电子伏特的能量。拼图终于合拢了！

1939 年 1 月 3 日，弗利胥回到哥本哈根，立刻去找玻尔汇报。玻尔这时正准备到美国去，美国普林斯顿高级研究院邀请他去访问一段时间，他也正想去会会爱因斯坦，就答应下来。弗利胥抓紧时间把他和迈特纳的研究结果告诉玻尔。

玻尔听完后，拍着自己宽阔的脑门说："啊，我们过去全是一群笨蛋！你说得太妙了，肯定就是这么回事！"然后他问道："你们写论文了吗？"

弗利胥回答："还没有。"

玻尔一把抓住弗利胥的手说："赶紧写，这是一项改写历史的重大发现！不用长篇大论，先写一篇通讯，保护优先发现权。"

受到玻尔的肯定，弗利胥信心倍增。3 天后，他就完成了初稿，题目是《中子引起的铀分裂：新型核反应》，并同玻尔作了深入讨论。玻尔第二天上午就要乘船去美国了，因此弗利胥那天晚上连夜将论文修改稿打印出来。第二天，他赶到车站，把两页纸的文稿交给了玻尔，玻尔和他在车站又讨论了半个小时。出发前的那一刻，玻尔叮嘱弗利胥尽快给《自然》杂志投稿，而且他答应在文章付印之前，不向美国同行透露文章内容，以保证弗利胥和迈特纳对核裂变的优先发现权。

和弗利胥道别后，玻尔带着那份至关重要的文稿登上了去往哥德堡港口的火车，在那里，他要踏上远洋巨轮，去往大洋彼岸的美国。玻尔这一去，将会引出多少故事？且听下回分解。

第三十五回

生死时速　德美赶制原子弹
紧急叫停　费米险泄核机密

玻尔这趟美国之行，带了两个人，一个是他的儿子埃里克，另一个是他的秘书罗森菲尔德。本来，玻尔去美国的首要目的是与爱因斯坦交换对于量子力学本质的看法，他对即将到来的与爱因斯坦的交流非常重视，所以特意带了秘书，任务是记录交流时双方的谈话，以便从中寻找思想的火花。但是，核裂变的突然出现，打乱了他的节奏，现在，他把爱因斯坦放到了第二位，在 9 天的越洋行程中，他想得更多的是核裂变的问题，他一路上都在与罗森菲尔德讨论弗利胥的论文。

1939 年 1 月 16 日，弗利胥正式向《自然》杂志投稿了，而且，在这短短的 9 天之内，他还做实验证实了铀核分裂放出的巨大能量，因此，他一次投了两篇稿件，除了交给玻尔的那篇以外，还有一篇《在中子轰击下重核分裂的物理证据》。巧合的是，就在同一天，玻尔搭乘的轮船也在美国纽约靠岸了。

前来迎接玻尔的，有他的老熟人、刚刚在纽约哥伦比亚大学落脚不到半个月的费米，还有玻尔的学生惠勒。惠勒是美国人，曾经在玻尔的研究所做过博士后研究，回美国后在普林斯顿大学任教，他是专程来接玻尔到普林斯顿的。

玻尔上岸后，与费米和惠勒寒暄、握手，这时候，他对于理论上如何解释核裂变的机制已经有了明确的思路，但是他却对二人只字未提。他要信守自己的诺言，等弗利胥的论文发表之后再公开谈论核裂变。

费米邀请玻尔在纽约住一天，好好唠唠家常，玻尔同意了，他和他的儿子在纽约住了下来，而秘书罗森菲尔德则跟随惠勒前去普林斯顿打前站。

玻尔真的就和费米只唠了一天家常。他们谈论欧洲局势，谈论希特勒和墨索里尼的疯狂，谈论近在眼前的大战危机。但是对于核裂变，玻尔守口如瓶，一字未吐。

可是，等玻尔第二天到了普林斯顿大学，才发现出事了，有关核裂变的消息已经传得满天飞。原来，头天下午，惠勒和罗森菲尔德坐火车去普林斯顿，在路上，惠勒问罗森菲尔德他们最近有什么重大发现，罗森菲尔德不知道玻尔曾和弗利胥有过约定，就把发现核裂变的消息告诉了惠勒。惠勒一听，就觉得这真是一个惊人的消息，恰好当天晚上他要主持普林斯顿大学物理系的例行讨论会，当即邀请罗森菲尔德做一个 20 分钟的简短报告。盛情难却，罗森菲尔德只好答应了。

当天晚上，罗森菲尔德的报告引起了轰动，与会的物理学家们有的刚散会就回去安排实验，有的则打电话给朋友们，把消息向四面八方传递出去。所以，当玻尔第二天到达普林斯顿以后，他苦心保守的秘密已经成了公开的新闻。

玻尔在心中叫苦连天，他也来不及责备自己的秘书，赶紧跑去电报局，给哥本哈根拍了电报，催促弗利胥马上投稿，而且要尽快进行验证性实验。玻尔仍然不放心，又给英国的《自然》杂志写了一篇大约 700 字的短文，公布了他和罗森菲尔德在船上讨论得出的核裂变的机制，文中还特别强调，是迈特纳和弗利胥最早发现了核裂变的秘密。

苦等了近一个礼拜之后，玻尔终于收到了弗利胥的回电，得知弗利胥在他登陆美国那天就已经投稿并且做了验证实验，这时候，玻尔心中的石头才终于落地。玻尔心想，既然优先权无忧，消息也都走漏了，那就干脆开大会公布得了。

1939 年 1 月 26 日，玻尔参加了在华盛顿大学举办的理论物理学大会。在会上，玻尔做了关于核裂变的正式报告，他宣读了弗利胥的论文，其中有这样一段话："铀核的稳定性很差，因此它完全可能在俘获一个中子以后分裂成差不多大小的两个小核。从核的半径和电荷计算，这两个小核将互相排斥远离，并获得约 2 亿电子伏特的总动能。"

与会的科学家有一小部分已经从普林斯顿得到了消息，所以还能坐得住。而大部分科学家还没听说过，一听到玻尔的说法，瞬间炸开了锅，顿时议论纷纷：

"一个铀核裂变就能放出 2 亿电子伏特的能量，那如果是一公斤铀发生裂变，放出的能量将会是一公斤的 TNT 炸药爆炸的几百万倍，太惊人了！"

"是啊，这就是说，一公斤铀裂变，相当于几百万公斤炸药爆炸，这真是太可怕了！"

"玻尔说的是真的吗？我原以为，需要输入巨大的能量才能打破原子核，没想到，它反而会放出巨大的能量，这真是让人难以置信！"

……

1939 年 1 月 29 日，在哥伦比亚大学的实验室里，费米正和他的助手安德森忙碌着，他们在做验证核裂变的实验。费米的心情是沮丧的，他对这个实验的过程可谓了如指掌，4 年多前他就做过这个实验，还发表了所谓"93 号元素"的高论，但是现在，他成了失败者，胜利的果实被别人摘走了，那心情自然是不好受。只用了一天，他们就完成了实验，果然测出了一个能量脉冲特征峰，的确如玻尔所说，铀核裂变放出大约 2 亿电子伏特的能量。不过很快费米就顾不上沮丧了，他的脑海中出现了另一个念头——从理论上来讲，铀核裂变以后，分成两个轻核，而轻核的核子（质子与中子）里中子所占的比例比重核要低，这就意味着，核裂变的时候，会有多余的中子放出来，那么这些二次中子如果再击中周围的铀核，不就可以出现连锁反应了吗？可是，二次中子击中周围的铀核的概率有多大呢？这些疑问在他的脑海中久久萦绕着……

第二天，费米的办公室里闯进来一个人，费米一看，原来是自己的同事利奥·西拉德（1898—1964）。西拉德是匈牙利人，他也是核物理学家，比费米早几个月流亡到美国，也在哥伦比亚大学任教。西拉德面色苍白，他患了感冒，还没有全好，但他拖着病体来找费米，就是要与费米探讨核裂变中链式反应的可能性，这几天他也一直在琢磨这个事情。

利奥·西拉德

听完西拉德的叙述，费米说："铀裂变时放射二次中子而产生链式反应的可能性，我也想过了。我认为这个可能性是很小的。"

西拉德问："你说的可能性很小，到底是多小？"

"嗯——大概 10% 吧。"费米回答。

西拉德说："你看我患了感冒，如果医生跟我说，患感冒有 10% 的可能会病死，那我会被吓死的！"

费米陷入了沉思。

西拉德说："费米教授，我们何不试试呢？"

费米被说动了。两人约定，分别在各自的实验室进行实验，看看链式反应能不能发生。

在实验楼的地下室里，费米和安德森安装了一个大水箱。他们在水箱中部放了一个球形容器，容器中心放入中子源。中子源放射出的中子将在水中散射开来，并为水所减速，变成慢中子。水箱周围都是检测器，可以检测中子密度。然后，他们在水中放入一小块铀，让中子对它进行轰击，果然，检测器显示的中子密度增加了。这就说明，链式反应是有可能产生的。

　　同年3月中旬，费米测出来，铀核每次裂变产生的二次中子平均数目是2，也就是说，铀核被一个中子击中后，会放出两个中子。与此同时，西拉德的实验结果也出来了，和费米的结果一样。现在我们知道，铀-235的原子核被中子击中后，可能会分裂成不同的轻核，有时会放出3个中子，有时会放出2个，平均来说，裂变产生的中子数是2.5个。一个典型的例子是：铀-235被分裂成钡-142和氪-91，并放出3个二次中子（见图35-1）。如果这些二次中子继续击中周围的铀核，就会发生链式反应（见图35-2）。如果铀块比较小，二次中子容易从铀块表面逃逸出去，链式反应就会逐渐减弱并消失；但是，如果铀块比较大，链式反应就会一直持续下去并达到一个能量临界点，这时就会发生剧烈的爆炸，这就是原子弹的原理。

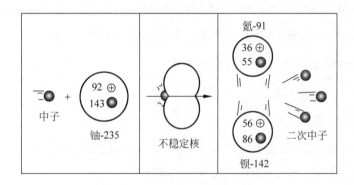

图 35-1　核裂变过程示意图

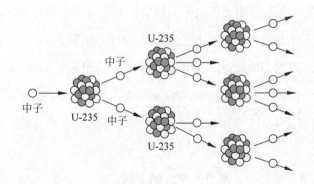

图 35-2　链式反应示意图

　　费米和西拉德确认了实验结果以后，费米想写成论文发表，但西拉德阻止了他。西拉德意识到，一旦论文发表，所有人都会想到，链式反应可以用来制造威力无比的原子弹，如果被纳粹德国得知那就糟了，应该严守这个秘密。费米则不以为然，他认为谈论原子弹还为时过早，原子弹不是那么好造的，不过，他还是答应了西拉德，没有发表论文。

但是，西拉德和费米苦心保守的秘密，不到一个月就曝光了。1939 年 4 月 22 日，《自然》杂志上刊登了一篇文章，题目是：《铀裂变中释放出来的中子数目》。原来，不但费米和西拉德想到了二次中子和链式反应，远在法国的小居里夫妇也想到了，他们通过实验证实了这一结果以后，就写成论文发表了出来。小居里夫妇也许没有意识到，他们的论文将会给世界带来什么样的变化。

几天后，西拉德收到了远隔重洋寄来的那本《自然》杂志，他翻开目录，一眼就看到了那个醒目的标题——《铀裂变中释放出来的中子数目》。他的心跳一下子加速了，赶紧翻到那一页看了起来。看着看着，他发现论文中有一段话："如果把足够数量的铀放在适当的减速剂之中，链式裂变将会不断进行下去，直到达到介质的边缘为止。我们的实验结果表明这种条件极有可能得到满足。"西拉德的眉头锁了起来，他抓起杂志，一路小跑闯进费米的办公室，大声喊道："费米，费米，大事不好，你快看看！"

费米拿起摊在桌上的杂志说："我已经在看了。"

西拉德喘了口气，急切地问："我们该怎么办？"

费米反问："什么怎么办？"

西拉德说："德国人一定会开发原子武器，我们也得赶紧行动起来！"

费米有点不太相信："你确定德国人会造原子弹？"

西拉德说："以我对德国人的了解，他们的嗅觉极其灵敏，他们一定会想到的。希特勒是个战争狂人，他什么事都能干得出来，如果让他拥有原子弹，欧洲就完了！"

费米说："那我们能做什么？他要想造，我们也没办法阻止他。"

西拉德说："我们必须赶在德国人之前，把原子弹造出来！"

费米沉思了一会，说："研究原子武器是一个大工程，仅靠我们两人不可能办到。"

西拉德说："没错。不过，我们可以想办法取得美国政府的支持，动用国家力量来和德国竞争。"

费米点点头："嗯，说得对，最好有军方的支持。"

西拉德脑子转得飞快，他的脑海中瞬间就有了想法，他说："我们俩刚来美国不久，跟美国军方还不熟。我有一个匈牙利老乡叫尤金·威格纳（1902—1995），他在普林斯顿大学任教，来美国已经好几年了。听说他认识海军的人，我叫他给咱们牵线，看能不能和军方联系上。"

费米说："好，就这么办！"

且说就在西拉德为了和美国军方取得联系而四处奔忙时，德国已经采取行动了。西拉德猜得没错，小居里夫妇的文章一发表，立刻引起了德国物理学界的高度关注，哥廷根大学的哈特克（他曾是卢瑟福的学生）迅速向陆军部提出了核武器研究的建议。同年 4 月29 日，德国召开了一次绝密会议，会议决定：开展核武器研究计划，由海森伯主持理论研究工作，由哈特克主持铀 -235 同位素的分离工作。几天后，德国政府全面接管了捷克斯洛伐克的铀矿，并禁止了铀矿的出口。事情就是这么巧，德国在一个多月前刚刚占领了捷克斯洛伐克，而捷克斯洛伐克是欧洲铀矿蕴藏量最丰富的国家。

美国这边，西拉德和威格纳经过多方联络，与海军部联系上了，海军作战部长的技术助理、海军上将胡珀表示愿意听听科学家们的声音。西拉德等人经过商议，推选费米去跟海军部商谈。大家选择费米的理由是，他半年前因核物理而获得了诺贝尔奖，他的声音自然最有分量。

费米按预定的时间赶到海军部赴约。在座的除了胡珀外，还有几个军官和两个文职人员。费米预先准备了一个精心的报告，他给大家讲了一个小时的中子物理学。可是，在座的人对物理都是一知半解，费米的报告让他们昏昏欲睡。当费米讲到聚集足够大质量的铀可能会造出原子弹时，一位军官打断了他，问道："原子弹能放到大炮的后膛里吗？"费米说："先生，核物理学家是不愿意从炮筒里来看待核物理的。"那位军官仍不知趣，又问："那么核物理学家经常玩的那个核有多大？"费米强忍怒气，故意回答："可能像一个小星球那么大。"这时，胡珀制止了自己的下属。会议室里安静了下来，大家都听得云里雾里，都没什么话再说。胡珀本人其实也没听懂，他问费米："教授，你有把握造出原子弹吗？"费米很谨慎地回答："这只是科学上的一个设想，能不能造出来，后续还需要做一系列实验来验证，所以，现在我不能给你一个肯定的答复。"胡珀点点头："我们愿意与你保持联系，有机会的话，我们会派代表去你的实验室看看。"

费米只好告辞。回来后，他把胡珀的话复述给西拉德。胡珀这模棱两可的话语，让费米和西拉德捉摸不透，似乎是婉转地拒绝，但好像还留了一点机会，两人只好决定先等等再看。当然，他们也没闲着，继续紧锣密鼓地做实验，探索控制链式反应的可能性。

费米和西拉德认识到，当务之急是先造一座反应堆，实现大规模的可控链式反应，这样才能搜集需要的实验数据，进一步验证原子弹的可能性。可是，要想建造反应堆，还有一个大问题需要解决：得到更多的慢中子。这就需要有良好的中子减速剂。当初在意大利，费米最先发现石蜡可以做减速剂，后来，科学家们发现重水是更好的减速剂。通常氢元素中，含有大约 0.02% 的重氢（原子核中有一个质子和一个中子的氢），由重氢和氧组成的水就是重水，在天然水中，重水的含量也是 0.02%。但是，从水中分离重水是很费时费力的一件事情，重水的生产是极其昂贵和困难的，不易得到。

造反应堆需要大量的重水，西拉德和费米都清楚，他们在美国不可能搞到大量重水，于是他们开动脑筋，想寻找一种更方便的减速剂。6 月的时候，两人决定用高纯石墨试一试。石墨是一种很容易得到的东西，铅笔芯就是石墨做的。不久，实验结果出来了，高纯石墨是非常理想的减速剂，又便宜又好用。

此时，费米又准备写论文了。西拉德得知以后，意识到此事非同小可，立即跑到费米的办公室，劝阻费米千万别发表这一研究成果。这一次，费米终于发火了。

费米冲西拉德喊道："荒谬，太荒谬了！为了你那臆想中的德国原子弹，我们已经失去了一次机会，让小居里夫妇抢了先。这一次，我再也不能犯那样愚蠢的错误了！"

西拉德冷静地说："费米，这个发现也有我的功劳。你已经是获过诺奖的人了，而我什么荣誉也没有，你以为我不想发表？但是，在人类的命运面前，我们个人的荣誉算得了什么？"

费米愤愤地说："我们不发表，一个月后也会有别人发表。我们已经吃过一次亏了，这次，我绝不会听你的！"

西拉德知道多说无益，转身走了。

费米刚松了一口气，没想到，不一会儿，西拉德又回来了，而且还带来了一个人——哥伦比亚大学的校长。校长经过慎重考虑后，认为西拉德说得有道理，于是也来劝费米保密。

俗话说，在人屋檐下，不得不低头，校长的面子费米不能不给，纵然心中有万般不情愿，也只好答应下来。

当时，西拉德和费米都没有意识到，他们对石墨减速剂的保密，可以说是一次改变世界历史进程的事件。

却说德国的原子弹计划启动以后，总设计师海森伯也为重水问题头疼不已，他也在努力寻找一种新的减速剂。当时，世界上唯一一座能够大量生产重水的工厂在挪威，每月也只能生产 10 公斤，而德国自己是没办法生产重水的。

1939 年 12 月 6 日，海森伯给德国陆军部战时办公室递交了一份备忘录。他指出，需要找到一种合适的减速剂才能制造反应堆，"有迹象表明，重水或很纯的石墨可能满足要求"。他还指出，建造一个反应堆最可靠的办法是"需要浓缩铀-235，浓缩度越高，反应堆就可以造得越小"；而且浓缩铀-235也是"制造比已知威力最大的爆炸物还大几个数量级的爆炸物的唯一方法"。

1940年1月，海森伯委托德国的实验物理学家进行了用石墨作为减速剂的实验。可能是因为他们用的石墨不够纯，也可能是别的原因，总之，他们的实验失败了，结果不理想。海森伯得到的报告是，石墨会吸收过多的中子而不宜作减速剂。石墨就这样被否定了。于是，海森伯面前只剩下一条路——用重水。从此，德国的原子弹研究走上了注定会失败的道路。

用重水作减速剂，给核研究带来的困难比用石墨不知要大了多少倍，这就大大延缓了德国原子弹的研制速度，使他们的先发优势丧失殆尽。虽说历史不能假设，但是，假如费米在1939年7月将石墨减速剂公之于众，那将会带来什么样的后果？海森伯还会放弃石墨吗？可以说，正是西拉德的极力劝阻，才改变了历史的进程。正是：

> 核武竞赛似棋局，一着不慎满盘输。
>
> 若非西拉劝费米，鹿死谁手未可估。

1939年7月，距离费米拜访美国海军部已经过去了两个多月，但是，胡珀那边一直没有音讯。对原子弹研究最为热心的西拉德急得像热锅上的蚂蚁，他意识到，胡珀不过是在说客套话而已，他可能已经忘了那次会面，不能再徒劳地等下去了，必须寻找新的支持者。

因为阻止了费米发表论文，费米最近对西拉德比较冷淡。西拉德很苦恼，他为了原子弹四处奔走，却屡遭冷遇，他需要人理解、支持和商量，这时候，他的匈牙利老乡成为了他最为依靠的人。西拉德有两个要好的老乡，一个是上次帮忙跟海军部牵线的威格纳，另一个是他在哥伦比亚大学物理系的同事爱德华·特勒（1908—2003，曾是海森伯的学生，后来成为美国的"氢弹之父"），于是西拉德找到他们，谈及他的苦恼以及担心。威格纳和特勒都很理解西拉德的苦心，他们也认为，必须尽快开展原子弹的研究，而且一定要寻求美国政府的支持。这3位从匈牙利流亡到美国的物理学家商量来商量去，觉得他们3人的名气不够大，他们的声音是无法打动美国政府的，最后，他们不约而同地想到了一个人——爱因斯坦。

爱因斯坦对核物理并不关心，他当时正在致力于研究相对论的第三层境界——统一场论，这是一个超越了那个时代的研究，正所谓曲高和寡，研究者寥寥。西拉德之所以想到爱因斯坦，是因为爱因斯坦的声名如日中天，上至总统、下至百姓，没有一个人不知道爱因斯坦的名字，爱因斯坦出面，说话的分量自然就重得多。另一个原因是，爱因斯坦是西拉德的老熟人了，虽然爱因斯坦比西拉德大近20岁，但是二人可谓是忘年之交，西拉德有把握说服他。

十几年前，西拉德在柏林大学就读时，经常在听讲座时坐到爱因斯坦旁边，和爱因斯坦聊一些他的想法，慢慢地两人就成了朋友。1925年，西拉德和爱因斯坦在报纸上读到一条消息，说柏林有一家人因电冰箱冷却剂泄漏而被毒死，两人很受触动，就想设计一种更安全的冰箱。从1928年到1930年，他俩设计了一种新型电冰箱，一共登记了几十项相关专利。他们发明了一种电磁泵，取代了常见的压缩泵来驱动冰箱。不过，因为电磁泵噪声较大，成本也高，所以他们的专利被一家厂商购买以后，最终只做出一个样品，没能投入市场，这些专利也被积压在历史的尘埃里，再没有人关注。

却说西拉德等3人商议已定，由西拉德出面，劝说爱因斯坦上书美国总统罗斯福，以获取美国政府的支持。1939年7月16日，特勒开车带着西拉德，两人一起去普林斯顿大学拜访了爱因斯坦。西拉德向爱因斯坦讲述了有关铀裂变的实验，以及铀裂变可能产生链式反应的种种计算、推断。爱因斯坦听了十分惊讶，用德语说："我从来没有想到过这一点！"

西拉德向爱因斯坦陈述了核能作为一种新型能源的可能性，以及制造原子弹的紧迫性。终于，爱因斯坦被说服了，他答应给罗斯福总统写信。西拉德喜出望外，回去以后，他就赶紧起草信的草稿，然后寄给爱因斯坦。1939年8月2日，爱因斯坦请西拉德过来，两人一起把草稿重新修改了一遍，最后，西拉德把信件打印出来，爱因斯坦郑重地签上了自己的名字。

欲知后事如何，且听下回分解。

第三十六回

军方介入　费米造出反应堆
惊天巨响　地球腾起蘑菇云

1939 年 10 月 11 日，罗斯福收到了爱因斯坦的来信。西拉德猜得没错，爱因斯坦的声望使总统对此信极为重视，10 月 19 日，罗斯福成立了"铀顾问委员会"，负责核能武器研究事务。委员会由国家标准局局长布里格斯、陆军代表亚当森中校和海军代表胡佛中校组成。

铀顾问委员会的第一次会议 10 月 21 日在华盛顿召开。西拉德、威格纳、特勒和费米都受到了邀请，不过，费米对海军的不满情绪未消，借故没有参加会议，他知道这些军人们根本无法想象原子弹的威力，所以不想再去受气，他让特勒代替他在会上发言。

当天，会议的讨论很快就集中到了原子弹上。西拉德强调了在铀 - 石墨系统中发生链式反应的可能性，以及由此来设计一个两万吨 TNT 当量的核炸弹的可能性。不过，陆军代表亚当森打断了他的话，亚当森嘲讽地说："几个月前，我们宣布谁能用激光杀死一头羊，就给他 10 万美元，可至今还没人能前来领这笔奖赏。至于两万吨炸药的爆炸，这么说吧，有一次军火库爆炸，我正好站在它的外面，但我挺住了，它并没有把我摔倒在地。"

西拉德被一顿抢白，心中又气又急，还不能发作，只好闭口不言。会场一时陷入尴尬的沉默。特勒一看这情势，决定出来说几句打破僵局，况且他还有为费米代言的任务。他提出，研究链式反应需要石墨，而高纯石墨是很贵的。

没等特勒讲完，亚当森就问："这需要多少钱？"

特勒以为亚当森只是随口问问，他没太仔细考虑，回答道："大概 6000 美元吧。"

亚当森一听，原来就这么点钱，他大手一挥，豪气十足地说："那就满足你们！"他还意犹未尽，站起来发表了一番慷慨激昂的演说："我觉得，各位预想用一种新式武器来为国防做出贡献的想法未免太天真了。经验告诉我，一种新式武器，一般需要经过两次战争才能检验出它行还是不行。另外，先生们，更重要的一点是，最终决定战争的，不是武器，而是士气！"

科学家们面面相觑，无话可说。

这次会议的结果，就是政府决定给费米等人拨款6000美元进行核研究。实际上，区区6000美元是远远不够的，费米不得不自己想办法筹措资金。尽管困难重重，费米和同事们还是造出了第一个试验反应堆。他们用石墨堆起了一个宽窄近一米、高两米多的柱子，在石墨堆下面放置了一个中子放射源，然后在石墨堆中间按一定顺序嵌入氧化铀块，进行链式反应研究。

1940年4月，在费米的一再催促下，明尼苏达大学的化学家尼尔成功地分离出了少量的铀-235。铀-235的分离是很困难的，因为在一吨铀矿里头只能提炼出来一两公斤天然铀，而天然铀中，铀-235的含量只有0.72%，剩下的全是铀-238，而只有铀-235可作为核燃料。因此，要想利用铀-235，必须对铀进行浓缩提纯。因为铀-235和铀-238的化学性质几乎相同，没办法用化学反应将它们分开。它们之间的唯一差别，就在于铀-235比铀-238要轻一点点，所以人们就靠这一点密度上的差别将它们分离开来，其难度可想而知。

对核物理学家们来说，铀-235的成功分离本来是一个好消息，可到了铀顾问委员会那里，它的分离难度却让委员们对核能的价值更加怀疑。因此，铀顾问委员会在4月27日召开的第二次会议决定，必须等到费米的研究有了结果后再进行第二次拨款，以免浪费资金。就这样，由于资金不足，费米的研究进展缓慢，美国的核研究处于停滞不前的状态。

与此同时，1940年4月到6月，德军用两个月时间攻占了挪威。这样，挪威的重水工厂就落入了德国手中，从此，德国有了源源不断的重水供应。但是，由于重水反应堆制造起来困难重重，因此，德国的原子能研究也步履缓慢。

一年的时间很快就过去了。1941年6月22日，希特勒动用190个师、3500辆坦克和5000多架飞机，发动了入侵苏联的闪电战。入侵之初，德军势如破竹，苏军节节败退。11月，德军兵临莫斯科城下，似乎胜利在望。但是在这里，德军第一次尝到了失败的滋味。经过40多天的激烈战斗，德军再也无力进攻，苏军转入反攻，德军开始败退。在这种不利形势下，1941年12月，希特勒下令，一切不能在短期内投入战争使用的科研项目，一律不予支持。从此，德国的原子弹研究不再受重视。由于资金受限，德国已经基本放弃了原子弹的研究，转而集中精力研究能产生能量、驱动机器运转的"铀锅炉"。

同样在 1941 年 12 月，日本偷袭珍珠港，美国卷入第二次世界大战，于是，美国政府
对核武器的研究一下子变得重视起来。不久，美国正式制定了代号为"曼哈顿"的绝密原
子弹计划，罗斯福赋予这一计划以"高于一切行动的特别优先权"。曼哈顿工程的领导人
是来自陆军工程部队的格罗夫斯准将。由于格罗夫斯对核物理知之甚少，他选择了年轻的
量子物理学家和核物理学家奥本海默（1904—1967）担任他的技术顾问。

奥本海默将原子弹研究分成三大块，分别指定 3 位美国的诺贝尔奖得主领导。因发明
回旋加速器而获得了诺贝尔物理学奖的欧内斯特·劳伦斯（1901—1958），负责铀 -235 的
电磁分离方法研究，以及对另一种核燃料——钚 -239 的研究。因发现重氢而获得了诺贝
尔化学奖的哈罗德·尤里（1893—1981），负责铀 -235 的其他分离方法研究。因在实验上
证实了爱因斯坦的光子理论而获得了诺贝尔物理学奖的阿瑟·康普顿（1892—1962），负
责链式反应研究和核弹理论研究。

康普顿是芝加哥大学的物理系教授，自然地，他把链式反应的研究地点放在了芝加哥
大学。他成立了一个研究团队，费米、特勒、西拉德、威格纳等人都被召集进来，出于保
密需要，对外宣称为"冶金实验室"，康普顿任实验室主任。费米虽不情愿，但还是毫无
怨言地将他的石墨堆从纽约搬到了千里之外的芝加哥。西拉德等人也从纽约搬了过来。现
在，经费已经不是问题，康普顿任命费米为冶金实验室的副主任，负责第一座可控反应堆
的设计和建造。这座反应堆主要用来进行各种原理性测试。

经过前期设计和准备，1942 年 11 月，世界
上第一座核反应堆"芝加哥一号"在费米的领导
下正式开工建设。他们把地址选在芝加哥大学体
育场看台下面的一个废旧壁球场。这个反应堆有
7 米宽，6 米高，是用 400 吨精心打磨过的石墨一
层一层垒起来的（见图 36-1）。隔层的石墨上挖
了很多凹槽，用来放置氧化铀和金属铀。就这样，
一层是纯石墨、一层是放置了核燃料的石墨，交

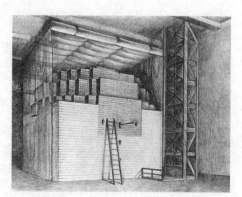

图 36-1　"芝加哥一号"核反应堆

替叠放总共垒了 57 层。石墨堆中间还留下了一些缝隙插入镉棒，镉棒可以吸收中子，中
子被吸收了，链式反应就没法持续下去，所以镉棒被用作控制棒，来控制整个反应堆链式
反应的进行程度。

1942 年 12 月 2 日清晨，费米带领研究小组在反应堆前集合，今天，他们要正式运行反应堆了。尽管从设计角度来说，反应堆应该是万无一失的，但是为了防止意外发生，研究组还是采取了很多预防措施。甚至还有一个由 3 名年轻物理学家组成的"敢死队"，他们拎着盛满镉液的大桶站在反应堆上，如果出现最糟糕的情况，就把几大桶镉液浇到反应堆上。

在做好了一切安全准备工作之后，费米开始指挥工作了。他下令将控制镉棒抽出一半，中子强度立刻就增加了，测量仪器咔咔地响了起来。经过计算，费米命令将控制棒再拔出 6 英寸。就这样，控制棒被一点一点地拔出，然后测量，计算；再拔出，再测量，再计算。每次把控制棒拔出一点，中子强度都会增加，然后稳定到一个新的高度。现在中子强度已经非常强了，有些仪器已经不能在这样的环境下正常工作，必须进行调整。费米确定了新的数据后，知道临界值已经近在眼前，他让大家做好准备，沉着地下了命令：再将控制棒拔出 6 英寸。人们紧张地盯着测量仪表，手心中都攥出了汗，"敢死队"也提起了大桶，准备随时把镉液浇下去。控制棒被拔出来了，计数器立刻疯狂地响了起来，仪表的指针不再像前几次那样，达到一个新的高度然后稳定下来，这次中子的强度不断地增长，丝毫没有停下来的意思。费米的眼睛紧盯着仪表和手中的计算尺，一直过了十几分钟，指针始终没有停止下来，这意味着，链式反应在不断地持续，规模越来越大。这时，费米终于露出了欣慰的笑容，他大声宣布："反应堆已经实现了自持！"

"成功了！"人们大声欢呼起来。大家激动地相互握手、拥抱、祝贺。

就在人们还在庆祝之时，康普顿已经回到了办公室。他拿起电话，向美国国防研究委员会主席报告这个喜讯。他用暗语汇报道："那个意大利航海家已经登上了新大陆。"

话筒里传来了问话："当地人友好吗？"

康普顿回答："很友好，所有人都平安登陆。"

反应堆这边，控制棒被重新插入石墨堆，链式反应逐渐停止了下来，反应堆恢复了沉寂。欢庆的人群渐渐散去，这时，西拉德走到费米身边，忧心忡忡地说："今天，将成为人类历史上一个黑暗的日子。"

费米愣住了，西拉德向来在这件事上是最积极奔忙的，今天这是怎么了？西拉德叹着气走远了，费米望着西拉德的背影，陷入了沉思，是啊，按计划，下一步就要造原子弹了，这对人类意味着什么？可是，制造原子弹现在已经是箭在弦上，不得不发了，庞大的政府机器已经运转起来，接下来的事已经由不得他们了。

费米的实验成功以后，美国开始筹划原子弹的制造。为了确保成功，美国的原子弹计划同时采取了两套方案。一套方案是将高纯度的铀 -235 从铀块中分离出来，制造铀炸弹；另一套方案是通过反应堆制造出钚 -239，制造钚炸弹。钚在自然界中并不存在，自然界的元素只到 92 号元素铀，而钚是 94 号元素，但是在核反应堆里，中子击中铀 -238 以后，它会吸收这个中子，进而发生两次 β 衰变变成钚 -239。

为了生产钚 -239，需要建造巨大的反应堆，格罗夫斯委托美国大化工企业杜邦公司在华盛顿州的汉福德建造 3 座反应堆。这是费米的"芝加哥一号"的巨大翻版。不过，"芝加哥一号"的功率从未超过 200 瓦，而 3 座汉福德反应堆每一座的功率都在 2.5 亿瓦以上！经过 4.2 万名建筑工人日夜不停地施工，第一座汉福德反应堆终于在 1944 年 9 月开始运行。钚原料被源源不断地生产出来了。

建在田纳西州东部荒野橡树岭中的克林顿工厂，是"曼哈顿工程"的第二个组成部分。这一规模宏大的工厂占地面积达到了 240 平方公里，包括电磁分离厂和气体扩散厂，目的是把铀 -235 与铀 -238 分离开来，以便得到高浓度的铀 -235。克林顿工厂曾先后召集建筑工人达 40 万人，耗资非常巨大，经过艰苦的建设，于 1944 年 10 月开始运行。铀原料也被源源不断地生产出来了。

原子弹的设计和制造基地，选在了新墨西哥州一处荒无人烟的地方——洛斯阿拉莫斯。格罗夫斯力排众议，任命奥本海默为洛斯阿拉莫斯实验室的主任以及原子弹的总设计师。1943 年 1 月，工程兵特遣队进驻洛斯阿拉莫斯开始施工，他们按照奥本海默的要求，建造实验室和专家住房。随着科学家们源源不绝地涌向此地，一年后，在这块荒凉的高地上，竟建起了一座城市。不过，科学家们一来到这座城市，就仿佛从世界上消失了一样，音信全无，因为这座城市在地图上根本就找不到，与外界完全隔绝。只有极少数人知道这座城市的代号——Y 基地。

1944 年 9 月，汉福德反应堆开始正常运行，费米终于可以把全部精力投入到原子弹的研究了。他早已是洛斯阿拉莫斯研究基地的顾问，但因为忙于汉福德反应堆的建设，所以只能两头来回跑。现在，反应堆已经没问题了，他带着夫人和孩子，把家搬到了洛斯阿拉莫斯。费米的到来让奥本海默如虎添翼，他任命费米为副总设计师，主抓几个令他头疼的部门的工作。

在洛斯阿拉莫斯，一个亟待解决的问题是"临界质量"问题——制造一个原子弹到底需要多少裂变物质？如果裂变物质太少，一些中子就会逃逸出去，导致链式反应无法持续，就不能引起核爆炸。如果临界质量太大，那造一颗原子弹就耗费太大了，要知道，裂变物质制取困难，是非常宝贵的。最后，基地里的科学家们算出来，铀-235 和钚-239 的临界质量分别为 52 公斤和 16 公斤。这一用量是可以被接受的。德国的原子弹计划领导者海森伯，就是因为算错了铀-235 的临界质量，而最终失去了信心。海森伯认为需要成吨的铀-235 才能产生爆炸，这一巨大的用量，从心理上使德国人对造出原子弹持悲观态度。再加上希特勒对于短期内无法投入实战的项目不感兴趣，德国的原子弹计划实际上早就夭折了。

美国人并不知道德国已经放弃了原子弹的制造，他们得到情报，德国正在进行一项秘密的新式武器研究计划——U 计划。美国人认为，U 计划就是核武计划。为了阻止德国的核武研究，1943 年，盟军突袭了在德国掌握之中的挪威重水工厂，这样一来，德国的"核锅炉"研究也被大大延缓。事实上，德国的 U 计划研究的并不是原子弹，而是导弹。德国从 1936 年就开始研制导弹，当时，U 计划同时秘密进行着 V-1 巡航导弹和 V-2 弹道导弹两种导弹的研制工作。

1945 年 2 月，经过近两年的时间，洛斯阿拉莫斯基地里的科学家们将原子弹设计定型。根据铀-235 和钚-239 的不同特性，铀弹设计为枪式结构（见图 36-2），钚弹设计为内爆式结构（见图 36-3）。它们的基本原理都是：利用烈性炸药爆炸产生的强大推力，使数块小于临界质量的核装料块瞬间聚集在一起而超过临界质量，进而挤爆中子源释放中子引发核爆炸。枪式结构原子弹爆炸的时候核原料的利用率不高，只有 10% 左右，也就是说只有 10% 的铀爆炸，剩下的全浪费了；而内爆式的利用率可以达到 20%，相对更高效一些。

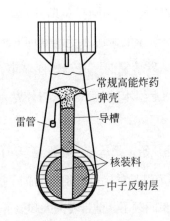

图 36-2　枪式结构原子弹原理示意图（雷管引爆高能炸药，使导槽中的核装料像炮弹出膛一样射入另外两块核装料中间，合起来成为一个球体并达到临界质量，同时中子源被触发产生中子，从而引爆核弹。中子反射层用铀-238 做成，作用是把逸出的中子反射回去，以提高链式反应的效率。中子反射层可以使铀-235 的临界质量降到十几公斤）

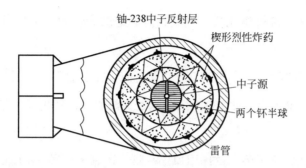

铀-238中子反射层
楔形烈性炸药
中子源
两个钚半球
雷管

图 36-3　内爆式结构原子弹原理示意图（将烈性炸药制成球形装置，通过电雷管同步点火，使炸药各点同时起爆，强大的内爆波挤压核装药向中心合拢，密度大大增加从而达到临界质量。当压缩波效应最大时，中子源被挤爆释放出中子，从而引爆核弹）

1945 年 6 月，进行原子弹爆炸试验的各项准备工作已经全部就绪。现在，万事俱备，只欠东风，就等着足够量的铀 -235 和钚 -239 来组装原子弹了。7 月，橡树岭和汉福德的工厂生产的铀 -235 和钚 -239 运来了，利用这些核原料，基地组装了 3 枚原子弹——一枚铀弹和两枚钚弹。

7 月 16 日凌晨两点，一辆辆大客车从洛斯阿拉莫斯基地鱼贯而出，一直开到大沙漠的中心区，在这里，科学家们要观察第一颗原子弹试爆，这是一颗钚弹，它已经被安装在了 30 公里外的铁塔上。5 时 29 分，倒计时 45 秒开始，随着最后一秒的到来，沙漠中传来一声巨响，一个巨大的火球腾空而起，半边天空都被照得通亮，人类历史上第一颗原子弹爆炸了！尽管人们早有心理准备，但还是被这毁天灭地的场景震惊得目瞪口呆，这次爆炸，超出了人类的想象。

费米在报告里这样描述了原子弹的爆炸："尽管我并没有直接向原子弹爆炸的方向看，但是仍然感觉到天地之间顿时闪亮起来，然后我透过厚厚的墨镜向爆炸方向望去，只见一团火焰迅速蹿升起来。几秒钟后，那团火焰暗淡下来，化作一根巨大的烟柱，烟柱的顶部开始向四周扩散，就像一个巨大的蘑菇冲上云霄，大概有 30 000 英尺高。"另一个在场的物理学家描述道："突如其来的一道闪光照亮天地，我从未见过如此强烈的闪光。它爆炸开来，咆哮着，好像在向我们冲过来。它的威胁不用眼睛就能够感觉到……它就像一个狂怒的魔鬼。"

望着天边的蘑菇云，总设计师奥本海默喃喃自语，他说了一句古印度流传下来的诗句："现在我就是死神，是这个世界的毁灭者。"

事后查看，安装原子弹的铁塔已经化为了蒸气，无影无踪，爆炸现场留下了一个百米深的弹坑，周围的沙子都被熔化成了玻璃状态。这次爆炸的当量相当于 2 万吨烈性 TNT 炸药。

此时，德国已经投降，日本虽然节节败退，但仍在负隅顽抗。据美军估计，如果要占领日本本土，美军至少还会牺牲 100 万人，这是无法承受的代价，于是，美国决定动用原子弹。

美国总共造了 3 颗原子弹，试爆用掉了一颗，还剩下两颗。8 月 6 日上午，一架美国轰炸机出现在日本广岛上空，弹舱打开，一颗原子弹打着转向地面坠落下去，在距离地面五六百米的高度爆炸。顿时，火球闪现，蘑菇云腾起，冲击波呼啸着卷过地面，无形的核辐射照向四方，整个城市化为一片废墟，人员伤亡无数。数小时后，黑色的放射雨从天而降，幸存者又遭受了二次伤害。广岛原子弹是一颗铀弹，代号叫"小男孩"，里边装有 64 公斤浓度为 80% 的铀 -235，但是实际爆炸当量大约为 1 公斤铀 -235，这是由于爆炸一瞬间，临界状态会被破坏，所以实际爆炸当量只有不到 2%。即便如此，这已经相当于 15 000 吨 TNT 爆炸。3 天后，长崎上空落下了第二颗原子弹，这是一颗钚弹，代号叫"胖子"，爆炸当量相当于 20 000 吨 TNT。长崎也化为废墟。8 月 15 日，日本投降，第二次世界大战结束。

遭受原子弹的轰炸，固然是疯狂发动侵略战争的日本军国主义咎由自取，但是，原子弹的恐怖威力也让部分科学家心生悔意，他们意识到，如果将来爆发核大战，人类文明将毁于一旦。战后，西拉德心灰意冷，他放弃了核物理研究，转而研究分子生物学。西拉德去找过爱因斯坦，表达了自己的后悔之意，爱因斯坦并没有埋怨他，不过，爱因斯坦也很后悔给罗斯福写信。在接受一次采访时，爱因斯坦说："如果我知道德国造不出原子弹，那我绝不会在那封信上签名。"虽然爱因斯坦后来积极呼吁并反对核武研究，他甚至发表公开电视演讲，反对美国制造氢弹，但是，"潘多拉魔盒"一旦打开，就不可能再关得住了。美国的核武库迅速膨胀，1948 年，核武器数量为 50 枚，1953 年，增加到了 1350 枚，1961 年，竟然达到了惊人的 23 000 枚。与此同时，苏联也在疯狂地生产核武器。美苏两国的核军备竞赛，给地球的未来蒙上了一层阴影。虽然两国后来签署了一些协议来限制核武器的数量，但是，其数量仍然足以毁灭地球几十次。人类消灭核武器的道路，注定任重而道远。唯一值得欣慰的是，原子弹研究的一个副产品就是人类发明了反应堆，进而发明了核电站，从而给核能的利用带来了一丝光亮。有诗叹曰：

核能乃是双刃剑，能当炸弹能发电。

但愿炸弹锁库中，和平利用绝后患。

话分两头。却说德国的原子弹计划虽然夭折了，但是研制导弹的 U 计划却取得了成功。1944 年 6 月，德军 V-1 导弹投入实战；9 月，V-2 导弹投入实战。第二次世界大战期间，德军向英国一共发射了 1120 枚 V-2 导弹，很多建筑物被炸毁，造成大量人员伤亡。

V-2 导弹在战争中的应用，引起了美苏两国的高度重视。美国和苏联虽然也有一些火箭研究，但是其水平却大大落后于德国。1945 年 4 月，美国抢先进入本属于苏联占领区的诺德豪森市，俘获了包括 V-2 导弹总设计师冯·布劳恩（1912—1977）在内的几百名德国导弹专家，还运走了大量图纸、资料以及 100 枚 V-2 导弹的零部件，足足装了 300 个车皮……带不走的设施，则被美军炸毁。美军撤走 6 小时后，苏联军队便赶到了，他们俘虏了剩余的导弹技术人员，并占领了德国火箭研究所。很快，美国和苏联分别在 V-2 导弹的基础上开始发展本国的导弹技术。

1946 年 5 月，美国成功进行了 V-2 导弹的发射试验，在此基础上，很快研制出本国的第一种导弹下士 1 号。1947 年 10 月，苏联成功发射了 V-2 导弹，然后又成功地仿制出该型导弹，命名为 P-1。此后，美国和苏联的导弹技术飞速发展起来。

在导弹技术发展的基础上，美国和苏联开始发展航天运载火箭。1957 年 10 月 4 日，苏联率先发射了在 P-7 洲际弹道导弹基础上改进的"卫星号"运载火箭，将人类的第一颗人造地球卫星送入太空。4 个月后，美国也成功发射了第一颗人造地球卫星。此后，火箭成为人类的一种新型运载工具，为人类走向太空做出了巨大贡献。

在第二次世界大战期间，还有很多新技术问世，其中最令人瞩目的就是电子计算机。战争期间，美国宾夕法尼亚大学的工程师莫希利受命为美国的阿伯丁试炮场制定各种火炮和炮弹的射表，由于弹道曲线的计算极为复杂和烦琐，为了解决计算问题，1942 年 8 月，他提出了试制电子计算机的 ENIAC（电子数值积分计算机）方案，得到军方的支持。很快，宾夕法尼亚大学成立了由莫希利和埃克特领导的研制小组，经过近 3 年的努力，终于在 1946 年 2 月研制成功。这台用 18 000 只电子管组成的计算机，有一间房子那么大，计算速度是每秒 5000 次加减法或 400 次乘除法，是机电式计算机的 1000 倍、手工计算的20 万倍。

美籍匈牙利数学家冯·诺伊曼（1903—1957）参与了 ENIAC 的研制，并发现了其中的缺点，于是，他在 1945 年提出了一种新的计算机方案——EDVAC（离散变量自动电子计算机），这是一种"存储程序通用电子计算机方案"。他发表了一份长达 101 页的报告，详细说明了 EDVAC 的逻辑设计，提出了计算机的体系结构——冯·诺伊曼结构。冯·诺伊曼结构计算机体系由五部分组成，即运算器、控制器、存储器、输入设备和输出设备。他还根据电子元件工作的特点，建议在电子计算机中采用二进制。1952 年，这种计算机正式制造成功。现在，计算机早已走入寻常百姓家，但是直到今天，计算机的基本设计仍然采用的是冯·诺伊曼结构，因此，冯·诺伊曼也被誉为"计算机之父"。

值得一提的是，美国科学家克劳德·香农（1916—2001）在 1938 年发表了论文《继电器和开关电路的符号分析》，明确地给出了实现加、减、乘、除等运算的电子电路的设计方法。香农还对信息进行了系统的研究，在 1948 年发表《通信的数学理论》一文，成为信息论的创始人。信息论对以后的通信技术和计算机设计产生了巨大影响。如果没有信息论，现代计算机是无法研制成功的。

如果说蒸汽机的发明把人类带进了"蒸汽时代"，发电机和电动机的发明把人类带入了"电气时代"，那么，电子计算机的发展则把人类带入了"信息时代"。正是：

原子能方才问世，航天器又上太空。

计算机日新月异，新时代欣欣向荣。

第三十七回

回形计划　卡门携钱赴欧洲
师拜同门　杨李相会芝加哥

1945 年 5 月的一天，在德国慕尼黑附近的一座美军军营里，被美军俘虏的德国 V-2 导弹总设计师冯·布劳恩（1912—1977）受到了提审。说是提审，实际上是很优待的，既没有手铐也没有脚镣，不过是被两个军人从一间屋子带到另一间屋子而已。

布劳恩走进屋子，只见里边有一张大桌子，桌子后面坐着两个人，都穿着笔挺的军装，他们示意他坐到对面的椅子上。布劳恩坐下以后，才发现对面两个人一老一少。他定睛一看，认出来老人竟然是大名鼎鼎的冯·卡门（1881—1963）——空气动力学界的元老级人物。布劳恩知道，卡门是匈牙利人，在德国工作过 20 年，1930年移居美国并加入了美国籍。在卡门旁边坐着的年轻人是东方面孔，布劳恩不认识。不过，他略一思索，就猜到这年轻人很可能是卡门

冯·卡门

的得意弟子钱学森，卡门和钱学森提出的"卡门 - 钱学森"公式是空气动力学中广泛应用的权威公式，航空界无人不知。

布劳恩没猜错，这个年轻人正是钱学森。钱学森（1911—2009）祖籍浙江杭州，出生在上海。1934 年，钱学森毕业于上海国立交通大学机械工程系铁道机械工程专业，然后考取了清华大学的公费赴美留学生，成为那一年唯一一个航空系留学生。1935 年 9 月，钱学森进入美国麻省理工学院航空系，第二年就获得了飞机机械工程硕士学位，然后转入加州理工学院航空系研究航空理论，成为卡门的博士生，并很快成为卡门最重视的学生。

卡门的学生们对火箭很感兴趣，他们组织了一个"火箭俱乐部"，自发地研究火箭，这是美国历史上最早的研究火箭的组织，钱学森就是其成员之一。

　　火箭的推进，其实和我们过年时候玩的"窜天猴"起火烟花一样，都是利用反冲作用来工作的。原本静止的系统分为两部分，分别朝相反方向运动，这种现象叫反冲。反冲既是动量守恒定律的体现，也是牛顿第三定律（作用力与反作用力）的体现。火箭发动机通过推进剂燃烧产生高温高压气体，气体从喷管中高速喷出从而产生反作用力——推力，推动火箭上升。由于火箭发动机所喷射出的高速气体具有很大的动量，根据动量守恒定律，火箭箭体就获得了与气体动量大小相等、方向相反的动量，这就是反冲。显然，喷气速度越大，火箭速度增加越快。现代性能最高的化学火箭发动机——液氢液氧火箭发动机可以达到 4.3 ～ 4.4 公里每秒的气体喷射速度，每秒钟燃烧的燃料达到了几百到上千公斤。但即便如此，单级火箭仍然达不到 7.9 公里每秒的第一宇宙速度，因而需要采用多级火箭，用接力的方式一级一级提高速度，从而把卫星送入轨道。

　　闲言少叙。且说在 1941 年，火箭技术受到美国政府的关注，在政府的资助下，"火箭俱乐部"扩大成立了"航空喷气通用公司"，为美国军方服务，卡门出任公司总经理，钱学森担任公司顾问。1942 年 12 月，在卡门的推荐下，钱学森获得了美国的安全许可证，成为军方的火箭专家。1944 年 12 月，美国国防部成立了一个科学咨询团，由卡门担任团长，办公地点就设在美国的最高军事机构——五角大楼里。作为卡门的左膀右臂，钱学森也跟随卡门来到华盛顿，作为科学咨询团的成员进入五角大楼上班。此时，德国的导弹早已研制成功并投入实战，而美国的火箭技术才刚刚起步，还远远落后于德国。因此，美国中央情报局制定了一个"回形针行动"计划，决定秘密抓捕德国火箭人才及其他高科技人才为己所用，以迅速提高美国的科技实力。

　　1945 年 4 月，对德战争已经接近尾声，美国派遣国防部科学咨询团一行 36 人，前往德国协助执行"回形针行动"。卡门是科学咨询团的团长，被授予少将军衔；钱学森是他的主要助手，被授予上校军衔。科学咨询团来到德国的美占区，首先考察了德国的空气动力学研究所，他们仔细检查了风洞、实验室、工厂等设施，查获了 300 万份秘密研究报告，审问了被俘的发明了后掠翼技术的德国空气动力学专家阿道夫·布兹曼，这一收获直接促进了美国后掠翼战机的跨越式发展。紧接着，咨询团考察了被美军占领的德国火箭研究所和藏在地下的导弹生产工厂，指挥美军在苏军到来之前将人员、资料和设备抢运一空。撤到慕尼黑后，卡门立即提审了被俘的冯·布劳恩，于是，就出现了本回开头的那一幕。

　　布劳恩坐在桌子后面，低着头沉默不语。这时候，卡门开口了："布劳恩，你是一个很有才华的年轻人。可是，你的才华用错了地方，你在为战争贩子服务，你犯下了战争罪！"

布劳恩惶恐地抬头望了卡门一眼，不知道该说什么才好。

卡门继续说道："不过，美国政府知道你是被纳粹胁迫的。如果你能痛改前非，为美国服务，我们的政府会对你宽大处理，那样，你还能继续从事你喜欢的火箭事业。如果你能为人类的火箭事业做出贡献，美国政府会对你既往不咎。你愿意吗？"

布劳恩沉思了一会儿，缓缓说道："我愿意为美国服务。事实上，你们运走的资料和设备，都是我送给你们的礼物。只不过，我事先并不知道这些东西是会落入你们美国人手里，还是会落入苏联人的手里。既然你们得到了这些东西，我愿意为你们服务。"

卡门和钱学森对视一眼，没有说话，等着布劳恩的进一步解释。布劳恩叹了口气，说道："早在一个月前，我就接到希特勒的密令，要求我销毁所有资料，把研究所和工厂炸毁，可是，我把这个密令压下来了。当时希特勒已经自顾不暇，他不知道我没有执行他的命令，当然他已经无暇过问这件事情了。"

卡门问："你为什么要这么做？"

布劳恩说："当时，德国战败已经是板上钉钉的事情了，这些资料毁不毁灭都不会影响战争的结果。但是，这是我们几千名科研人员十几年来的心血，我实在不忍心让它毁于一旦。我相信火箭在未来的和平时期仍然有巨大的用途，我坚信人造卫星、月球飞行和星际旅行能够实现，所以，我决定把这些资料和设备都保存下来。你们可以利用它，实现人类飞向太空的梦想，同时，这也是我从小的梦想……"

卡门说："我要代表全人类感谢你做出这样的决定，以后，我们会和你一起实现你的梦想。"

布劳恩点了点头。

这时钱学森说话了："布劳恩先生，既然你已经决定跟我们合作，你就把德国的火箭研究进展给我们做一个详细的介绍吧。"

一提到火箭技术，布劳恩的眼神一下子亮了起来，他滔滔不绝、毫无保留地讲了起来。从他 20 岁时建立"陆军火箭研究中心"讲起，一直讲到几个月前他们已经开始设计射程达 5000 公里的洲际导弹。这一信息令卡门和钱学森震惊不已，他们没想到德国的火箭技术竟然如此先进。

布劳恩一直讲了两个小时，然后卡门和钱学森又问了他很多问题，最后，钱学森要求他把今天讲的内容整理成一份报告。几天后，布劳恩上交了报告——《德国液态火箭研究与展望》。不久，布劳恩被军用飞机秘密运到美国，同时还有 118 名德国火箭专家被运兵船运往美国。后来，布劳恩加入了美国籍，在他的领导下，美国成功发射了人造卫星，并率先实现了载人登月。布劳恩终于实现了他儿时的梦想，此是后话不提。

却说科学咨询团回到美国后，对这次德国之行进行了细致的讨论和总结，并撰写了考察报告《迈向新高度》。报告共有 13 章，由科学咨询团成员分别撰写。卡门写了前面总的一章，而钱学森负责了其中 5 章的编写，由此可见钱学森在这个咨询团中所起的重要作用。

话分两头。却说冯·卡门和钱学森正在为美国的火箭事业奔忙时，已经圆满完成原子弹研制工作的费米从洛斯阿拉莫斯回到了芝加哥大学任教。因为在研制"芝加哥一号"反应堆期间，费米常年待在芝加哥大学，他把家也搬到了芝加哥，所以，洛斯阿拉莫斯的工作结束以后，他决定离开哥伦比亚大学，直接到芝加哥大学核物理研究所工作。他的老同事特勒也做出了和他一样的选择，从哥伦比亚大学来到了芝加哥大学。

1946 年 1 月的一天，费米正在办公，秘书进来说，一个从中国来的叫杨振宁（1922— ）的留学生登门求见，费米点头同意。不一会儿，一个瘦高个儿的年轻人走了进来，见礼过后，杨振宁表达了对费米的敬意，他用流利的英语对费米说："费米先生，我在中国的西南联大上学的时候，最钦佩的物理学大师有 3 位，分别是爱因斯坦、狄拉克以及先生您。我这次来美国留学，就是专程来追随您的，希望能在您的指导下做博士论文研究。"

费米对中国了解不多，他只知道，当时的中国是一个科技落后的国家，但是，中国在第二次世界大战中进行了艰苦卓绝的斗争，为同盟国最终取得胜利做出了很大贡献，因此，他对中国还是颇有好感的。不过，好感归好感，物理学研究还是需要基础和天分的，他对面前这个中国学生是否有能力攻读博士学位还不确定。他问道："你学过量子力学和核物理吗？"

杨振宁自信地答道："都学过。"

"哦？"费米来了兴趣，没想到战火中的中国竟然在物理教学方面一点儿也不落后。他问道："你在中国上学的时候，物理课都是哪些老师教的？"

杨振宁答道："一年级时，给我们讲普通物理学的是赵忠尧教授（1902—1998）。赵先生早年曾在加州理工学院留学，师从诺贝尔物理学奖得主密立根教授。赵先生在 1930 年发现，高频 γ 射线通过薄铅板时，会产生"反常吸收"和"特殊辐射"，也就是两个光子产生一对正负电子以及正负电子对湮灭为两个光子的现象（见图 37-1），从而成为最早观察到反物质证据的人。

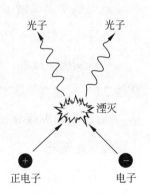

图 37-1 正负电子对湮灭为两个高能光子

他的同学安德森（1905—1991）正是在这个实验的启发下，于两年后发现了正电子，从而获得了 1936 年的诺贝尔物理学奖。虽然赵先生没有获奖，但在我心中，赵先生是和诺奖得主齐名的人。"

"嗯。"费米点点头，表示赞同杨振宁的说法。杨振宁对这一段历史侃侃而谈，看得出来，这是一个十分珍视本国学术荣誉的年轻人。

杨振宁继续说："大二时，吴有训教授（1897—1977）教我们电磁学。吴先生曾经就在这里留学，师从康普顿教授。当时，康普顿刚刚发现 X 射线经过物质散射以后波长有变化（见图 37-2），急需精细的实验来验证并发展相关理论。吴先生参加了这一研究，他废寝忘食，天天泡在实验室里，经过持久而细致的工作，X 射线受轻元素散射而产生康普顿效应的实验终于获得成功，并且由 3 种、5 种进而 7 种、10 种元素的散射，一直到 15 种元素。他做出的受 15 种元素散射的 X 射线光谱图，是对康普顿效应最重要的实验验证，证明了微观粒子之间的相互作用同样严格遵守动量守恒定律和能量守恒定律，同时也证实了爱因斯坦提出的关于光子具有动量的假设，为光具有粒子性提供了无可辩驳的证据。康普顿先生也因此而获得了诺贝尔物理学奖。"

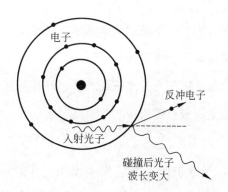

图 37-2　康普顿散射中，X 射线的入射光子与原子中的电子碰撞过程示意图（由于光子的撞击，电子将脱离原子的束缚成为反冲电子，同时光子能量减小，波长变大）

费米插话道："你说得不错。康普顿常常跟我提起吴有训，他告诉我，吴是他最得意的学生。康普顿在获得诺贝尔奖提名后，曾经打算给诺奖委员会写信，要求把吴有训的名字也加上，但被吴谢绝了。其实，康普顿是非常想把吴留在身边做助手的，他也曾极力挽留吴，但吴仍然坚定地要回国，令康普顿颇为遗憾。不过，幸亏他回国了，要不然，你们就找不到这么好的电磁学教授了！"

费米的玩笑话让杨振宁微微一笑，他继续说道："大三时候，教我们物质结构和核物理的是张文裕教授（1910—1992）。张先生是剑桥大学卢瑟福的学生，对核物理很在行。另外，周培源、吴大猷、王竹溪、马仕俊等教授给我们上过经典力学、热力学、统计力学、量子力学、电动力学、场论等课程，这些老师也都是英美留学归来的博士，除了上课以外还经常给我们做物理学的前沿讲座。我的本科论文是在吴大猷先生的指导下完成的，题目是《群论和多原子分子的振动》，吴先生指导的论文引导我进入了群论和对称性领域。我的硕士论文是在王竹溪先生的指导下完成的，研究的是统计力学，题目是《超晶格统计理论的考察》，我在此基础上写了一篇论文，发表在去年的《化学物理杂志》第13卷上。"

费米听了杨振宁的介绍，不由得暗暗点头，这个年轻人理论功底扎实，是个可造之材。但是，有一件事情却让他想不明白，他问道："杨，过去几年，中国一直在遭受日本的狂轰滥炸，你们能安静地上课吗？"

费米的问话让杨振宁的内心一下子激荡起来，他和同学们老师们早已习惯了苦难，但是，他们的内心从来没有被苦难吓倒，他想起了西南联大的校训"刚毅坚卓"，想起了西南联大的校歌《满江红》：

万里长征，辞却了五朝宫阙。暂驻足，衡山湘水，又成离别。绝徼移栽桢干质，九州遍洒黎元血。尽笳吹，弦诵在山城，情弥切。

千秋耻，终当雪；中兴业，须人杰。便一成三户，壮怀难折。多难殷忧兴国运，动心忍性希前哲。待驱除仇寇，复神京，还燕碣。

杨振宁平复一下心情，平静地回答道："费米先生，我们是没有安静的教学环境的。我们的宿舍是茅草房子，一个宿舍里有40个人，就是20张上下铺，教室和宿舍的地面都是坑坑洼洼的土地，饭厅里面没有凳子，也没有什么菜吃，而米饭里至少有1/10是沙子。除了这许多困难以外，还有不断的空袭，日本的飞机常常来轰炸，我们需要躲到防空洞里去。所以有一段时间，我们上课是从早晨7点到10点，因为差不多10点的时候，空袭警报就要来了，然后下午再从3点上课到7点……"

费米的眼眶湿润了，这是多么顽强不屈的一个民族，从眼前的这个年轻人身上，他看到了这个民族的未来。他说："杨，你的理论基础很扎实，我可以指导你做理论物理方面的工作。"

杨振宁迟疑了一下，有些为难地说："费米先生，我将来总得回中国去。回国后，我觉得理论物理没什么用，中国需要的是实验物理，我想做这方面的工作。"

费米说："杨，你初来乍到，很多情况还不熟悉。我在芝加哥的实验室还没有建立，目前是在阿贡实验室做实验，这是对外国人保密的实验室，你是不允许去那里的。"

杨振宁愣住了，这的确是他没想到的情况。

费米看出了杨振宁的心结，能体会到杨振宁的拳拳报国之心，他很想帮助这个小伙子。他说："这样吧，我的同事特勒和阿里森都是我的好朋友，特勒理论研究很有水平，阿里森有很好的核物理实验室，我跟他们打个招呼，让他们收你为研究生，你想做实验就去阿里森的实验室，想讨论理论问题就找我和特勒。你看如何？"

杨振宁喜出望外，这相当于自己一下子有了 3 位顶尖导师，他连声致谢，感谢费米的周到安排。这件事就这样定了下来。

在费米的推荐下，杨振宁开始跟随特勒研究理论物理，同时他也参加费米专为研究生开设的课程和讨论班。通过亲身接触和耳濡目染，杨振宁深刻地领会了费米善于抓住物理现象的风格，每一个问题不论有多复杂，费米都能分析其最本质之处，他善于剥去数学的复杂性和不必要的形式体系，得到一个非常具体、非常清楚的结果。另一位导师特勒的特点则是见解非常之多，一天之内就会提出好多彼此不同的见解。虽然通常他讲出来的见解多半是不对的，但是他会在跟别人的讨论中不断往正确的方向走，乱中取胜。费米和特勒鲜明的特点，对杨振宁的影响都很大，让他对物理研究的方法与方向有了深刻的认识。

几个月后，杨振宁已经习惯了留学生活，每天学习、研究、讨论，生活过得忙碌而充实。这一天，他正在宿舍看书，门外响起敲门声，杨振宁开门一看，是一个 20 岁左右的中国人。来人问道："大哥，你就是杨振宁吧？"杨振宁不认识此人，他点点头问："你是？"来人激动地一把握住杨振宁的手："学长，可找到你了！我也是吴大猷先生的学生，我叫李政道。"

杨振宁一听，原来是同门师兄弟，赶紧把李政道让进屋。人在他乡，遇到同门，自然格外亲热。两人互道籍贯、年庚，杨振宁是安徽合肥人，1922 年生；李政道（1926—　）是江苏苏州人，1926 年生于上海。杨振宁年长四岁。在杨振宁的询问下，李政道说出了此番来由。原来，李政道是西南联大的插班生，他在浙江大学读了一年级，然后转学到西南联大读二年级，这一年中，受到吴大猷的赏识。吴大猷深知李政道是个可造之材，于是力排众议，把当年的两个出国留学名额之一给了李政道，推荐他来美国深造。李政道拿着吴大猷的推荐信，踏上了美国的土地，可是，他跑了几个学校，因为他没有本科毕业证，都被拒之门外。走投无路之际，他想到了吴大猷经常提起的杨振宁，于是前来投奔，希望杨振宁帮忙联系一下，看能否在芝加哥大学入学。

帮助同门师弟，杨振宁自然义不容辞。第二天，他带着李政道来见费米。介绍过后，费米打开吴大猷写的推荐信，上面写着："李政道在中国的大学里只读了两年，但他是一位聪明有为的青年，思想有条理、头脑精密、勤奋好学。他的学业比大学毕业生并不逊色。我相信他如果得到适当的指导，一定会成为一位优秀的物理学家。"这一段时间来，杨振宁的优异表现已经让费米对中国人刮目相看了，所以，他一点儿也没有因为李政道只上过两年大学而直接否定他。费米问了李政道几个问题，李政道对答如流，费米很满意，他决定先让李政道作为旁听生参加研究生课程，看看李政道是否能跟得上。

一个月后，在一次量子力学的测试中，李政道对一道题作了简明扼要却直中要点的解答。这门课是特勒讲授的，他的解答引起了特勒的注意，特勒知道李政道是费米正在考察的学生，就把试卷拿给费米看。费米看了以后也非常欣赏，于是，他向学校推荐正式录取李政道。就这样，李政道被芝加哥大学录取为正式研究生，并且师从费米搞理论物理研究。

杨振宁和李政道住在同一座宿舍楼中，又都师从费米，两人相处得颇为投机，很快就成了好朋友。他们两人讨论最多的就是物理问题，互相促进、互相启发，相得益彰。

1946年秋天，杨振宁很想通过物理实验来做博士论文，费米没有食言，把他推荐到阿里森的实验室做实验。阿里森当时正在建造一个可以用来做低能核物理实验的小型加速器，实验室原来就有六七个研究生，杨振宁加入进来以后就和他们一起来建造这台加速器。杨振宁在实验室里干了大约一年半的时间，但是，结果却不尽如人意。杨振宁发现自己并不擅长实验，因缺乏实验直觉，在那些动手能力强的同学面前显得笨手笨脚。阿里森的实验室里很快就流传出一句玩笑话："哪里炸的乒乓响，哪里准有杨在场。"

杨振宁是很希望学好实验本领将来报效祖国的，但是，现实却让他很苦恼，自己真的不擅长实验。特勒对杨振宁非常欣赏，他知道杨振宁的理论功底很不一般，同时也察觉到了杨振宁不擅长做实验，于是他决定把杨振宁从"泥潭"里拉出来。有一天，特勒关切地问杨振宁："杨，你的实验是不是做得不大成功？"

"是的。"杨振宁沮丧地回答。

特勒说："我认为，你不必坚持一定要写一篇实验论文，你已经写了一篇很好的理论文稿，因此我建议你把它充实一下作为博士论文吧！我可以做你的导师！"

杨振宁听了没有说话，虽然一年多来他已经意识到自己动手能力比较差，但性格坚强的他不愿轻言放弃。这时，特勒说："杨，你觉得让爱因斯坦变成一个实验物理学家，他还会取得现在的成就吗？"

杨振宁呆住了。正所谓一语点醒梦中人，杨振宁终于明白，自己必须面对现实，每个人都有自己的长处，也有自己的短处，只有扬长避短，才能取得成功。他的心中豁然开朗，同时也如释重负，他郑重地点了点头，说："特勒教授，我听您的！"

走上了理论物理学之路，是杨振宁人生中的重大转折，从此，他心无旁骛，专心致志地搞理论研究。很快，他就写出了博士论文——《关于核反应和符合测量中的角分布与测量问题》。1948 年 6 月，杨振宁顺利通过了博士论文答辩，获得了芝加哥大学物理系博士学位。借用唐朝诗人孟郊的一首诗来形容此时的杨振宁，正是：

> 昔日实验不足夸，今朝理论思无涯。
> 春风得意马蹄疾，一日看尽长安花。

在杨振宁的博士论文中，他注意到了物理学中的一个十分重要的观念——对称性。当时的一些核反应计算，常常是经过繁复的计算以后，很多项都被消掉了，杨振宁觉得其中一定有原因。经过研究，杨振宁发现"对称性原理"是多项相消的内在原因，他正是在推广此原因的基础上完成了他的博士论文。后来，杨振宁一直在延续关于对称性的工作，最后终于发现了划时代的杨 - 米尔斯规范场理论。欲知详情，且听下回分解。

第三十八回

统一梦碎　爱因斯坦抱憾而去
希望重燃　杨米尔斯奠基一统

　　1948 年 6 月，杨振宁获得博士学位以后，被聘为芝加哥大学物理系的讲师。他承担了一门课程的教学任务，同时继续做核物理和场论方面的研究。这时候，杨振宁有了一间小小的办公室，于是李政道常常挤到这间小屋子里来，和杨振宁海阔天空地讨论他们感兴趣的问题。几个月后，李政道、杨振宁和罗森布鲁斯（特勒的研究生）3 人合作写了一篇文章——《介子与核子和轻粒子的相互作用》，于 1949 年 1 月发表。这是杨振宁和李政道合写的第一篇论文，也是李政道发表的第一篇论文。在这篇文章里，他们将 β 衰变推广到其他相互作用中，从而导致"弱相互作用"这一新领域的创立。

　　当时，除了杨振宁和李政道，另外还有几个研究小组也在研究同样的问题。通过这些研究，人们逐渐形成了一个基本认识——自然界除了万有引力和电磁力以外，还有弱力和强力。也就是说，自然界有四种基本作用力，或者说有四种类型的基本相互作用。引力和电磁力很常见，读者熟悉的弹力、拉力、压力等，其实都是电磁相互作用的体现。而强力与弱力在生活中则感受不到，因为它们是作用在原子核尺度范围内的力，超过原子核尺度以外就完全失去作用了。强力是四种力中强度最大的力，比电磁力强 100 倍，挤在原子核里的质子因电磁作用而相互排斥，多亏了强力才把它们紧紧束缚在一起。弱力则会导致原子核的 β 衰变，带来放射性。弱力在太阳燃烧过程中发挥了重要作用，正因为质子在弱力作用下能转变为中子，太阳中才能出现由一个质子和一个中子组成的重氢核，进而两个重氢核发生核聚变生成氦原子核放出能量。表 38-1 给出了四种基本作用力的性质对比。

表 38-1　四种基本作用力对比

力	力的相对强度 （在 10^{-15} 米处）	力的作用范围 （力程）	力的产生原因
万有引力	10^{-36}	无穷远	质量
电磁力	1	无穷远	电荷
弱力	$10^{-8} \sim 10^{-4}$	约 10^{-18} 米	弱荷
强力	100	约 10^{-15} 米	色荷

　　强力与弱力的发现，是人类对自然界认识的一个巨大飞跃。但是，对物理学泰斗爱因斯坦来说，则是一个令人悲哀的消息，这意味着，他毕生追求的梦想，注定无法在他的手里实现了。

　　1915 年，建立广义相对论以后，爱因斯坦已经站在了物理学之巅，但是他并不满足，就像武侠小说中的高深内功一样，他把相对论分为三层境界：第一层是狭义相对论，第二层是广义相对论，第三层是统一场论。狭义相对论的中心思想是物理规律在惯性系中都相同；广义相对论的中心思想是物理规律在所有参考系（包括惯性系和非惯性系）中都相同；而统一场论的中心思想是——物理规律都相同。也就是说，爱因斯坦希望把所有物理方程统一成一个方程——统一场方程。这是一个宏大的物理学图景，爱因斯坦知道，如果他能成功，这将是人类认识物理规律的终极理论——万物至理！因此，在创立广义相对论以后的 30 年里，爱因斯坦一直致力于探索统一场论。

　　当时物理学家只知道有电磁力和引力，因此，爱因斯坦的目标是——将引力场和电磁场统一起来。他在一次讲座中说："一个寻求统一理论的人绝不会满足于存在两个性质上完全独立的场。"爱因斯坦的目标是伟大的，但是，他的目标已经超越了时代，因此，他的研究道路异常艰难。因为找不到出路，慢慢地，爱因斯坦陷入了用纯数学研究物理学的怪圈。有物理学家评价说他"后期不再从具体的物理图像思考问题，成了一个专门摆弄方程的人"。

　　1929 年年初，爱因斯坦发表了一篇题为《关于统一场论》的文章，他自认为比较成功，就向报界发出了一个简短的声明："这项工作的目的是要用统一的观念写出引力场方程和电磁场方程。"爱因斯坦的声明一出，媒体立刻兴奋起来。《纽约时报》头版出现了耸人听闻的标题：《爱因斯坦将所有物理学归结为一个定律》。《时代》杂志对他进行专访，以他的相片作为封面。其他报刊纷纷跟进，甚至连百货商店都在橱窗里贴出了他的论文，让路人阅读。但是物理学家们却并不买账，几乎所有人都反对这一理论。以言辞犀利著称的泡利对爱因斯坦说："你这个理论是纯数学的，与物理现实无关，在一年内你就会放弃。"果然，

1931 年，爱因斯坦在给《科学》杂志写的信中承认"这是一个错误的方向"，并最终放弃了这一理论。随后，他写信给泡利说："终究你是对的，你这个淘气包。"

在统一场论的道路上，爱因斯坦屡战屡败，但他始终没有放弃，屡败屡战，直到生命的最后一刻。1954 年，爱因斯坦去世前一年，他发表了关于统一场论的最后一篇论文——《非对称场的相对性理论》。这篇文章是他在这方面探索 30 年后所得的最后结果。在这篇文章结尾，爱因斯坦对统一场论进行了一般性的评述。他指出，增加空间的维数是一条可能的统一之路，但他着重指出："在这种情况下，人们就必须解释为什么时空在表观上是限于四维的。"另外，他还指出场的"量子化"也是一条可能的道路。爱因斯坦指出的这两条道路，正是后来人们取得突破的道路，例如，超弦理论和 M 理论就是把空间维数增加到 9 维和 10 维，而圈量子引力理论则是将时空量子化。但遗憾的是，他自己并没有选择这两条路，他走的还是经典物理学之路。事实上，由于爱因斯坦始终不愿接受量子力学的概率统计解释，因此爱因斯坦对他的统一理论的一个希望就是，它能够对量子力学已经成功解释的现象提供一种非量子力学的解释。这致使他的研究偏离了物理学的主流发展方向。

1955 年 4 月 18 日，爱因斯坦因脑溢血逝世，享年 76 岁。在他临终前，病房的床头柜上仍放着一叠厚厚的手稿，记录着他对统一场论未完成的研究。这项耗尽了爱因斯坦后半生的工作，最终使爱因斯坦抱憾而去，他悲叹道："我完不成这项工作了，它将被遗忘，但将来一定会被重新发现！"爱因斯坦带着遗憾离开了这个世界。巨星陨落，长歌当哭，从此，世上再无爱因斯坦。

虽然爱因斯坦去世了，但是，他留下了一笔宝贵的思想财富，指引着后人前进。在爱因斯坦的广义相对论中，他建立了引力场方程，引力场方程符合广义相对性原理的思想：物理规律在所有参考系中都相同。如果用数学的语言来描述广义相对性原理，就是：物理方程在任意坐标变换下形式不变。若物理定律在某种变换之后仍保持不变，物理学家们就称其具有对称性。也就是说，一种对称性，同时也是一种不变性原理。所以说，广义相对性原理是一种坐标对称性的体现。很快，人们就发现，电磁场方程也可以写成满足坐标对称性的形式。爱因斯坦留给后人的财富就是：他颠覆了物理学的研究过程。以前，人们是从实验中得到物理学方程，再研究其对称性；而现在，爱因斯坦是首先认识到物理学方程应该具有什么样的对称性，然后再寻找与此对称性一致的方程，最后才通过实验检验导出的方程是否正确。后来，杨振宁正是认识到了这种深刻的科学思想，从而在人类寻找万物至理的路途上迈出了关键一步。

物理学家们很早就发现，自然界遵循很多守恒定律，如能量守恒定律、动量守恒定律、角动量守恒定律等。守恒体现了自然界的一种秩序和一种美感。在一个特定的系统中，无论发生了多么复杂的变化，如果有个量（如能量、动量）在变化中始终保持不变，那么这种变化就在表面的杂乱无章中呈现出一种简单的关系，这不仅具有美学的价值，而且具有重要的方法论意义。守恒的普遍性和重要性，引起了物理学家们的深思：在守恒定律的背后，有没有更深刻的物理本质？

1918 年，德国女数学家埃米·诺特（1882—1935）认识到，任何严格的守恒律都和某种对称性有关。例如，物理定律在时间平移下不变（时间平移对称性），会导致能量守恒；在空间平移下不变（空间平移对称性），会导致动量守恒；在空间转动下不变（空间转动对称性），会导致角动量守恒。物理规律在今天成立，那么在明天它仍然成立，这就是时间平移对称性；在北京成立，在上海还成立，这就是空间平移对称性；位置固定，朝东成立，朝南、朝北照样成立，这就是空间转动对称性。

物理学中有两类不同的对称性，一类是整体对称性，另一类是局域对称性。如果物理定律在时空中各点作相同变换后保持不变，这种不变性叫整体对称性；反之，如果物理定律在时空中各点作不同变换后保持不变，这种不变性就叫局域对称性。例如图 38-1，当一个球体绕通过中心的一根轴转动时，球体保持不变，球面上任何一点转动的角度都相同，那么这种转动就叫整体变换，球面上各点对于这种变换就具有一种整体的对称性。还是以这个球面为例，如果进行一个变换，使球面上每一点都完全独立移动，而球面形状依然保持不变，这种变换就叫局域变换，球面上各点对于这种变换就具有局域对称性。由图 38-1 可见，整体对称性是一种比较简单的对称性，在这种变换下，各点之间没有力产生；而局域对称性就复杂得多，在局域变换时，球面上各点之间会产生相互作用力。

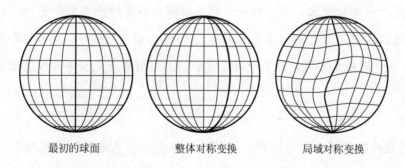

最初的球面　　　　　　整体对称变换　　　　　　局域对称变换

图 38-1　整体对称性和局域对称性示例（为了清楚地看到变换过程，在球面上画出了经线和纬线，并对其中一根经线进行了加粗。实际上，这是一个光滑的球面，表面没有任何线条，变换前后一模一样，无法区分其变化）

1918年，诺特定理发表以后，德国物理学家赫尔曼·韦尔（1885—1955）受到了启发，他想到了电磁学中一个重要的守恒定律——电荷守恒定律。根据诺特定理，电荷守恒也应该对应一种对称性，于是韦尔开始寻找这种对称性。很快，他提出了一种新的对称性——规范不变性，他发现整体规范不变性可以导致电荷守恒（见表38-2）。更令他吃惊的是，如果要求规范不变性是局域的，就必须引进电磁场，因而电磁场就是电磁作用的规范场，据此，整个电磁学定律都能建立起来。实际上，当时韦尔的"规范变换"是有非常大的缺陷的，这是由于量子力学还没有建立起来，所以他找不到正确的解释。1926年量子力学建立以后，韦尔终于迎来了突破。1929年，他认识到量子力学中波函数的相位是一个新的局域变量，也就是说，他10年前所定义的"规范变换"应该叫"相位因子变换"，规范不变理论也应改为新名：相位不变理论。可是因为原来的名称已经用了10年了，改起来很麻烦，所以人们仍然沿用了旧名。根据数学群论的特点，韦尔提出的这种变换被称为 U（1）对称性。

表38-2 守恒律与对称性的关系

对称性	守恒律
时间平移	能量守恒
空间平移	动量守恒
空间转动	角动量守恒
电磁规范变换	电荷守恒

杨振宁在做研究生时，从泡利1941年发表的一篇评论性文章中了解到了韦尔的理论。泡利在论文中写道：

"在麦克斯韦方程组里，整体相位变换下的理论不变性要求电荷守恒，而局域不变性则与电磁相互作用有关，即只要系统具有U(1)群的规范对称性，就必然要求系统规范粒子之间存在电磁相互作用，甚至于描述这种相互作用的麦克斯韦方程组都可以直接建立起来。"

规范不变性决定了全部电磁相互作用这个事实，极大地震撼了杨振宁。爱因斯坦通过坐标变换不变性得到了引力理论，韦尔通过规范变换不变性得到了电磁场理论，这让杨振宁敏锐地意识到一种深刻的科学思想，那就是"对称性支配相互作用"。他意识到，规范对称性也许并不仅仅是电磁力独有的对称性，而可能是一种普遍的对称性，其他力也可能具有这种对称性。由此他萌发了一个念头——把规范对称性从电磁相互作用推广出去，推广到其他相互作用上去。这时候，杨振宁采取的是和爱因斯坦一样的研究思路——确定物理学方程应该具有什么样的对称性，然后再寻找与此对称性一致的方程。

韦尔的规范不变性是从电荷守恒定律中发现的。经过认真思考，杨振宁决定将规范不变性推广到同位旋守恒定律中去，即将同位旋局域化，并研究由此而产生的相互作用。同位旋是基本粒子的一种量子性质，我们无须深究，简单来说，同位旋守恒的不变性要求决定质子、中子及其相互作用力的方程在质子和中子互换时方程保持不变。杨振宁从研究生阶段就开始研究这个问题，但是一直没有突破。他每一次推导都在同一个地方卡壳，卡壳的原因是头几步的计算很成功，可是后面却导出了冗长的、丑陋的公式，这让追求物理美学的杨振宁很不满意。从昆明到芝加哥，从研究生到教师，多年来，虽然杨振宁的研究内容相当广泛，但他的脑海里始终为这个问题留着一席之地。

1949 年春，奥本海默应邀到芝加哥大学做学术演讲。奥本海默在完成原子弹的研究任务以后，离开了洛斯阿拉莫斯，他曾短暂地执教于美国加州理工学院，然后于 1947 年到美国普林斯顿高等研究所工作并担任所长。奥本海默这一次到芝加哥大学演讲的内容是当时非常热门的量子场论重整化问题。在芝加哥大学，做这方面研究的人很少。杨振宁对奥本海默的报告很感兴趣，不由得动了心思，想到普林斯顿去做博士后工作。

杨振宁去找费米和特勒，希望他们为他写推荐信给奥本海默。两位导师满足了他的要求，但是费米劝杨振宁在普林斯顿最多待上一年，不要太久，因为他觉得那里的研究方向太抽象，与实验物理的研究进展脱节。费米还告诉杨振宁，他已经和芝加哥大学谈妥了，第二年会把杨振宁重新聘回来。

杨振宁谨记费米的话，原打算在普林斯顿工作一年就回去。但一年的博士后工作结束以后，奥本海默十分欣赏杨振宁，决定留他在研究所工作。当时在普林斯顿研究所工作的博士后有二三十人，但奥本海默决定只留杨振宁一个人。奥本海默的器重让杨振宁感到难以拒绝，考虑了很久后，杨振宁决定留在普林斯顿高等研究所。

当时，爱因斯坦和韦尔都在普林斯顿高等研究所工作，杨振宁和他们都有所接触。但是爱因斯坦已经 70 岁了，韦尔也 65 岁了，作为一个新来的年轻人，杨振宁不敢过多的去找两位心仪已久的大师攀谈，因为怕给他们添麻烦。

1952 年 12 月中旬，杨振宁收到布鲁克海文国家实验室的邀请，邀请他到该实验室做一年的访问学者。这里刚刚建成当时世界上最大的加速器，正在产生大量人们所不熟悉的新粒子。杨振宁并没有忘记费米对他的忠告，为了熟悉实验，防止自己变成一个与物理实验脱节的"离群之马"，杨振宁决定接受邀请。1953年夏天，杨振宁全家搬到了布鲁克海文。

那年夏天，布鲁克海文来了许多访问学者，物理学的讨论、海边郊游、各种频繁的社交活动，好不热闹。随着秋天的到来，访问学者们纷纷离去，杨振宁开始过一种宁静的生活，他有更多的时间用来思考问题。在布鲁克海文，杨振宁看到越来越多的介子（一种参与强相互作用的粒子）被发现，人们对强力和弱力的研究也越来越深入，杨振宁意识到，在这纷繁的乱象背后，迫切需要一种在写出各类相互作用时大家都应遵循的原则。因此，他再一次回到把规范不变性推广出去的念头上来。

在布鲁克海文，杨振宁和一个叫罗伯特·米尔斯（1927—1999）的博士研究生共用一间办公室，他们经常在一起讨论问题。这一次，杨振宁把他希望推广规范不变性的思想告诉了米尔斯，两人一起详细地作了讨论。俗话说，三个臭皮匠，顶个诸葛亮，两个天才的头脑合作起来，那更是不得了。在与米尔斯的讨论中，杨振宁终于突破了以前总是卡壳的地方，一个美妙的理论就此诞生了！

1954年2月，杨振宁和米尔斯的研究已经完成的差不多了，但是还有一个似乎是致命的缺陷——无法对规范粒子的质量下结论。在他们的理论中，规范粒子的质量必须是零，但是这会导致强相互作用是一种长程力，这与实验事实刚好相反。因此，他们拒绝这样的推论，却也没有更好的解决办法。

2月下旬，奥本海默请杨振宁回普林斯顿几天，做一个关于近期工作的报告。泡利当时恰好在普林斯顿访问，也去听了报告。杨振宁刚讲了一个开头，泡利就打断了他，并抓住了问题的要害展开了攻击，要求杨振宁解释清楚规范粒子的质量。泡利向来攻势猛烈，不留情面，连爱因斯坦都怵他三分。杨振宁回答说这个问题很复杂，还没有得到确定的结论。但泡利小依不饶，杨振宁只好中断演讲，回到座位上，场面一度非常尴尬。最后还是奥本海默出来打圆场，杨振宁才重新站上讲台，把报告讲完，泡利也不再提问题了。

第二天，杨振宁在办公桌上发现一张便条："亲爱的杨，很抱歉，听了你的报告之后，我几乎无法再跟你谈些什么。祝好。诚挚的泡利。"

泡利的否定与批评，让杨振宁对是否发表他和米尔斯的研究成果犹豫不决。经过深入思考，杨振宁终于下定决心，他们的想法是漂亮的，应该发表出来。至于存在的问题，可以留待以后解决，万里长征总要走出第一步，如果瞻前顾后，就会错失良机。很快，杨振宁和米尔斯合作发表了题为《同位旋守恒和一个推广的规范不变性》及《同位旋守恒和同位旋规范不变性》的两篇文章，他们用群论里的 SU（2）群代替了原韦尔的 U（1）群，由此奠定的规范场理论被人们称为杨 - 米尔斯理论。

当把具有某种整体对称性的物理定律推广到局域变换时，为使该定律保持局域规范变换的不变性，就需要引进新的场，这种场就叫规范场。比如电磁场就是电磁相互作用的规范场，其规范粒子光子静止质量为零。当杨振宁和米尔斯把同位旋的整体对称性推广到局域对称性时，相应的规范场叫杨 - 米尔斯场，其规范粒子同样没有静止质量，使得这一理论在当时显示不出具体的物理意义。

由于规范粒子的质量问题，杨 - 米尔斯理论问世以后被束之高阁，几乎无人问津。那是因为，当时人们对物理学的认识还没发展到那一步，这个问题，需要用新的物理学思想来解决。

到了 20 世纪 60 年代初，时机终于到了。物理学家们从超导理论的发展中认识到一种有关对称性的现象——对称性自发破缺。简单来说，对称性自发破缺指的是基本的物理方程可能遵循某种精确的对称性，但是方程的解所代表的物理状态却不遵循这一对称性。对称性导致守恒，而对称性破缺则产生变化，正是二者的有机结合才有了大自然的变化莫测和多彩多姿。

1965 年，英国物理学家希格斯在研究区域对称性自发破缺时，发现杨 - 米尔斯场的规范粒子可以在自发对称破缺时获得质量。这种获得质量的机制被称为"希格斯机制"，这是杨 - 米尔斯理论的重要发展，规范场理论的障碍终于被克服了！由此，人们终于认识到了杨 - 米尔斯理论的意义，科学家们开始尝试用杨 - 米尔斯场来统一各种力，这正是爱因斯坦未竟的心愿。

1967 年，格拉肖、温伯格和萨拉姆 3 位物理学家在杨 - 米尔斯规范场理论的基础之上，建立了将弱相互作用和电磁相互作用统一起来的弱电统一理论，并由此预言了 3 种新的规范粒子。后来，这 3 种粒子全都被找到了。建立弱电统一理论的 3 位科学家和在实验上发现 3 种新的规范粒子的科学家都获得了诺贝尔物理学奖。至此，人们深刻认识到，杨 - 米尔斯理论是人类理解物质世界的微观结构及其相互作用的基石。

统一了电磁力和弱力以后，人们开始尝试将强力也统一进来。质子和中子因为存在强相互作用才能结合成稳定的原子核，人们把可以直接参与强相互作用的粒子称为"强子"。到了 20 世纪 60 年代，在加速器的作用下，人们竟找到了 200 多种强子。这实在是太多了，自然界用得着这么多基本粒子吗？ 1964 年，美国科学家默里·盖尔曼（1929—2019）提出强子不是基本粒子，而是由更基本的粒子——夸克组成的观点，并发展了相关的理论。随着实验证据的出现，人们认识到，质子和中子都由 3 个夸克组成，质子包含 2 个上夸克和 1 个下夸克，中子包含 2 个下夸克和 1 个上夸克。

强力将夸克"胶结"在一起。1973 年，3 位美国物理学家格罗斯、维尔切克和波利策发现，夸克有一种所谓"渐近自由"的特性。他们发现，在强相互作用中，夸克彼此之间离开得越远它们之间的相互作用力就越大；当它们靠得很近的时候反而相互作用很小，非常自由。打个比方来说，两个人手里各抓住一条橡皮筋的两端，当两人靠近的时候，橡皮筋松垂着，两人之间很自由，彼此不受束缚，但是当两人离开时，橡皮筋绷紧了的时候，他们就不自由了，而且越想远离，橡皮筋绷得越紧。夸克这种渐近自由的特性导致了夸克被永远囚禁在一起，人们不可能见到单个"自由的"夸克，这种现象被称为"夸克禁闭"。

格罗斯认为，夸克的渐近自由现象与杨 - 米尔斯理论有根本性的矛盾。于是，他准备证明杨 - 米尔斯理论不适用于强相互作用。起初，格罗斯真的"证明"了杨 - 米尔斯理论不能解释渐近自由，但是后来发现这个证明有错误。改正错误以后，他惊讶地发现：杨 - 米尔斯理论居然与渐近自由一点都不矛盾，强相互作用也照样遵守杨 - 米尔斯理论。格罗斯的证明让杨 - 米尔斯理论的地位越来越稳固，现在，人们已经达成共识，杨 - 米尔斯理论是继麦克斯韦的电磁理论和爱因斯坦的引力理论之后，对于"力"的起源最重要、最基本的理论，它是让人们正确认识弱力和强力的划时代的理论。

在杨 - 米尔斯理论的基础之上，物理学家们建立了一个描述粒子物理学规律的"标准模型"，它是目前描述物质粒子及其相互作用（引力除外）公认的理论模型。在这个模型中，构成物质世界的基本粒子如表 38-3 所示，共分为 3 族，每一族包括 2 个夸克和 2 个轻子。其中第 1 族为物质世界的基本组成，第 2 族除中微子外极不稳定，它们所构筑的各种粒子很快就会发生衰变，第 3 族也是如此。3 族中同一横行相应的粒子除了质量依次增大而不同外，性质完全一样。

表 38-3　3 族基本粒子及其所带的电荷量

	第 1 族	第 2 族	第 3 族	电荷
轻子	电子	μ 子	τ 子	$-e$
	电子中微子	μ 子中微子	τ 子中微子	0
夸克	上夸克	粲夸克	顶夸克	$+\dfrac{2}{3}e$
	下夸克	奇夸克	底夸克	$-\dfrac{1}{3}e$

　　标准模型还没有完成电磁力、弱力和强力的彻底统一，而把引力也包括进来的终极大统一理论似乎还遥遥无期，但是，在统一路上，杨振宁和米尔斯奠定的这块基石注定会发挥越来越重要的作用。正是：

　　　　爱氏抱憾未竟愿，杨米接手奠地基。

　　　　终极理论梦虽远，前赴后继遥可期。

第三十九回

三人齐心　杨李吴打破宇称
百折不挠　钱学森归国建功

1950 年，李政道博士毕业了，他的博士论文题目是《白矮星的氢含量和能量产生机制》。

在读博期间，费米每周都会和李政道单独讨论一次。当时，费米对宇宙辐射的起源和原子核的合成非常感兴趣，他指导李政道从核物理着手，然后深入到天体物理学中。费米非常注重培养李政道的独立研究能力和自己解决难题的精神，他经常提到某个课题，让李政道在这个课题上进行思考，阅读相关文献资料，然后下星期"给他上一课"。有一次，李政道在给费米做汇报时，提到了有学者推算出白矮星应是富氢的。费米对此提出质疑，并鼓励李政道重新研究这个问题。最终，李政道证明白矮星的氢含量是极小的，否则它不能稳定。同时，他还推翻了当时的恒星演化理论。当时人们普遍认为太阳一类的恒星是由白矮星演化而来的，而李政道证明，实际上刚好相反，白矮星是由太阳一类的恒星演化来的。

李政道的博士论文使人们正确地认识了恒星的演化过程。这篇论文被芝加哥大学评为当年的博士论文第一名，李政道因此获得了 1000 美元的奖金。李政道的出色表现，也让当时一部分对中国人的科研能力持偏见的西方学者刮目相看。校长在授予李政道博士学位证书时讲话说："这位青年学者的成就，证明人类在高度智慧的层次中，东方人和西方人具有完全相同的创造能力。"

博士毕业后的一年半时间内，李政道在芝加哥大学天文系工作过一段时间，后来又去了加州大学伯克利分校。杨振宁和李政道一直保持着密切的联系，他建议李政道也来普林斯顿研究所，并向奥本海默介绍了李政道的情况，奥本海默立即同意李政道来研究所做两年的博士后。这样，李政道于 1951 年夏天来到普林斯顿，并且住在杨振宁家隔壁，两家人成了邻居。顺理成章地，这两个天才的年轻人开始了卓有成效的合作。

杨振宁和李政道几乎天天在一起讨论问题，范围从粒子物理到统计力学，无所不包，无所不含。遇到难题，他们的讨论也是非常激烈的，争论、辩论是家常便饭，有时甚至会吵嚷起来。有时候实在无法说服对方，他们会交换立场，站在对方的观点上辩论，以便能弄得更确切。他们在对立和统一中一起工作，相得益彰，渐渐地，两个人都有了巨大的进步，他们对物理学前沿问题了如指掌，整个世界逐渐在他们面前敞开。两个无所畏惧的年轻人合作发表了好几篇颇有分量的文章，在探索人类未知领域的过程中，他们感受到了生命的无穷意义。

1953 年，李政道应聘到哥伦比亚大学任教。虽然从地理上分开了，但两人并没有停止合作，他们订立了相互访问的约定。杨振宁每周抽一天时间去哥伦比亚大学找李政道讨论，李政道也每周抽一天来普林斯顿找杨振宁，这种例行互访一直持续了 6 年。亲密的合作使得两人彼此非常了解，甚至能从对方的表情看出来对方在想些什么。

1956 年，杨振宁和李政道把目光聚焦在了当时物理学界的一个疑难问题上——"θ-τ 之谜"。θ 粒子和 τ 粒子是人们发现的两种微观粒子，可是，众多实验证据表明，二者很可能是同一种粒子。但是，如果承认二者是同一个粒子，那么就会破坏当时人们坚信的一条物理学定律——宇称守恒定律。

上一回说过，诺特发现物理定律在时间平移下不变，会导致能量守恒；在空间平移下不变，会导致动量守恒；在空间转动下不变，会导致角动量守恒。照猫画虎，物理学家们又找到了一种守恒定律——宇称守恒定律：如果物理定律在镜像反射下不变，则称为宇称守恒。所谓镜像反射，就类似于照镜子，左手在镜子里变成了右手，但它们遵循的物理定律并不会变化（见图 39-1）。比如说两支球队在踢足球，在球场旁边立一面大镜子，那么镜子里的两支球队也在踢足球，虽然所有动作都和镜子外边左右相反，但是人和球的运动规律都和镜子外边一样遵循牛顿运动定律。当然，在宏观世界里，我们无法找到两个实际的人互为镜像，所以宇称守恒并没有多大的意义，但是在微观世界里，可以找到互为镜像的微观粒子，这时候宇称守恒就很重要了。

当时，人们已经证实引力、电磁力和强力都满足

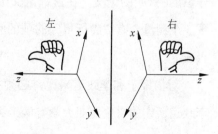

图 39-1　镜像反射与左右对称

宇称守恒定律，而且这条定律看上去是那样"自然"，一个粒子和它的镜像粒子遵循相同的物理规律，这是多么自然的事情啊，因此没有人怀疑弱力也满足宇称守恒。而一旦承认θ粒子和τ粒子是同一个粒子，那么就必须要求宇称在弱相互作用中不守恒，这是令众多坚信左右对称的物理学家所不能容忍的。

泡利就是宇称守恒的坚定支持者，因为他曾经在维护守恒定律中尝过甜头。20世纪30年代，人们发现β衰变前后能量不一致，衰变以后能量少了一点点。这一违反能量守恒定律的现象引起了物理学界的震动，物理学一时陷入了危机，玻尔甚至大胆地提出，能量守恒定律失效。对此泡利坚决反对，他坚信能量守恒定律绝对正确，并据此推测β衰变会放出一种人们探测不到的粒子——中微子，正是中微子带走了那部分缺失的能量。后来人们果然找到了中微子，能量守恒定律由此得救，泡利立了一大功。而泡利这次立功，也让人们意识到，守恒定律不是能随便打破的，遇到违反守恒定律的现象，首先应该检验是不是有别的方面的疏漏。因此，对于"θ-τ之谜"，没有人敢质疑宇称守恒定律，大家都在绞尽脑汁地区别θ粒子和τ粒子，希望证明它们不是同一种粒子。

杨振宁和李政道把目光聚焦在"θ-τ之谜"后，并没有被传统思想所束缚，两人经过不断讨论，认为有必要检验宇称在弱相互作用中到底是否守恒。他们决定从物理学家们已经做过大量实验的β衰变入手考察弱相互作用。两人用了一个多月的时间，查阅了他们能够找到的关于β衰变的所有论文，并进行相关计算，结果发现，没有一篇论文能判定在弱相互作用中宇称是否守恒。也就是说，所有这些论文都与宇称是否守恒毫无关系。

为什么所有实验都与宇称是否守恒无关呢？两人百思不得其解。经过苦苦思索，两人在一次讨论中突然顿悟，以前所有实验测量的物理量都与宇称无关，那就意味着，要想检测宇称是否守恒，必须找到一个新的物理量。目标一旦明确，接下来就水到渠成了。经过研究，二人找到了一个检验弱相互作用中宇称是否守恒的物理量——"赝标量"。

1956年6月，杨振宁和李政道向《物理评论》寄送了题为《在弱相互作用中宇称是守恒的吗？》的论文。在这篇论文中，他们对弱相互作用中的宇称守恒提出质疑，并设计了5个测量含有"赝标量"的项的验证实验，以供实验物理学家们来检验宇称守恒定律是否成立。

对杨振宁和李政道来说，必须找到一个实验物理学家来验证他们的想法。他们知道，李政道所在的哥伦比亚大学有两个人有能力完成这样的实验——吴健雄和利昂·莱德曼。

当李政道去找莱德曼时，莱德曼并不愿意做这个实验。在他看来，这纯粹是浪费时间。

他跟李政道开玩笑说，如果李政道能给他找一个绝顶聪明的研究生供他差遣，他就去做这个实验。虽然莱德曼不肯帮忙，但是好在还有中国老乡吴健雄。

吴健雄（1912—1997）是江苏苏州人，1934 年毕业于南京中央大学物理系。她立志成为居里夫人那样的女性。她于 1936 年到美国加州大学伯克利分校留学，师从回旋加速器的发明人劳伦斯，在劳伦斯的指导下用回旋加速器研究核物理。和杨振宁刚好相反，吴健雄非常擅于做实验，劳伦斯评价说吴健雄在任何实验室都会是一员得力干将。1940 年，吴健雄凭借两项杰出的实验研究获得了博士学位。1941 年，吴健雄曾在普林斯顿与当时在美国避难的泡利共同工作过，泡利对她的实验能力也是赞不绝口。1944 年，吴健雄已经是一位颇有名气的核物理学家了。她被哥伦比亚大学聘任，但是没有教席，主要担任研究工作。吴健雄初到哥伦比亚大学时，先是在"曼哈顿工程"中工作，到 1945 年战后，便开始全力投身于 β 衰变的研究。到了 20 世纪 50 年代初，吴健雄在 β 衰变领域取得了多项重要的实验成果，成为这一领域的权威专家。在 1952 年，她终于获得了哥伦比亚大学的教席，成为物理系的副教授。

事实上，在杨李二人的论文投稿之前，吴健雄就对二人的研究结果有所了解，因为李政道曾向她请教过关于 β 衰变的一些问题，她对二人提出的一个低温核极化实验方案也给出过具体建议，杨李二人的论文在致谢部分也对吴健雄表示了感谢。在和杨李二人的交流中，吴健雄意识到这个实验意义重大，不管宇称是否守恒，这都会是第一个给出明确证据的实验。所以，当李政道找上门来，还没等说明来意，吴健雄就告诉他，自己已经开始着手准备实验了。

低温核极化实验很不好做，需要在接近绝对零度的温度下做实验，而哥伦比亚大学并没有这样的低温设备，因此吴健雄不得不借用几百公里外美国国家标准局的设备来做实验。这样，她不得不两头跑，虽然辛苦，但是她并不是怕吃苦的人，实验在有条不紊地一步步往前推进。

杨振宁和李政道的论文在 1956 年 10 月正式发表。正所谓一石激起千层浪，论文一发表，就遭到了铺天盖地的批评。泡利、费曼、朗道等知名物理学家纷纷表态，都持坚决反对态度。当泡利得知吴健雄正在进行验证实验时，他说道："像吴健雄这么好的实验物理学家，应该找一些重要的事去做，不应该在这种显而易见的事情上浪费时间。谁都知道，宇称一定是守恒的！"泡利还跟人打赌，说他愿意下任何数目的赌注来赌宇称一定是守恒的。

1956 年 12 月底，吴健雄的实验已经得出了结论，在弱相互作用中宇称的确是不守恒的。但是吴健雄也很难相信大自然竟会如此奇怪，她决定再做一次查验，以确保结果的可靠。所以她把实验结果告诉杨振宁和李政道时，叮嘱他们暂时保密，等她再次查验的结果。

但是，杨振宁和李政道觉得吴健雄过于谨慎了，他们相信吴健雄的实验结果是正确的，即使查验也不过是再证明一次而已。他们已经等不及了，迫切地想把这个惊天的消息与人分享。忍耐了几天以后，1957 年 1 月 4 日，在哥伦比亚大学物理系举行"星期五会餐"时，李政道当众公布了这个消息。第二天，即 1 月 5 日，杨振宁也给正在度假的奥本海默拍了一份电报，把吴健雄的实验结果告诉了他。

当李政道在午餐会上公布吴健雄的实验结果时，当初拒绝做实验的莱德曼也在席间。他一听到这个消息，瞬间惊呆了，早知是这样的结果，他就是倒赔给李政道 10 个绝顶聪明研究生也要去做实验啊。不过，这个莱德曼倒是懂得亡羊补牢的道理，他匆匆吃过午饭，立刻奔向实验室，找到他的同事加文，两人立刻商议做另一个验证实验。当天晚上，他们就商议好了实验方案，连夜开始做实验。令人意外的是，这个实验做得出奇的顺利，只用了 4 天，就得到相当明显的结果。1 月 8 日早上，李政道办公室的电话响了，他拿起听筒，里边传来莱德曼的声音："宇称守恒定律完蛋了！"

吴健雄在 1 月 2 日那天开始详细地核验她的实验结果。吴健雄和她在国家标准局的合作者一次次地把温度降到接近绝对零度的低温，检验所有可能推翻实验结果的因素。她的研究生哈波斯就住在实验室里，他用一个睡袋睡在实验室的地板上，每当温度降到所需的低温，他就打电话通知吴健雄等人，他们会在寒冷的冬夜里赶到实验室去工作。1 月 9 日凌晨两点，他们终于将预定的实验查证全都做完，最终证明，实验结果是可靠的，宇称不守恒！

吴健雄和莱德曼的论文同在 1 月 15 日寄到了《物理评论》杂志，并且同样在 2 月 15 日那一期刊出。吴健雄和莱德曼做的是两个不同的实验，吴健雄实验中所得到的宇称不守恒程度只有 2% 左右，而莱德曼的实验中不守恒数据几乎高达 100%。但是优先发现权无可置疑地是属于吴健雄的，莱德曼也在论文末尾说明了他是得知吴健雄的实验结果才开始做实验的，并没有抢功。

1 月 15 日那天，哥伦比亚大学为这项新发现举行了一次新闻发布会。这两个实验无可辩驳地证明了弱相互作用中宇称不守恒，震动了整个物理学界。1 月 27 日，泡利沮丧地写信给朋友说："现在第一次震惊已经过去了，我开始重新思考。现在我应当怎么办呢？

幸亏我只在口头上和信上跟别人打赌，没有认真其事，更没有签署文件，否则我哪能输得起那么多钱呢！不过，别人现在是有权来嘲笑我了。使我感到惊讶的是，与其说上帝是个软弱的左撇子，还不如说在他用力时他的双手是对称的。总之，现在又面临这样一个问题：为什么在强相互作用中左右是对称的？"

1957年10月，诺贝尔奖委员会决定将当年的物理学奖授予杨振宁和李政道。从论文发表到决定授奖，中间只隔了一年，堪称史上最快的诺贝尔奖。这一年，杨振宁35岁，李政道31岁。消息传到中国，举国欢腾，吴有训、周培源和钱三强代表中国物理学会给两人发去贺电，热情洋溢地写道："我们代表中国物理学会对你们最近在物理学上取得的卓越成就表示热烈的祝贺，中国的物理学家们为你们的成就感到巨大的赞佩和骄傲，并祝你们在今后的工作中取得更大的成就！"

李政道和杨振宁在收到电报以后，欣喜地反复读了好几遍，李政道激动地连声说："我们的祖国，我们的老师发来的！太荣幸了！"杨振宁用力地点着头，两人的眼眶里涌出了泪花……

当时的中国，已经聚集了一大批优秀的物理学家，散落在世界各地的留学生纷纷归来，参与到祖国的建设当中。1950年8月28日，从旧金山经停洛杉矶驶往香港的美国邮轮"威尔逊总统号"起航了，这趟邮轮上，有包括邓稼先在内的120多名中国留学生。这是20世纪50年代初留美学生回国潮中同船回国人数最多的一次航班，能搭上这趟邮轮的学生都是幸运的，因为仅仅一个多月后，美国移民局发布法令，明令禁止学习理、工、医、农的中国留学生离境，当时在美国还有5000多名中国留学生，后来这些人绝大多数都留在了美国。

在"威尔逊总统号"起航前，乘客们看到了令人吃惊的一幕，一队全副武装的联邦调查局人员登上轮船，从行李舱中拖出了8个大木箱，扬长而去。有知道的人在窃窃私语：那是钱学森的行李。

当时的钱学森，已经随冯·卡门重返位于洛杉矶的加州理工学院，成为航空系的教授，他担任了学院喷气推进中心的主任，同时继续兼任当年火箭俱乐部的成员们创办的"航空喷气通用公司"的顾问。虽然钱学森在美国取得了令人瞩目的地位和成就，但是他从来没有忘记自己当年出国时立下的志向：学成归国，报效祖国！在美国期间，钱学森的同事们都购买了养老保险，以备晚年退休之用，但钱学森连一块钱的保险也没买过，因为他根本就不打算在美国住一辈子。1949年年底，钱学森得知了新中国成立的消息，他意识到，自己报效祖国的机会终于来了，他决定安排好手头的工作就启程回国。

那时候新中国和美国之间还没有建立外交关系，只有乘坐去往香港的轮船或飞机才能回国。钱学森本来准备乘坐邮轮"威尔逊总统号"回国，但是由于他的身份特殊，必须得到移民局批准才能购买船票。钱学森买不到船票，只好把行李通过"威尔逊总统号"托运，自己则为全家预订了 8 月 28 日从加拿大首都渥太华飞往香港的机票，准备转道加拿大回国。

但是，钱学森准备回国的事情已经被美国当局盯上了。美国海军次长丹·金贝尔一听说钱学森要回国，立刻给移民局打电话，他在电话里说道："钱学森知道美国导弹工程的所有核心机密，一个钱学森抵得上 5 个海军陆战师。我宁可把这家伙毙了，也不能放他回红色中国去。"金贝尔曾经担任过"航空喷气通用公司"的总经理，与当顾问的钱学森私下里是很好的朋友，他对钱学森也很了解，曾经称赞钱学森是美国最优秀的火箭专家之一。但是，在国家利益面前，私人感情是微不足道的，他绝不会心慈手软。

钱学森并不知情，当他带着家人赶到洛杉矶机场后，才发现美国移民局的官员已经在机场恭候多时，他们把钱学森拦住，交给他一纸公文，上面赫然写着几个大字：限制出境。钱学森无奈，只好退掉机票，当他打电话给海关，准备取回在"威尔逊总统号"上托运的 8 个大行李箱时，电话里传来的回答令他目瞪口呆："钱先生，你的行李已经被依法查扣！我们怀疑你的行李中藏有美国的机密文件，你涉嫌间谍罪！"

此时，美国联邦调查局的特工们已经开始研究钱学森的行李了，他们对所有文字性的东西都不放过，细细研究，挨张拍照，最后整整拍了 12 000 多张照片，但是令他们失望的是，并没有发现什么机密文件。最后，他们只好把行李退还给了钱学森。但是，这并不意味着调查的结束，或者说，调查才刚刚开始。

1950 年 9 月 7 日，钱学森在家中被美国移民局拘捕，他被关到了洛杉矶附近一个小岛上的拘留所里。考虑到钱学森的身份，移民局把他单独关押在一间单人牢房里。在这里，钱学森遭受了极大的精神折磨，夜里，守卫每隔 15 分钟就来亮一次灯，使他根本没法休息，加上连日连夜的审问，短短的半个月里，钱学森瘦了一大圈。

钱学森被捕的消息震动了科学界，中国科学院发表声明，抗议美国当局非法拘捕钱学森，冯·卡门等人也积极奔走，营救钱学森。半个月后，钱学森终于被获准保释，但是，他并没有获得自由，他被移民局监视起来。移民局规定他只能在洛杉矶市内活动，不准离开洛杉矶，每个月必须去移民局当面登记，并且要随时接受移民局的传讯。钱学森的电话受到监听，信件受到拆检，就连他上街，也会受到跟踪。

此时，钱学森已经被取消了继续参与火箭研究的资格，他知道，如果自己继续进行相关研究，回国之路将更加困难重重，为了转移美国当局的注意力，他决定放弃老本行，转而研究工程控制论。当时，控制论是一门崭新的学科。1948 年，美国数学家维纳写出了《控制论》一书，从而创立了控制论这一学科。他以数学为纽带，高度概括了动物和机器中控制和通信的共同特征，提出了"反馈"的概念用于解决自动控制问题，反馈原理也成为维纳控制论思想的精髓。

维纳的控制论涉及社会、人类、自然、机器等广泛的控制系统，而钱学森则专注于把控制论与工程实际结合在一起，对各种工程技术系统中的自动控制和自动调节理论作了全面的研究，从而开创了控制论的一门分支学科——工程控制论。1954 年，钱学森在美国出版了《工程控制论》一书，成为工程控制论的奠基之作。很快，这一著作就被翻译成俄文、德文和中文出版，钱学森也因此在自动化技术领域享有崇高的声望。1960 年，国际自动控制联合会第一次世界代表大会在莫斯科召开，钱学森因忙于其他事务没有到会，为了表达对钱学森的敬意，与会科学家在大会开幕式上集体朗诵《工程控制论》序言中的经典段落，由此可见钱学森在这一领域的贡献。

同样在 1954 年，钱学森归国的问题出现了转机。在这一年的日内瓦会议上，出席会议的周恩来总理向美方提出在美中国公民的回国问题，美国也急于要回被中国关押的朝鲜战争战俘，双方商定就此问题继续举行大使级会谈。为了表示诚意，中国很快就释放了 4 名美国飞行员。

1955 年 8 月 1 日，中美大使级会谈第一次会议在日内瓦举行。中方代表告诉美方，中国于前一天又释放了 11 名美国飞行员，几天后就能回到美国，并提出了钱学森的归国问题。这时候，美国在钱学森的回国问题上已经出现松动，他们经评估后认为，钱学森已经离开火箭研究 5 年，他掌握的涉密信息已经被最新研究所超越，放他回中国，威胁不大。再加上美国被俘人员的家属也不断给美国当局施压，希望他们的亲人尽快从中国获释返美。在内外双重压力下，美国高层做出了释放钱学森的决定。

8 月 5 日，钱学森接到美国移民局的通知，允许他离开美国。接到消息，钱学森没有丝毫犹豫，他立刻为全家订购了最近的一趟航班——9 月 17 日从洛杉矶开往香港的"克里夫兰总统号"邮轮。

9 月 16 日，钱学森离美的前一天，联邦调查局的几名特工对他进行了最后的询问。

第二天下午，在特工们的监视下，钱学森一家四口登上了"克里夫兰总统号"邮轮。码头上挤满了前来送别的朋友，以及赶来采访的记者。一名记者问钱学森是否还打算回来，钱学森说："我不会再回来，我也没有理由再回来，这是我想了很长时间的决定。我打算尽我最大的努力帮助中国人民建设自己的国家，以便使中国人能过上有尊严的幸福生活。"

1956年1月30日，中国人民政治协商会议二届二中全会在北京召开，从美国归来才3个多月的钱学森应邀出席大会。在第二天晚上举行的晚宴上，钱学森本来被安排在第37桌，但毛主席热情地把钱学森拉到第一桌，安排他在自己身边坐下来，笑着对周围的人介绍道："各位想上天，就找我们的工程控制论王和火箭王——钱学森。"大家都笑了起来。毛主席又对钱学森说："我现在正在研究你的工程控制论，用来指挥我们国家的经济建设。"毛主席的热情和重视感染了钱学森，也使他意识到自己肩上的重任所在。

半个多月后，春节刚过，一份由钱学森起草的《建立我国国防航空工业的意见书》摆在了周总理的办公桌上，这份意见书就中国发展导弹技术的组织方案、实施计划和具体措施给出了详细的建议。很快，这份计划就得到了中央的批准。紧接着，在周总理的直接领导下，几百位科学家齐聚北京，研究制定《1956—1967年科学技术发展远景规划纲要》，钱学森参与了整个规划的制定，并担任由12名科学家组成的综合组组长。规划最终确定了57项国家重大研究任务，在每一项任务之下都列出中心问题，然后是科研课题、负责单位、召集单位和进度要求。按照列出的任务，几百名专家分成几十个规划组，讨论起草文字说明、规划提纲和附件等。在钱学森的建议下，导弹和原子弹、电子计算机、半导体技术、无线电电子学、自动化技术等方向被定为紧急重点任务。

"十二年科技规划"对中国集中力量发展现代科学技术起到了非常重要的作用。通过这个规划的实施，中国不仅解决了当时面临的重大科技问题，而且还迅速建立起半导体、电子学、计算技术、核物理、火箭技术等新兴学科门类，缩小了与世界先进科技水平的差距。

钱学森是中国导弹事业的技术总负责人，中国的另一弹——原子弹，则在钱三强、邓稼先等人的领导下开展起来。两弹工程都是难度极大的科研项目，全国先后有上千家工厂、科研机构、大专院校参加了攻关会战，这对当年科研人员缺乏、工业基础薄弱的中国来说，是极其不容易的，其中的困难与艰辛、智慧与勇气、奉献与牺牲，一般人可能想象不到，但内行人却十分清楚。也正是因为这样，中国所取得的成就才震惊了世界。

1960年11月5日，中国第一颗仿制的近程地对地导弹发射成功；1964年6月29日，中国自行设计的第一枚中近程地对地导弹"东风二号"发射成功；1964 年 10 月 16 日，第一颗原子弹爆炸成功；1966 年 10 月 27 日，装有核弹头的"东风二号"导弹试验成功；1967 年 6 月 17 日，第一颗氢弹爆炸成功；1970 年 4 月 24 日，第一颗人造卫星发射成功。

1971 年 4 月，中美关系随着"乒乓外交"而解冻。有一天，杨振宁在看报纸的时候，忽然在一处很不显眼的地方看到美国政府发布的一个告示，把禁止美国公民赴中国大陆旅行的禁令取消了。杨振宁已经阔别祖国 26 年了，他马上决定回到日思夜想的祖国看一看。当时中美关系还没有正常化，杨振宁的决定在政治上是极其敏感的事情，但是他没有丝毫犹豫，将自己准备回国探亲访问的决定通知了美国政府。不久以后，他得到了答复：可以去中国，但签证需要自己解决。

1971 年 7 月 15 日，杨振宁由纽约飞往巴黎，在巴黎的中国大使馆拿到了签证。4 天后，他终于踏上了祖国的土地。杨振宁首先在上海探望了父母，然后回到他的出生地合肥看了看，最后来到了北京。北京是杨振宁重点访问的地方，在这里，他受到了周总理的接见，也见到了他的好友邓稼先。杨振宁比邓稼先大两岁，两人是中学同学，虽然在不同年级，但二人志趣相投，是关系十分要好的朋友。后来两人又先后考入西南联大。1948 年，邓稼先和杨振宁的弟弟杨振平结伴到美国留学，因为杨振宁先来了两年，因此在生活和经济方面给予了邓稼先很大帮助。这一次在北京，已经 21 年没见面的老友终于能一叙别情，可谓人生快事。但是，对于邓稼先的工作，杨振宁一直闭口不谈，邓稼先也不说，二人心照不宣地回避着这一敏感话题。

事实上，中国第一颗原子弹爆炸以后，美国的报刊上已经提到邓稼先是这一事业的重要人物，杨振宁知道原子弹研究是绝密的工作，不能问，所以一直回避着这一话题。但是，在离别的时候，在临登机前，有一个藏在心中太久的疑问，还是让他终于忍不住向邓稼先提了出来："稼先，美国的报纸上说，有一个参加过曼哈顿工程的美国人参与了中国的原子弹研究，这是真的吗？"

邓稼先愣住了，他不能回答老朋友，因为害怕违反保密纪律，只好含糊地说："我也不太清楚，等我回去查一查，再给你答复。"

杨振宁坐上北京到上海的飞机飞走了，他要从上海转道回美国。邓稼先从机场送别回来，立刻向周总理请示。总理指示邓稼先，如实告知。

杨振宁返回美国的前一天晚上，上海市政府为他举行饯别晚宴。席间，杨振宁收到了一封写着"急件"的信，打开一看，是邓稼先写来的，信上说："经过确实查证，除了 50

年代末期略微得到过一些来自苏联的'援助'外，中国 1964 年试爆的原子弹，没有任何外国人的参与，全部是由中国人自己干出来的。"

短短几行字，解开了杨振宁心中的疑问，同时也给他的内心带来巨大的震动。杨振宁又把信看了一遍，再也抑制不住内心的激动，热泪涌上了他的眼眶，他只得起身走到洗手间去，用冷水洗了洗脸，待情绪慢慢平复下来，才回到宴席上。宴席上的人们并不知道发生了什么事，还在把酒言欢，杨振宁的目光落到了墙上的一幅字画上，上面写着毛泽东的一句诗："为有牺牲多壮志，敢教日月换新天。"泪水又一次模糊了他的双眼……

1999 年 9 月 18 日，党中央、国务院、中央军委在北京人民大会堂隆重召开大会，为研制"两弹一星"做出突出贡献的科技专家颁奖授勋，授予钱学森、钱三强、邓稼先、郭永怀、王淦昌、朱光亚、周光召、彭桓武、任新民、屠守锷、赵九章、程开甲、于敏、王大珩、王希季、孙家栋、吴自良、陈芳允、陈能宽、杨嘉墀、黄纬禄、姚桐斌、钱骥等23 人"两弹一星功勋奖章"。"两弹一星"事业的成功，极大地增强了中国的国际地位。中国，这个曾经拥有四大发明的文明古国，在经历了近代的落后和百年的屈辱之后，终于重新昂首站在了世界的舞台之上。正是：

长空铸剑东风起，瀚海惊雷凤涅槃。
九天揽月凌云志，神州大地换新天。

第四十回

仰观星空　宇宙起源有新说
迷雾重重　从何处来去何方

　　仰望星空，是每个人都会有的经历，那一刻，你的头脑一定是一片空灵，作为星星的后裔，这也许是人类的一种本能。广袤而深邃的宇宙，吸引了人类好奇的目光，引起了人类无数的遐想。观察天象，探寻宇宙的规律，是每一个文明的必经之路。正是通过对星空的观察，人类才逐渐掌握了物理学规律。牛顿力学的基础之一就是对太阳系行星运动的观测，爱因斯坦的广义相对论也是经受了天文学的检验才得到了公认。而正是广义相对论的诞生，打开了现代宇宙学研究的大门。

　　广义相对论的引力场方程是描述时空和物质之间关系的一个方程，显然，广袤的宇宙正是引力场方程的用武之地。爱因斯坦在广义相对论初创不久，就开始致力于求解宇宙的引力场方程，从而试图构建一个新的宇宙模型。1917 年，他发表了论文《根据广义相对论对宇宙学所作的考查》，为现代宇宙学奠定了理论基础。

　　在此以前，人们对于宇宙的传统观点是建立在牛顿力学基础之上的无限时空模型。无边无际的宇宙让人们充满幻想，浮想联翩，却也带来一些似乎无法解释的悖论，其中最著名的就是所谓的奥伯斯佯谬。1826 年，德国天文学家奥伯斯（1758—1840）提出了一个看似很简单的问题："黑夜为什么是黑的？" 这个问题六岁的孩子都能答上来："因为太阳落山了。" 可是，奥伯斯却说，不，我们的太阳是落山了，但天空中还有无数个 "太阳" 在照耀着地球。如果宇宙是无边无际的话，全宇宙中就有无数颗恒星，每一颗恒星发出的光线都会射向地球。即使恒星照到地球上的光与其距离的平方成反比，奥伯斯也能算出来，地球上接收的光线趋于无穷，黑夜会和白天一样亮。

　　面对这种困境，爱因斯坦提出一个大胆的设想：宇宙空间是有限无界的，体积有限但没有边界。对于平直时空，这是没法想象的情形，但是爱因斯坦是研究弯曲时空的高手，自然有他独到的见解。他建议人们从二维球面去思考。一个篮球的表面，或者说地球的表面，都是二维球面，它们的面积是有限的，但是，这个二维球面却既不存在中心，也不存在边界，这就是一个有限无界的二维空间。有限无界的三维空间与之类似，可以称之为三维超球面。按照这种宇宙模型，如果有人要寻找宇宙的边缘，那是永远也找不到的，因为宇宙空间是一个封闭的三维球面，虽然体积有限，但不存在边缘。

爱因斯坦还提出了一条"宇宙学原理"，即宇宙在大于一亿光年的尺度上以及在所有时间内是均匀且各向同性的。从这条原理不难看出爱因斯坦头脑中的宇宙图像：在宇观尺度上，我们的宇宙是静态的，不随时间变化，物质永远均匀地分布着。

1922 年，爱因斯坦注意到德国知名物理杂志《物理学学报》上出现了一篇讨论宇宙模型的论文。这篇论文是苏联数学家弗里德曼（1888—1925）写的。他从爱因斯坦的引力场方程出发，求解出了 3 种新的宇宙模型，这些模型都是动态宇宙模型，其中两种不断膨胀，一种先膨胀再收缩，就是没有静态的模型。爱因斯坦一看，这篇论文跟他的静态宇宙背道而驰，这还了得？于是抓紧时间写了一篇评论，对弗里德曼模型提出尖锐的批评，说这个模型有计算错误，并将这篇评论同样发表在《物理学学报》上。

弗里德曼呕心沥血才得到的科研成果，竟然受到学界权威爱因斯坦的严厉批评，当他看到爱因斯坦的评论后，那感觉宛如兜头一盆凉水，连心都浇得拔凉拔凉的。他赶紧提笔给爱因斯坦写了一封信，详细解释了他的计算过程。当时爱因斯坦正在进行环球巡回演讲，直到 1923 年 5 月返回柏林时才读到弗里德曼的信。爱因斯坦仔细看了这封信后意识到自己的批评确实错了，于是又在《物理学学报》上发表了一篇短文，收回了自己的批评，承认弗里德曼在数学推导上的正确性。但爱因斯坦内心还是不接受膨胀宇宙的，认为它没有物理意义。

弗里德曼得知爱因斯坦发表的第二篇评论后非常高兴，很想和爱因斯坦会会面，当面交流。他 1923 年秋去过柏林，但因爱因斯坦外出未能会面。不幸的是，1925 年，弗里德曼因肺炎英年早逝，年仅 37 岁。此生未能与爱因斯坦谋面，也许是他最大的遗憾。

到了 1927 年，比利时天文学家勒梅特（1894—1966）也求解出了动态的宇宙模型，结果和弗里德曼模型类似。当时他并不知道弗里德曼已经在 5 年前进行了这一工作。爱因斯坦在 1927 年与勒梅特会过面，他对勒梅特说膨胀宇宙的想法是"令人厌恶的"。

与此同时，美国天文学家哈勃（1889—1953）正在对星系光谱的红移规律进行研究。

当时已经知道，如果光源离我们而去，我们接收到的光波波长会往红光方向移动，称之为红移；反之，如果光源朝我们而来，我们接收到的波长会往蓝光方向移动，称之为蓝移 *。哈勃发现所有星系的光谱都在红移，由此得出结论：其他星系都在离我们远去。经过大量观测与计算，哈勃发现，离我们越远的星系离我们远去的速度越快。1929 年，他总结出一个规律：星系的退行速度与它离我们的距离成正比。这一规律后来被称为哈勃定律。

　　哈勃定律发表后，立刻轰动了天文学界，被评价为 20 世纪最伟大的天文学发现。哈勃定律表明，我们的宇宙正在膨胀，宇宙是动态的，而不是静态的！在事实面前，爱因斯坦再也没法坚持他的静态宇宙观点了。1931 年，爱因斯坦公开表态承认了自己的错误，宣布放弃静态宇宙模型，接受膨胀宇宙的观点。

　　既然宇宙在膨胀，人们自然会想到，宇宙的过去应该比现在小。一直倒推回去，最小的宇宙有多小呢？那自然是零了。于是，宇宙起源于一个奇点的大爆炸理论就诞生了。1932 年，勒梅特首次提出宇宙大爆炸的假设。1948 年，移居美国的苏联物理学家乔治·伽莫夫（1904—1968）将大爆炸的假设科学化，正式提出宇宙大爆炸理论。他指出，如果把时间倒推回去，宇宙应该不断收缩、收缩……直到变成一个体积无穷小、密度和温度趋于无穷大的点——奇点。于是就可以推断：宇宙是由一个无限致密炽热的"奇点"于 100 多亿年前的一次大爆炸后膨胀形成的。为了验证他的理论，通过计算，伽莫夫得出了两个可观测的预言：

　　第一，宇宙大爆炸残留下来的电磁辐射（以光子的形式）在宇宙中自由传播，成为大爆炸的"余热"残存至今，随着宇宙的膨胀，其温度已降低到只比绝对零度略高，这就是所谓的"宇宙背景辐射"。宇宙背景辐射应该可以被仪器测量到。

　　第二，宇宙诞生初期只有一种元素——氢。氢会通过热核反应聚变成氦。但随着宇宙的膨胀，宇宙温度逐渐降低，降到一定程度核聚变就停止了。计算得出，此时宇宙中氢占总宇宙质量的 76%，氦占 23%，其余为极少量的锂和铍。所以宇宙中能测量到的氦丰度应该在 23% 左右。

　　伽莫夫的论文发表后，有一些科学家试图探测"宇宙背景辐射"，可是，十几年过去了，

---

* 注：当波源与观察者之间有相对运动时，观察者接收到的波的频率会发生变化的现象称为多普勒效应，由奥地利物理学家多普勒（1803—1853）在 1842 年发现。例如，当火车汽笛声离人远去时，声波的波长增加，频率减小，音调变低；当汽笛声朝人接近时，声波的波长减小，频率增加，音调变高。光（电磁波）也有多普勒效应，红移和蓝移就是光的多普勒效应的体现。

人们还是什么也没找到。

1965年春，美国贝尔实验室的两个年轻人正在调试一台射电望远镜。这台射电望远镜架设在新泽西州的克劳福德山顶，是由一台旧的卫星通信接收设备改装而成的，主要由天线和辐射计组成。天线的外形怪异，就像是一个巨大的喇叭朝向天空（见图40-1），仿佛要把宇宙中所有的声音都纳入其中。

图40-1　巨大的喇叭形天线（喇叭长约15米，喇叭口宽约6米）

这两个年轻人叫阿诺·彭齐亚斯（1933—　）和罗伯特·威尔逊（1937—　），他们把这个喇叭形天线安装好已经一年有余了，可是，它却一直无法投入使用。因为在天线正式工作之前，必须精确地测量天线本身和背景的噪声，天线从周围环境接收到的各种辐射能量，可以转换成噪声温度来度量，可是在这个天线的背景噪声中，总有一个约3.5开的温度来源不明，一直消除不掉。

他们用了差不多一年的时间，想尽了各种办法，耐心地寻找可能产生多余温度的原因，甚至连银河系的影响都考虑到了，可还是无济于事。

这一天，彭齐亚斯和威尔逊忙了一个上午，又是无功而返，他们心情沮丧地走出屋子，望着这个让他们无可奈何的大喇叭，恨不得把它给拆零碎了。这时，突然有两只鸽子从喇叭口里飞了出来，两人对视一眼，不约而同地说道："不会是这对鸽子搞的鬼吧？"他们赶紧搬来梯子，费力地爬到大喇叭里，仔细查看喇叭内部是不是被鸽子给破坏了。当他们深入到喇叭最里边时，简直不敢相信自己的眼睛，鸽子竟然在这里筑了个巢，周围还到处散落着鸟粪。

"这对该死的鸽子什么时候住进来的？害得我们白白忙活了一年！"彭齐亚斯忍不住咒骂道。

威尔逊说："千算万算，就是没算到鸽子头上！找到原因就好，赶紧清理掉。"

于是两人马上动手把鸽子窝清理掉，然后把鸟粪清洗干净。忙活了半天，喇叭内部终于恢复了原样。这时已经大中午了，但两人连饭也顾不上吃，兴奋地回到控制室，开机检查，心想这次总该正常了吧？可是，现实是如此残酷，让他们的心情又跌落到冰点。多余的噪声温度还是顽强地存在着。他们把天线朝各个方向转动，丝毫没有变化。

彭齐亚斯与威尔逊面面相觑，两人都不说话，心累啊。实验的严密和精确已经达到了他们力所能及的极限，但还找不到天线出现多余温度的原因。

那天晚上，彭齐亚斯和一位同样搞射电天文学研究的朋友通电话，谈及他们难以解释的多余噪声温度。朋友建议他与普林斯顿大学的迪克教授（1916—1997）联系，看是否能获得一些帮助。彭齐亚斯抱着试试看的态度与迪克通了电话，没想到，迪克在电话里听说了他们的情况后，竟然大感兴趣，提出第二天要亲自来克劳福德山考察。放下电话，彭齐亚斯百思不得其解，这个噪声里到底藏着什么奥妙，竟然让迪克如此重视。

第二天，迪克果然带着研究团队来了，他们仔细查看了彭齐亚斯和威尔逊的天线设备，详细询问了两人一年来为消除噪声所做的努力，并一起讨论了测量的结果。最终，迪克确认了二人的测量无误，他欣喜地握着两人的手，笑容满面地说："恭喜你们，你们发现了传说中的宇宙背景辐射！"

"宇宙背景辐射？！"彭齐亚斯和威尔逊一头雾水，他们还不知道伽莫夫的理论。

迪克告诉二人，为了寻找宇宙背景辐射，他的研究小组也造了一台类似的射电望远镜，架设在学校的楼顶上，可是他苦苦追寻了好几年，却一直没有找到背景辐射，没想到被彭齐亚斯和威尔逊无意中发现了，真是有心栽花花不开，无心插柳柳成荫。

明白了事情的来龙去脉，彭齐亚斯和威尔逊大喜过望，他们一年来的努力不但没有白费，还有了重大科学发现。他们和迪克约定，尽快写论文投稿。

不久以后，《天体物理杂志》在同一期上发表了两篇论文，一篇是彭齐亚斯和威尔逊发现宇宙背景辐射的实验报告，另一篇是迪克撰写的理论分析文章。两篇文章发表以后，引起了极大的反响，由此人们才开始广泛地接受并研究宇宙大爆炸理论。1978年，彭齐亚斯和威尔逊共同获得了诺贝尔物理学奖。

后来，人们通过空间科学卫星对宇宙背景辐射进行了更高精度的测量，最终测出宇宙背景辐射温度为 2.73 开。到了 1991 年，人们测出来宇宙中的氦丰度约为 23.9%，和伽莫夫的预测基本一致，这是对宇宙大爆炸理论的进一步支持。

20 世纪 80 年代初，根据天文观测结果，科学家们对大爆炸理论进行了修正，提出了暴胀宇宙模型。暴胀理论认为宇宙大爆炸初期曾经发生过膨胀速度高到无法想象的超急剧膨胀。这一插曲极其短暂，暴胀仅仅从大爆炸开始后 10^{-36} 秒持续到 10^{-32} 秒，但是暴胀却使宇宙从比原子还小的体积扩张到了直径约 10 厘米的球体。从某种意义上说，暴胀的速度超过了光速，不过暴胀是空间自身的膨胀，并非某种物体在以超光速运动，所以这是可能的。

至此，大爆炸理论看起来已经比较完善了，但是，人类对于宇宙的认识还是远远不够的，其中有两大未解之谜——暗物质和暗能量，直到今天，仍然迷雾重重。

暗物质的发现要从 1933 年说起。那一年，美国加州理工学院的瑞士天文学家弗里茨·兹威基（1898—1974）发现，大尺度星系团中众多星系的相对运动速度非常高，由运动速度估算出的离心力远远大于它们之间的万有引力，从理论上来讲，引力无法将这些星系束缚在星系团中，众多星系会由于高速运动而散开。但事实却刚好相反，星系团很稳定，众星系被限制在星系团中不能远离。由此，兹威基提出一个假说：星系团中还有我们"看不见"的物质，这种物质具有万有引力，正是这种物质的存在，才能保证星系团中众多星系虽然速度很高但不会散开。

兹威基可以说是提出"暗物质"概念的第一人，但是，他的思想太超前了，超出了那个年代，所以并没有受到重视。

1965 年，美国女天文学家维拉·鲁宾（1928—2016）来到帕洛马天文台工作，这里拥有一台口径达 5 米的反射式望远镜，是当时世界上最大的光学望远镜。维拉尴尬地发现，那里竟然没有女性洗手间，因为之前从来没有女性在那里工作过，她成了帕洛马天文台的女性第一人。

在这里，维拉没有研究当时的热门课题，而是选择了星系旋转曲线的测量。经过几年的观测，维拉惊讶地发现，像银河系这样的螺旋星系，不管恒星距离星系中心有多远，它们围绕星系中心公转的速度都是一样的。这一点是很反常的，因为根据观测，银河系的大部分质量都集中在银河系中心，根据万有引力定律，离银河系中心越远的恒星，其公转速度应该越小才对。这一点我们从太阳系内行星的运动就能类比，因为太阳系内的大部分质量都集中在太阳身上，所以八大行星离太阳越远，公转速度就越慢，具体是：水星 47.87 公里每秒、金星 35.02 公里每秒、地球 29.78 公里每秒、火星 24.13 公里每秒、木星 13.07 公里每秒、土星 9.69 公里每秒、天王星 6.81 公里每秒、海王星 5.43 公里每秒。维拉又观测了另外 60 多个星系中恒星的旋转速度，得到的结果和银河系是一样的，即恒星绕星系中心的公转速度不随距离减小，不管离中心多远，速度基本不变。图 40-2 给出了位于大熊座的 NGC 3198 螺旋星系的旋转曲线，可见实测值与理论值差距之大。

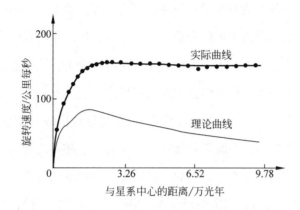

图 40-2 NGC 3198 螺旋星系的旋转曲线

如何解释这一现象呢？维拉意识到，只有星系中有大量的暗物质，而且分布在整个星系范围内，远离星系中心的恒星的公转速度才能不比近处的恒星慢。就这样，暗物质重新回到了人们的视野中。此后，天文学家们又发现了更多暗物质存在的证据。2006 年，美国天文学家无意间观测到星系碰撞的过程，星系团碰撞迅猛异常，竟然使得暗物质与可见物质分离开来，因此发现了暗物质存在的直接证据。

现在人们普遍认为，宇宙中存在大量"看不见"却又能通过引力作用而被感知的暗物质。"看不见"指的是用现有的望远镜观察不到。现有的望远镜主要是通过对各种电磁波的探测来观察宇宙，这些望远镜基本覆盖了电磁波的所有波段：无线电波、微波、红外线、可见光、紫外线、X 射线和 γ 射线。物理学规律告诉我们，任何温度高于绝对零度的物体都会有电磁波发出，但是诡异的是，暗物质既不发出任何波段的电磁波，也不和任何波段的电磁波发生作用，所以我们"看不见"。人们目前只能通过引力效应来间接地判断宇宙中暗物质的分布。

暗物质的发现重塑了宇宙学，维拉曾说过："暗物质对我们理解宇宙的大小、形状和最终命运非常重要，在未来的几十年里，寻找它很可能将主宰天文学研究。"她还认为，人类的天文学研究"刚刚走出幼儿园，大约处于小学三年级的水平"。

人们虽然不清楚暗物质是什么东西，至少它还能被称作物质，因为它是有万有引力作用的，还不至于让人难以接受，可是暗能量就不一样了。人们发现，暗能量产生的竟然是"反引力"！

1998 年，天文学家们发现，宇宙正在加速膨胀。这是个极其令人惊讶的结果，它与宇宙学家们原先所预测的减速膨胀图像完全相反。因为万有引力的吸引特性意味着，任何有质量物体的集合在分散开的时候，其向外膨胀的速度必然会因为物质之间的引力作用而越来越小。所以，人们本以为宇宙膨胀是在踩刹车的，但结果发现它却是在踩油门，这实在是太出人意料了，从根本上动摇了人们对宇宙的传统理解。到底是什么样的力量在推动宇宙加速膨胀呢？这种力表现为与引力相反的排斥力，它能对抗并超过引力作用而使宇宙加速膨胀，这不可能是任何一个已知的力，所以人们将导致这种力的能量命名为"暗能量"。当然，既然都有个"暗"字，暗能量和暗物质还是有一点相同之处的，那就是暗能量也不参加电磁相互作用，对电磁波也是透明的，也是我们"看不见"的。

目前的研究表明，我们的宇宙在诞生 56 亿年内是减速膨胀的，但到了 56 亿年以后，突然开始加速膨胀，现在已经到了 138 亿年，还处于加速膨胀阶段，而且，可能会永远加速膨胀下去。2011 年的诺贝尔物理学奖，就颁发给了发现宇宙加速膨胀的几位科学家。其中一位获奖者说："除非暗能量突然消失，否则宇宙将继续越来越快地膨胀下去，最终会走向消散。"

2002 年，天文学家们获得了宇宙中大部分能量是以神秘"暗能量"形式存在的新证据。观测数据显示，在整个宇宙的质量构成中，可见物质只占 4.9%，暗物质占 26.8%，还有 68.3% 是暗能量（质能等价）。尽管暗能量在宇宙中占了绝大部分，但人们对它到底是什么还一无所知。

就像孩子总是爱问妈妈他是怎么来到这个世界上一样，人类总是希望知道宇宙从何处来，到何处去，对宇宙的探索就是人类对自身的终极探索。暗物质、暗能量等未解之谜，预示着人类在探索宇宙的道路上还有很长很长的路要走。正是：

> 遂古之初谁传道？上下未形由何考？
>
> 举头极目向天问，宇宙何时解秘奥？

　　各位读者，本书到此就要告一段落了，但人类在探索物理学的道路上并未止步。在书中这些科学先驱的精神引领下，一代又一代的科学家们披荆斩棘，前赴后继，不断地开辟科学新天地，不断地开创技术新领域，创造着人类文明一个又一个的辉煌。

　　读者朋友们，科学之路永无止境，世界上还有太多的科学奥秘等着我们去探索，宇宙中还有太多的未解之谜等着我们去破解。在浩瀚宇宙中，地球也许只是最不起眼的一粒微尘，但正是在这粒微尘之上诞生了不屈的人类文明。千百年来，人类孜孜不倦地探求宇宙的真相，我们的目标是星辰大海！再过几十亿年，地球将被变成红巨星的太阳吞噬，到那时，人类是否已经寻找到新的家园，我们不得而知，但人类的智慧将永远留存在时空的记忆中，为整个宇宙留下永不磨灭的印记……

主要参考文献

[1]　郭奕玲，沈慧君．物理学史 [M].2 版．北京：清华大学出版社，2005.

[2]　舒恒杞．中国物理学史 [M].长沙：湖南大学出版社，2013.

[3]　阿尔伯特·爱因斯坦，利奥波德·英费尔德．物理学的进化 [M].胡奂晨，译．北京：文化发展出版社，
　　 2019.

[4]　陈克守，娄立志．平民圣人：墨子的故事 [M].北京：华文出版社，1997.

[5]　戴维·林德伯格．西方科学的起源 [M].张卜天，译．长沙：湖南科学技术出版社，2016.

[6]　周放．阿拉伯科学与翻译运动 [D].上海：上海外国语大学，2009.

[7]　孔令涛．文学大背景中的阿拉伯文学和欧洲文学影响研究 [M].银川：宁夏人民出版社，2014.

[8]　斯科特·麦克卡特奇恩，博比·麦克卡特奇恩．追寻宇宙奥秘——10 位天文学领域的科学家 [M].邝
　　 剑菁，译．上海：上海科学技术文献出版社，2014.

[9]　王玉民．大众天文学史 [M].济南：山东科学技术出版社，2015.

[10]　凯文·C.诺克斯，理查德·诺基斯．从牛顿到霍金：剑桥大学卢卡斯数学教授评传 [M].李绍明，等译.
　　　长沙：湖南科学技术出版社，2008.

[11]　牛顿．自然哲学之数学原理 [M].王克迪，译．北京：北京大学出版社，2006.

[12]　丁光宏，王盛章．力学与现代生活 [M].2 版．上海：复旦大学出版社，2008.

[13]　许良．最小作用量原理与物理学的发展 [M].成都：四川教育出版社，2001.

[14]　费恩曼，莱顿，桑兹．费恩曼物理学讲义 [M].郑永玲，华宏鸣，吴子仪，等译．上海：上海科学技
　　　术出版社，2005.

[15]　亚历山大·柯瓦雷．牛顿研究 [M].张卜天，译．北京：商务印书馆，2016.

[16]　保罗·休伊特．概念物理（原书第 11 版）[M].舒小林，译．北京：机械工业出版社，2015.

[17]　郭奕玲，沈慧君．创造发明 1000 例（物理卷）[M].桂林：广西师范大学出版社，2001.

[18]　杨苹．无垠的电世界 [M].北京：机械工业出版社，2008.

306

[19] 汪振东 . 在悖论中前行——物理学史话 [M]. 北京：人民邮电出版社，2018.

[20] 王溢然 . 物理传奇 [M]. 太原：山西教育出版社，2012.

[21] 梁衡 . 数理化通俗演义 [M]. 武汉：湖北少年儿童出版社，2009.

[22] 王洛印 . 法拉第的电磁学实验研究——根据《法拉第日记》进行的分析 [D]. 合肥：中国科学技术
大学，2009.

[23] 克雷格·罗奇 . 电的科学史 [M]. 胡小锐，译 . 北京：中信出版社，2018.

[24] 周兆平 . 破解电磁场奥秘的天才：麦克斯韦 [M]. 2 版 . 合肥：安徽人民出版社，2004.

[25] 杨建邺，李继宏 . 走向微观世界：从汤姆逊到盖尔曼 [M]. 武汉：武汉出版社，2000.

[26] 高鹏 . 时空密码——揭开相对论奥秘的科学之旅 [M]. 北京：清华大学出版社，2019.

[27] 高鹏 . 从量子到宇宙——颠覆人类认知的科学之旅 [M]. 北京：清华大学出版社，2017.

[28] 玛丽·居里 . 居里夫人自传 [M]. 陈筱卿，译 . 杭州：浙江文艺出版社，2009.

[29] 爱因斯坦 . 爱因斯坦文集 [M]. 许良英，李宝恒，赵中立，等编译 . 北京：商务印书馆，2010.

[30] 沃尔特·艾萨克森 . 爱因斯坦传 [M]. 张卜天，译 . 长沙：湖南科学技术出版社，2014.

[31] 曼吉特·库马尔 . 量子理论——爱因斯坦与玻尔关于世界本质的伟大论战 [M]. 包新周，伍义生，
余瑾，译 . 重庆：重庆出版社，2012.

[32] 张振球，雷式祖 . 量子场论导论 [M]. 桂林：广西师范大学出版社，2001.

[33] 王自华，桂起权 . 海森伯 [M]. 长春：长春出版社，2001.

[34] 张三慧 . 大学物理学 [M]. 3 版 . 北京：清华大学出版社，2011.

[35] 杨建邺，徐绪森 . 蘑菇云下的阴影——诺贝尔奖与原子弹 [M]. 武汉：武汉出版社，2002.

[36] 黄永义 . 原子物理学教程 [M]. 西安：西安交通大学出版社，2013.

[37] 约翰·阿奇博尔德·惠勒，肯尼斯·福特 . 约翰·惠勒自传：京子、黑洞和量子泡沫 [M]. 王文浩，译 .
长沙：湖南科学技术出版社，2018.

[38] 丹尼斯·布莱恩 . 居里一家 [M]. 王祖哲，钱思进，译 . 长沙：湖南科学技术出版社，2016.

[39] 胡思得，刘成安 . 核技术的军事应用：核武器 [M]. 上海：上海交通大学出版社，2016.

[40] 叶永烈 . 钱学森传 [M]. 北京：中国青年出版社，2015.

[41] 许鹿希，邓志典，邓志平，等 . 邓稼先传 [M]. 北京：中国青年出版社，2015.

[42] 何建明 .20 世纪的最后秘密 [M]. 郑州：河南文艺出版社，2001.

[43] 中国高等科学技术中心 . 李政道科学论文选 [M]. 上海：上海科学技术出版社，2007.

[44] 杨建邺 . 杨振宁传 [M]. 2 版 . 北京：生活·读书·新知三联书店，2016.

[45] 斯蒂芬·温伯格，秦麦.第三次沉思 [M].孙正凡，译.北京：中信出版集团，2022.

[46] 程建春，欧阳容百，张世远.物理学大辞典 [M].北京：科学出版社，2017.

[47] 高鹏.给青少年讲量子科学 [M].北京：清华大学出版社，2022.

[48] 孙亚飞.给青少年讲物质科学 [M].北京：清华大学出版社，2022.

[49] 施普林格·自然旗下的自然科研.自然的音符：118 种化学元素的故事 [M]. Nature 自然科研，编译.北京：清华大学出版社，2020.